燃料、能源与环境

[加] Ghazi A. Karim 著

马 安 等译

石油工業出版社

内 容 提 要

本书首先对能源进行了系统的介绍，包括其分类、来源、开采利用以及未来发展趋势。其后，通过大量的示例及热力学计算介绍了燃料燃烧反应的一些关键特征，并介绍了燃烧尾气的控制措施以及对操作人员的安全建议和设施保护措施。最后，通过介绍石油资源及炼油过程，阐述了汽油、柴油、天然气及其他燃料的性质和燃烧性能，对替代燃料进行了科普性介绍并分析了其存在的局限性。

本书适合能源产业的政策制定者、管理者、研究者以及高校相关专业的师生参考和使用。

图书在版编目（CIP）数据

燃料、能源与环境 /（加）加齐．凯瑞姆（Chazi A. Karim）著；马安等译．—北京：石油工业出版社，2019.6
（国外炼油化工新技术丛书）
ISBN 978-7-5183-3138-3

Ⅰ．①燃… Ⅱ．①加… ②马… Ⅲ．①生物燃料-能源利用-关系-环境保护 Ⅳ．①TK01②X

中国版本图书馆 CIP 数据核字（2019）第 077062 号

Fuels, Energy, and the Environment
by Ghazi A. Karim
ISBN：978-1-4665-1017-3

出版发行：石油工业出版社
（北京安定门外安华里 2 区 1 号　100011）
网　址：www.petropub.com
编辑部：（010）64523738　图书营销中心：（010）64523633
经　销：全国新华书店
印　刷：北京中石油彩色印刷有限责任公司

2019 年 6 月第 1 版　2019 年 6 月第 1 次印刷
787×1092 毫米　开本：1/16　印张：14.25
字数：360 千字

定价：98.00 元
（如出现印装质量问题，我社图书营销中心负责调换）

《燃料、能源与环境》
翻译组

组　长： 马　安

副组长： 袁晓亮　翟绪丽

成　员： 付凯妹　张雅琳　张占全　余颖龙　张　涛

王　燕　王晶晶　王嘉祎　庄梦琪　谢　彬

王延飞　朱晓晓

译者前言

能源是经济发展的重要物质基础，能源的大量开发与使用，一方面标志着人类社会物质文明的进步，另一方面，也给环境保护带来了问题。当前，世界各国的主要能源是化石燃料，化石燃料进一步可分为哪些燃料资源，各类燃料的燃烧特性如何，人类是如何利用这些燃烧特性为自己服务的，对于这些问题我们已经有了一定认识，但如何高效能且环境友好地利用这些资源，仍有待于进一步探索。

未来的几十年，新能源开发与利用的热度将不断增加，世界能源结构多元化日趋显著，但在一定时期内化石燃料仍将占据能源的主体地位。深入了解化石燃料资源的特点及其在工业发展过程中所发挥的作用，有利于帮助人类更好地利用现有的燃料资源。本书从能源的类型、化石资源成因、燃料燃烧特性、燃烧热与机械做功等方面概括了已有的研究成果，从石油资源开采及产品利用等方面介绍了现有的技术手段，引导读者深入思考在目前所处的技术时代和环境需求下，在涉及的每一个环节中，我们该如何不拘泥于固有的知识体系和思想观念，而更好地利用资源、保护环境。

在马安专家的大力支持和帮助下，本书的翻译工作圆满完成。本书第 1 章、第 2 章和第 3 章由付凯妹翻译，第 4 章和第 5 章由张雅琳翻译，第 6 章和第 7 章由张占全翻译，第 8 章和第 9 章由余颖龙翻译，第 10 章和第 11 章由张涛翻译，第 12 章由王燕翻译，第 13 章和第 14 章由王晶晶翻译，第 15 章和第 16 章由王嘉祎翻译。全书由马安、袁晓亮和翟绪丽完成了统稿和审核工作。庄梦琪、谢彬、王延飞、朱晓晓等在本书翻译修改过程中也提供了很多帮助，在此一并表示感谢。

限于译者的理论水平和实践经验，书中难免有不妥之处，恳请广大读者批评指正。

前　言

我们可以认为至少在未来20~30年，化石燃料仍将是能源的主要来源。除了来自生物资源衍生的燃料越来越多外，太阳能、风能、地热能和核能等替代能源也会显著增加。同时还有一种推测，未来将不可能有任何新的能源系统可以取代目前对可燃燃料尤其是化石燃料的依赖。一个完全新颖的能源系统如果要被发现，这也是最不可能的，将需要相当长的时间才能够充分发展和普及，这将取代我们对化石燃料的依赖，也会对我们的能源需求和消费产生重大影响。可以预见到的是，我们越来越多地看到这种情况正在逐渐增加，能源和燃料来源以及使用它们的设备的多样性也在逐步提高。同时，更大的趋势是使用更小尺寸能耗单元，尽管在发电等特定应用中更重视更大尺寸的设备，并将持续关注更高效和更优化的工艺和设备。在整个过程中，实现清洁能源利用的必要性仍然至关重要，这将在未来的很多年中继续推动我们的研究、开发和资本项目。

近年来，许多事态发展使得燃料、能源、燃烧和环境主题对我们所有的活动以及经济和环境都至关重要。因此，编写适合本科生或研究生的，能对燃料科学与技术的整体快速变化（特别是能源供应环境和燃料的利用）进行最新、综合和平衡概述的工程教科书的主要原因如下：

（1）世界范围内广泛使用的各种燃料的类型、组成和燃烧特性日益多样化。

（2）增加对燃烧设备的主要依赖，以便利用各种燃料资源生产热量和所有形式的电能。

（3）对提高能源生产效率和整体燃料资源利用的需求不断增加。

（4）强制性需要严格控制各种燃料消耗装置的排放和对环境的不利影响，以及与全球燃料和能源应用相关的所有活动。

（5）大多数燃烧器和燃料消耗设备，特别是那些已经存在一段时间的设备，其设计和制造非常依赖经验。任何可能改善其效率的措施都是积极的，因为许多可用的信息和行业广泛使用的信息往往是经验性的，有些经常是随意选择的。

（6）近年来在燃烧科学和技术领域取得了巨大进展，特别是随着快速计算机与先进的诊断和控制设备的出现。这些可以以相对清晰、经济和简单的方式提供给学生、工程师和最终消费者。

随着这些重要和变化迅速的发展，需要一个主要面向各种过程工程师的综合简化的演示文稿，讲述控制各种燃料在燃烧系统中的适用性及其对环境的影响因素。

目　　录

第1章　综述……………………………………………………………………………………（1）
1.1　简介 ……………………………………………………………………………………（1）
1.2　不同形式的能 ……………………………………………………………………………（1）
1.3　能的主要来源 ……………………………………………………………………………（2）
1.4　非化石燃料能源 …………………………………………………………………………（2）
1.4.1　水力发电 ……………………………………………………………………………（2）
1.4.2　海洋/海浪能源………………………………………………………………………（3）
1.4.3　风能 …………………………………………………………………………………（3）
1.4.4　太阳能 ………………………………………………………………………………（4）
1.4.5　地热能 ………………………………………………………………………………（6）
1.4.6　核能 …………………………………………………………………………………（6）
1.5　关于从生产点到消费点能量损失的思考 ………………………………………………（6）
1.6　能源开采 …………………………………………………………………………………（8）
1.7　小结 ………………………………………………………………………………………（8）
参考文献………………………………………………………………………………………（8）
第2章　一般燃料…………………………………………………………………………………（10）
2.1　简介 ………………………………………………………………………………………（10）
2.2　燃料的一些主要性质 ……………………………………………………………………（10）
2.3　相关计量单位 ……………………………………………………………………………（11）
2.4　燃料、能源及使用的几种模式 …………………………………………………………（13）
2.5　储量的定义 ………………………………………………………………………………（14）
2.6　关于燃料和能源统计的一些总体观察 …………………………………………………（15）
2.7　不同能源消耗的变化 ……………………………………………………………………（16）
2.8　问题 ………………………………………………………………………………………（21）
2.9　小结 ………………………………………………………………………………………（21）
参考文献………………………………………………………………………………………（21）
第3章　燃料的分类………………………………………………………………………………（23）
3.1　化石燃料 …………………………………………………………………………………（23）
3.2　烃类燃料 …………………………………………………………………………………（23）
3.2.1　石蜡系列（C_nH_{2n+2}，饱和烃，全部都是碳碳单键） ………………………（23）

3.2.2 烯烃系列（C_nH_{2n}，不饱和烃，带有碳碳双键）……（24）
3.2.3 炔烃系列（C_nH_{2n-2}，不饱和烃，带有碳碳三键）……（25）
3.2.4 环烷烃（C_nH_{2n}，具有单键或饱和键的闭合链）……（26）
3.2.5 芳香烃（C_nH_{2n-6}，不饱和环烃化合物）……（26）
3.3 含氧化合物 ……（27）
3.4 问题 ……（28）
3.5 小结 ……（28）
参考文献……（29）
第4章 消耗燃料的能源系统……（30）
4.1 耗能的生产设备 ……（30）
4.2 功和热 ……（30）
4.3 效率 ……（31）
4.4 燃料能源系统 ……（32）
4.5 热电联产 ……（36）
4.6 燃料的消耗量 ……（37）
4.7 混合动力发动机 ……（38）
4.8 能源系统的选择 ……（39）
4.9 问题 ……（40）
4.10 小结……（40）
参考文献……（40）
第5章 化学计量学和热力学……（42）
5.1 燃料的热值 ……（42）
5.2 绝热火焰温度 ……（44）
5.3 假定平衡条件时，计算燃烧产物的温度和组成的步骤 ……（52）
5.4 热量计 ……（54）
5.5 实例 ……（55）
5.6 问题 ……（61）
5.7 小结 ……（63）
参考文献……（63）
第6章 燃料燃烧过程的化学动力学……（65）
6.1 化学反应 ……（65）
6.2 燃烧化学动力学 ……（67）
6.3 实例 ……（71）
6.4 燃料燃烧反应建模 ……（72）

6.5 与燃料和能源有关的化学反应类型 …… (73)
6.6 问题 …… (74)
6.7 小结 …… (74)
参考文献 …… (75)
第7章 燃料燃烧的废气排放 …… (76)
7.1 燃料燃烧的产物 …… (76)
7.2 空气污染控制 …… (77)
7.3 催化转化器 …… (81)
7.4 温室气体效应 …… (81)
7.5 燃料中的硫 …… (84)
7.6 燃料带来的金属腐蚀 …… (84)
7.7 实例 …… (85)
7.8 问题 …… (85)
7.9 小结 …… (86)
参考文献 …… (86)
第8章 燃烧和火焰 …… (88)
8.1 燃烧、火焰和点火过程 …… (88)
8.2 扩散火焰与预混火焰 …… (91)
8.3 燃烧稳定性 …… (95)
8.4 通过燃烧器和喷口的燃烧 …… (97)
8.5 固体燃料的燃烧 …… (98)
8.6 固体燃料在流化床中的燃烧 …… (99)
8.7 问题 …… (100)
8.8 小结 …… (101)
参考文献 …… (102)
第9章 与燃料设备和处理有关的火灾和安全 …… (104)
9.1 燃料火灾 …… (104)
9.2 燃料的可燃极限 …… (104)
9.3 一些保护措施 …… (109)
9.4 闪点 …… (110)
9.5 与燃料火灾和安全相关的术语 …… (113)
9.6 实例 …… (113)
9.7 问题 …… (115)
9.8 小结 …… (116)

参考文献……（116）
第10章　石油……（118）
10.1　油气藏……（118）
10.2　采油……（120）
10.3　提高采收率的方法……（120）
10.4　油砂……（123）
10.5　页岩油……（126）
10.6　问题……（127）
10.7　小结……（127）
参考文献……（127）
第11章　石油炼制……（129）
11.1　石油炼制的需求……（129）
11.2　炼油化工过程……（132）
11.3　催化剂及其作用……（133）
11.4　规范和标准控制……（134）
11.5　问题……（134）
11.6　小结……（134）
参考文献……（134）
第12章　汽油……（137）
12.1　火花点火式汽油发动机……（137）
12.2　挥发性……（138）
12.3　汽油添加剂……（141）
12.4　催化剂……（141）
12.5　火花点火式发动机爆震……（142）
12.6　发动机爆震的若干特点……（142）
12.7　火花点火式发动机爆震的若干危害……（144）
12.8　可操作的爆震极限……（144）
12.9　辛烷值……（145）
12.10　发动机变量对增加爆震概率的影响……（146）
12.11　爆震控制……（147）
12.12　三元催化转化器……（148）
12.13　问题……（148）
12.14　小结……（149）
参考文献……（149）

第13章　柴油和其他液体燃料 ………………………………………… (151)
13.1　柴油发动机的燃烧过程 ………………………………………… (151)
13.2　柴油发动机的点火延迟 ………………………………………… (151)
13.3　柴油发动机燃料 ………………………………………… (153)
13.4　柴油发动机排放 ………………………………………… (155)
13.5　生物柴油燃料 ………………………………………… (156)
13.6　费托合成柴油 ………………………………………… (157)
13.7　双燃料发动机 ………………………………………… (157)
13.8　航空用液体燃料 ………………………………………… (158)
13.9　用于锅炉的重质燃料 ………………………………………… (160)
13.10　液体和固体推进剂 ………………………………………… (160)
13.11　实例 ………………………………………… (161)
13.12　问题 ………………………………………… (161)
13.13　与液体燃料相关的一些定义 ………………………………………… (162)
13.14　小结 ………………………………………… (163)
参考文献 ………………………………………… (163)
第14章　固体燃料 ………………………………………… (166)
14.1　固体燃料的燃烧 ………………………………………… (166)
14.2　煤炭 ………………………………………… (166)
14.3　关于煤炭的问题 ………………………………………… (168)
14.4　煤炭的一些性质 ………………………………………… (169)
14.5　煤炭的分类 ………………………………………… (170)
14.6　实例 ………………………………………… (171)
14.7　流化床中的煤燃烧 ………………………………………… (173)
14.8　煤的气化 ………………………………………… (173)
14.9　煤的地下气化 ………………………………………… (174)
14.10　其他固体燃料 ………………………………………… (175)
14.11　煤层甲烷 ………………………………………… (176)
14.12　固体燃料作为推进剂 ………………………………………… (177)
14.13　煤作为压缩点火式发动机燃料的缺陷 ………………………………………… (177)
14.14　问题 ………………………………………… (178)
14.15　小结 ………………………………………… (178)
参考文献 ………………………………………… (178)
第15章　天然气和其他气体燃料 ………………………………………… (180)
15.1　气体燃料的使用优势 ………………………………………… (180)

15.2 天然气…………………………………………………………………………（181）
15.3 天然气的运输……………………………………………………………………（185）
15.4 气体燃料的燃烧…………………………………………………………………（188）
15.5 液化天然气………………………………………………………………………（188）
15.6 液化天然气的安全性……………………………………………………………（189）
15.7 甲烷水合物………………………………………………………………………（190）
15.8 燃气发动机和火花点火发动机的性能比较……………………………………（190）
15.9 丙烷和液化石油气………………………………………………………………（191）
15.10 液化石油气的安全性 …………………………………………………………（192）
15.11 一些常见的非天然气混合物 …………………………………………………（193）
15.12 填埋气体 ………………………………………………………………………（195）
15.13 生物沼气 ………………………………………………………………………（195）
15.14 硫化氢 …………………………………………………………………………（196）
15.15 实例 ……………………………………………………………………………（197）
15.16 问题 ……………………………………………………………………………（200）
15.17 一些气体燃料混合物术语 ……………………………………………………（201）
15.18 小结 ……………………………………………………………………………（201）
参考文献……………………………………………………………………………（202）
第16章 替代燃料 ……………………………………………………………（204）
16.1 简介………………………………………………………………………………（204）
16.2 应用………………………………………………………………………………（205）
16.3 醇燃料……………………………………………………………………………（206）
16.4 氢气燃料…………………………………………………………………………（207）
16.5 液态氢……………………………………………………………………………（209）
16.6 压缩天然气………………………………………………………………………（210）
16.7 问题………………………………………………………………………………（211）
16.8 小结………………………………………………………………………………（211）
参考文献……………………………………………………………………………（211）

第1章　综　述

1.1　简　　介

近年来，人们日益提高的文明程度和生活水平都归功于驾驭各种能源的能力，并以此满足人们物质享受和经济获益的需求。地球上所有生物的生活质量和生存条件都与地球资源以及清洁环境密不可分。我们认识到能源和环境所涉及的整个领域都与一系列复杂的因素和问题相互关联。通过全面整合这些资源，我们可以更有效地解决所面对的问题。例如，对“能量”话题的考量不可不考虑热力学、物理和化学的因素，以及其他领域包括经济、社会、生态和政治因素。

在人类生存的最近几千年里，能量来源越发依赖于热和功的产能，多是由各种形式的化石燃料资源衍生而来，而近年来也有很多来自植物、动物或海洋等生物资源的衍生。目前，对我们而言，可控能量的获取主要来自化石燃料的燃烧。这些燃料可以被认为是来自古代的储存了太阳能的不可再生资源，需要数百万年才得以形成。这些燃料的化学组成使其可在适当的条件下稳定迅速地通过热的形式释放出足够的能量，进而可以转化为机械能或电能，用于电动机等常用的做功机器。在特定的情况下，这些化学能是转化为电能/机械能的理想来源，比如理想燃料电池。

值得注意的是，我们的文明社会当前及未来几年面临的最主要的问题是足量的及具有经济效益的能源供给，同时可以持续提高生活质量并营造更加清洁的环境。

1.2　不同形式的能

下面简要总结几种在工程系统及工艺过程中最常见的能源形式。

内能是系统微观形式的能量的总和，与分子结构和分子活跃程度息息相关。它表示为分子动能和势能的总和。

显能是指系统内分子动能，并且是温度的函数。

潜能是指系统相变产生的内能，例如从液相变为气相。

结合能是指系统的化学键能。

核能与原子核内的结合有关，在核反应过程中部分释放。

1.3 能的主要来源

我们所有能获得的能都可被视为源自太阳能。这些能可以是直接的，即储存在地球上的太阳能，也可以是化石燃料形式的能，被认为是间接的、古老的、不可再生的能源，需要数百万年才可演化成不同形式的化石燃料。目前化石燃料的燃烧被认为是释放一些蕴藏的太阳能，以及数百万年前的古代时期不同数量级的光合作用过程中储存的二氧化碳。

其他形式的间接太阳能包括下列几种形式的能：（1）生物衍生的能量，例如植物、木材和动物排废；（2）风能涉及的从微风到飓风的空气移动；（3）由海浪、海流和水力产生的能量。图 1.1 为风力涡轮发电机图。

图 1.1　风力涡轮发电机图

其他形式的非太阳能主要包括以下几种：（1）主要源于核裂变过程的核能；（2）可能在未来的某个时刻作为潜在的可用能源的核聚变能；（3）来自地壳热能的地热能；（4）其他不太具有实际应用重要性的能源，可能应用在有限的和特定的应用中，比如通过某些金属或非金属材料的氧化过程实现。

地球接收太阳能的平均功率是 173PW（173×10^{15}W）。大约只有 47%的能量是可被直接转化为热量的，而大约 30%的能量是被反射回太空的，约 23%的能量则被吸收用于水分蒸发。这些数据相较于近年来人类活动消耗的平均功率 6TW（6.0×10^{12}W）而言是巨大的。

1.4 非化石燃料能源

1.4.1 水力发电

几十年来，水力发电一直占经济能源的主导地位。全世界都修建了很多大坝，以相对较低的成本提供了大量的电力。工业化国家利用大量资源进行水力发电。仅有欠发达国家的有限的小部分潜在资源可以用于未来的发展。能源开发主要还受制于人们对大规模工程开发对环境和社会产生的负面影响的加倍关注。

1.4.2 海洋/海浪能源

利用海洋摄取到的能源，例如利用潮汐、洋流和波浪的技术正在不断被研究和开发，未来仍需持续不断地投入人力、物力和资源来实现能量的充分利用。这主要通过水面的升高和运动产生的势能和动能来完成发电。这一过程可通过桨叶或水柱震荡等一系列手段完成。限制这些系统过程的主要因素在于其对周遭生态环境的干扰，例如由潮汐流和泥沙淤积造成的潮汐盆地。

1.4.3 风能

风能的利用率仅占几乎所有国家目前能源需求的很小一部分。近年来这部分需求在持续缓慢增长。这就涉及各式各样不同尺寸的风力涡轮发电机。通常放置这些设备的位置并不是最理想的，且距离对电力需求很大的地区很远。

风力作为一种能量的来源是可变的、震荡的以及不可预测的。它取决于地点、时间、海拔和风向。风力涡轮发电机的额定输出电量的获取很少可以长久维持。理想情况下电力的获取与风速的立方成正比，而风速随着海拔的升高显著增加。因此，风力涡轮发电机通常安装在非常高的支撑塔上。风力涡轮发电机放置的位置和连接哪些设备取决于风向和风强度。将电力输出连接到电网还会造成额外的电力损失。同时，不同单元的电力输出和集成的成本昂贵，主要因为其涉及一系列孤立的个体单元。

发电的输出电压和频率并不是恒定的，也并非是电网系统传输的最佳选择。通常需要通过大容量电池提供的储电量来完成必需的复杂控制和纠正设备操作。这些都会造成额外的损失、成本的增加和转化率的降低。目前，发电成本很高且随时间和季节变化而变化，同时高度依赖于税收和政府补贴政策。电费可以被支持性消费者人为地抬高。

风力涡轮发电机的价格昂贵，且体积庞大，特别是在海上，其场地建造和安装的难度更大。需要建造大尺寸的分离涡轮机来满足负载和效率需求。举一个很典型的例子，额定功率为200kW的三叶片水平涡轮机，涡轮机叶片长度达到15m，塔高达到25m。发电机效率在部分风速阈值负荷下显著下降。此外，还需要配备安全措施以防止风暴、大风天气状况下的风力过大。

风力涡轮发电机往往被一些人认为在生态系统中不美观，其噪声对牛、动物、鸟类和农业开垦造成负面影响。风力发电场的土地成本很高，而那些建在海上的风力发电场却没有得到充分的开发。尽管如此，近年来随着风能被认为是一种相对绿色和便宜的可再生能源，全球越发关注对风能的控制，主要体现在其复杂性、容量和分布状况等方面。然而，将风能发展为世界能源需求的主要来源是需要时间的。开发风能的一个主要挑战来自其多变性和间歇性，这就需要替代能源储备的高成本维护费用，替代能源则用于低风速时期的能源供给。需要足够广泛的基础设施用于控制和分配能量，保证其被运输到消耗点。主要通过政府税收优惠政策和消费者支出附加费进行补贴。作为可再生能源，风能正变得越来越有吸引力，其可补充通过化石燃料燃烧产生的能量，特别是电能。

1.4.4 太阳能

太阳能对我们的世界贡献很大，包括产生化石燃料、水力发电、生物燃料、风能、海洋洋流、雨水、热海渐变等。太阳能的能量是间歇性的，这取决于处于一天中的什么时间，处于一年中的什么时间，所在的地点、海拔、季节，发生角度和是否多云等。总体来说，对太阳能应用于直接产能或加热的考虑一直是相对局限的。高强度太阳能往往主要位于人口稀少且需要大规模开发的地区。

原则上讲，太阳能是可再生的、免费的、清洁的并且是丰富的能源。增加对太阳能的开发将有助于减少化石燃料的消耗，进而减少其废气包括温室气体的排放。太阳能的开发受到化石燃料成本和可用性的严重影响。此外，对太阳能设备的税收优惠政策和资金支持将对其使用率的增长具有深远意义。

地球上接收的热能是多波段的，其开发产能受到卡诺循环的限制。平均能量是十分稀薄的，大约只有 $1kW/m^2$(或 $1mW/mm^2$)可以被接收。一些太阳能在进入大气层时被吸收，这主要因为大气层中含有二氧化碳、水和臭氧。除非采取特别的措施，否则只有在低温情况下被收集。太阳能可被用于空调制冷，但是相比于电能则显得效率很低。然而，太阳能在海水淡化作用中有良好的应用前景。

绿色植被利用太阳能的效率极低(小于 1.0%)。此外，用于种植、肥料、收集、运输和加工的土地占用量和能量消耗很大，还会产生高成本的排放。太阳能非常适合应用于低温家用热水器中。图 1.2 中展示了各种平板收集器的设计、尺寸和结构。这些往往是简单的，由一片平板玻璃在某一角度放置于黑色的基座即可。这些太阳能集热器仅适用于生产温水，水温维持在 100℃以下。这样的收集器可以完全通过自然对流驱动(图 1.3)，或者也可以通过电动泵的配合来驱动。为一个典型的家庭提供所需的能量将需要大量的水，有时还可能会用到一些特殊液体的熔融潜热，比如融化过程。

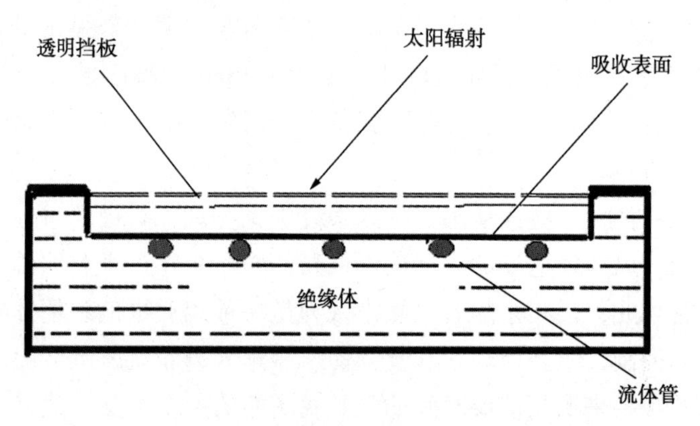

图 1.2 太阳能收集器的简要示意图

太阳能热水器往往体积庞大，且需要纯净水。热水器的效率可能会随着时间的推移而逐渐恶化。它们从视觉上并不美观，而且为了更好地接收太阳能热量需要不断地随着太阳的移动而移动。相应地，太阳能加热达到的温度将取决于接收到的热量与环境造成热量损失的平衡。

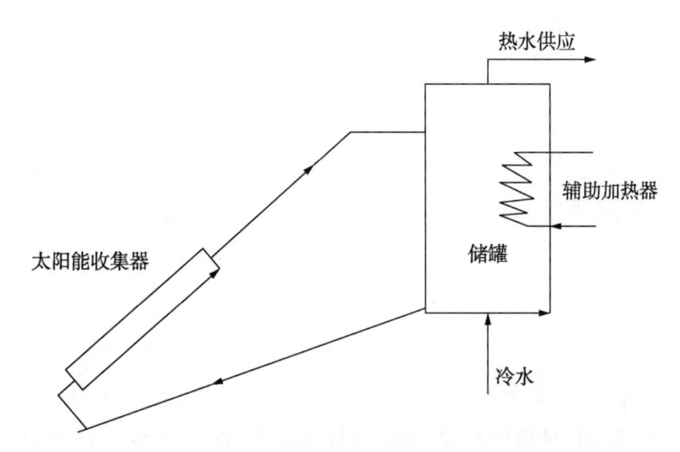

图 1.3 具有辅助加热器的自然对流太阳能集热器电路示意图

太阳能电池产生的电能来自太阳光照射特殊材料(比如硅材质)，从而将太阳光的光子发射为电子。光伏能力转换装置通常为半导体，这种材质可将太阳能入射光转化为自由电子。然而这种装置往往效率较低、价格昂贵且装置尺寸及输出量很小。输出量会随着使用寿命、元素和沉积的灰尘以及接收表面的划痕而逐渐恶化。因此，太阳能产生的电能相较于化石燃料燃烧产生的电能的成本要高得多。

抛物镜面可将光线集中到更小区域且产生高温能量。此项技术因应用面窄、效率低、不可靠且存在安全隐患而受限，仅可应用于一些十分局限的方面，比如冶金和金属氧化物的精炼，同时补充使用天然气生产纯金属以及合成气(CO 和 H_2)。

目前有一些非常长期的投资建议是利用外太空太阳能通过微波功率传输到地球而实现发电。这项提议不切实际，主要因其花费巨大且具有非常严重的安全隐患。

近年来，太阳能技术的开发日趋全球化，但就目前而言，相较于化石燃料、水力或核能的大规模发电，还存在着成本竞争力不足的问题。太阳能收集器似乎因其尺寸小、独立、可控以及可应用于家庭加热和烘干而备受青睐。简单的太阳能收集器安装在世界各地用于提供家庭所需的热水，通常不需要电力供应(图 1.4)。

图 1.4 太阳能电池在高山滑雪场顶部的使用

开发光伏发电新材料的关键点在于降低成本、提高耐用性以及太阳能转化为电能的转化效率。然而，到目前为止，太阳能尚未为全球电能供应做出足够的、实质性的贡献。

1.4.5 地热能

地热能作为区域热能的来源以及电力供应能源，因其质量佳且容量大而具有竞争力。冰岛是一个很好的例子，其自然地热能源可用于发电或在一些地方为家庭取暖而提供热水。然而，迄今为止，一般的地热开采具有严重的局限性，比如环境、社会、经济、地理或自然变化的影响。

1.4.6 核能

迄今为止，核能占全球总能源的比例相对较小，且核电占全球产电总能的比例不到20%。一些国家(如法国)生产和使用的核能远高于平均值。然而，对于核能设施的建设和运行还涉及一些严重的限制性问题，特别是建设的地点在容易发生地震的区域(如日本)。这些担忧包括高昂的运营成本、严重的潜在安全隐患、严苛的位置限制、人类处置和供应的限制、废燃料的处置和安全问题等。目前，这些问题被认为足够严重到一些国家不愿意建造新的核电站，甚至比计划更早关停现有核电装置。表1.1列出了常见的发电过程和来源以及相应的能量及功率。

表1.1 不同来源和发电过程的能量和功率(Reynolds，1974)

过程和来源	每天的能量(J)	功率(W)
太阳的能量	3.2×10^{31}	3.7×10^{26}
太阳能至地球	1.5×10^{22}	1.7×10^{17}
光合能	3.4×10^{18}	4.0×10^{13}
人类消耗	5.4×10^{17}	6.0×10^{12}
北美消耗	2.0×10^{17}	2.3×10^{12}
发电站的典型发电量	9.0×10^{13}	1.0×10^{9}
一千克铀-235的能量	8.0×10^{13}	—
一桶油的燃烧能	6.0×10^{9}	2.0×10^{3}
全球人均能耗	2.0×10^{7}	—
全球人均食物能耗	9.0×10^{6}	—

1.5 关于从生产点到消费点能量损失的思考

请牢记在能量产生、加工、运输和分配直至使用的各个环节都存在着潜在的损失和浪费，这一点十分重要。这些损失各种各样，积累在一起可占初始可用能量的很大一部分比例。例如，表1.2中列出了太阳能通过煤层形成到最终可用能量的过程中可能潜在存在损失的例子，从表中可以看出，可提供给消费者家用电灯使用的电能只是电能最初产生的一小部分。同时，也只占化石燃料燃烧供气体发电的一小部分。化石燃料也仅仅是百万年前太阳能留在地球上的非常微小的部分，这部分能量主要用于最初化石燃料的产生。很显然，在任何情况下分析环境影响和能耗效率对于推动整个能源从初始产生阶段到最终消耗阶段的路径都是十分有必要的。这就需要考虑所有可能的潜在损失以及相关的累计排放及其相应的后果对环境的影响。不幸的是，迄今为止这仍然是一种在我们所有操作过程中很少遵循的做法(图 1.5)。

例如，“零排放电动汽车”或者被视作一种清洁可再生燃料的氢气不会产生非要求排放物的说法是具有误导性的。通常情况下，发电过程或制氢气过程都将涉及过度的能量投入及相关的排放，尽管发电过程和制氢过程不会在消费的地点发生。

表 1.2 太阳能通过煤层形成到最终可用能量的过程中可能潜在存在损失的例子

从太阳能到可被利用的能量的过程	各种连续阶段效率的预估值
太阳能到煤炭能源	<1%
煤炭开采和加工	<60%
燃料的运输	80%
燃烧	90%
蒸汽提升	<70%
发电量	<35%
电力传输	<50%

CO_2+H_2O+能量(阳光)
↓光合作用
植物+氧气
↓
动物，海洋，植物体
↓地质年代(百万年)
化石燃料
↓
化石燃料+氧气
↓燃烧时间(秒到毫秒)
CO_2+H_2O+能量(燃料燃烧)

图 1.5 通过矿物燃料展示太阳能循环

表 1.2 展示了一个核算能量效率的例子，具体来说是从太阳能量吸收和利用过程到形成煤炭用于发电再到其电能使用的终端，仅有百分之几的煤炭能源最终可用于电能(对于所示的例子有 0.60×0.80×0.90×0.70×0.35×0.60×0.60=0.038)，也就是每百万焦尔的原始太阳能仅有 380J 的能量可产生煤炭。

另一个重要的考虑因素是燃料资源的回收和处理效率，以及化石燃料产生的能量从全球范围内的某一地点到另一地点的能耗。例如，加拿大油砂生产石油、工艺过程和开矿相关的经济和环境成本可能会比传统陆地油田(如伊拉克南部地区)的油藏开采成本高出一个数量级，而伊拉克南部地区的油田被认为尚有大量未开发的石油和天然气储量，这一开采和运输过程是十分具有经济性的。

1.6 能源开采

几乎所有可用的能源都越来越多地被开发和利用。很显然，这些可利用的能源利用效率对于降低成本和减少目前和未来对能源的需求以及减缓对环境的危害是十分重要的，必须对从主要能源到最终能源服务的整个复杂能源链进行全面优化。目前全球平均能源利用效率可低至10%，而在最近一些发达国家这一数据可高于30%。这表明在未来几年对于全球有效利用能源方面具有相当大的优化潜力。然而，还有很多影响因素未能得到有效控制，其中包括近年来全球人均能源消费量呈上升态势，这一趋势预计会在未来几年中持续走高。人们的平均生活水平、预期寿命以及世界人口数量的持续升高将加剧这一态势(图1.6)。

图1.6 20世纪初在相对较小的木桶中运输石油

(The Petroleum Resources Communication Foundation, 1986)

1.7 小 结

人类文明从开采化石燃料以来已经持续了数千年，主要通过燃烧产生所需的能量，而这一切都源于太阳能。对资源的消耗速度有向高于资源补充速度的方向发展。其他形式的非化石能源虽然可以利用，但是仅仅贡献了我们能量需求的一小部分。燃料能量的应用效率普遍较低，但正在不断地改进中。近年来也在尽可能最小化对环境的负面影响。任何影响环境和耗能设备效率的分析都是有必要的，特别是对能量最初始阶段到最终利用的整体能源路径的分析是不可或缺的。

参 考 文 献

Australian Minerals and Energy Council. Report of the Working Group on Alternative Fuels [R]. Australian Government Publishing Service, Canberra, Australia, 1987.

Ayres R U and Mckenna R P. Alternatives to the Internal Combustion Engine[D]. John Hopkins University Press, Baltimore, MD, 1972.

Bockris, J., Energy: The Solar Hydrogen Alternative, 1976, The Architectural Press, London, UK.

Bowman, C. T. and Birkeland, J., Editors, Alternative Hydrocarbon Fuels—Combustion and Chemical Kinetics, Vol. 62, Progress in Astronautics and Aeronautics, 1978, American Institute of Aeronautics and Astronautics, New York, NY.

Cengel, Y. and Boles, M. A., Thermodynamics, 3rd Ed., 1998, McGraw Hill Co., New York, NY.

Collucci, J. M. and Gallpoulos, N. E., Future Automotive Fuels, 1976, Plenum Press, New York, NY.

Davis, M. and Cornwell, D. A., Introduction to Environmental Engineering, 2nd Ed., 1991, McGraw Hill Book Co., New York, NY.

El-Wakil, M. M., Power Plant Technology, 1984, McGraw Hill Book Co., New York, NY.

Evans, R., Fueling Our Future, 2008, Cambridge University Press, Cambridge, UK.

Hammond, A. I., Metz, W. D. and Manch, T. H., Energy and the Future, 1973, American Association for the Advancement of Science, Washington, DC.

Hodge, B. K., Alternative Energy Systems and Applications, 2010, John Wiley and Sons Inc., New York, NY.

Hottel, H. C. and Howard, J. B., New Energy Technology: Some Facts and Assessment, 1971, MIT Press, Cambridge, MA.

Keating, E. L., Applied Combustion, 1993, Marcel Dekker Inc., New York, NY.

Kreith, F. and West, R. E., Editors, Handbook of Energy Efficiency, 1997, CRC Press, Boca Raton, FL.

Moran, M. J., Shapiro, H. N., Munson, B. R. and DeWitt, D. P., Introduction to Systems Engineering, 2003, John Wiley & Sons Inc., New York, NY.

National Petroleum Council, Hard Truths About Energy, July 2007, NPC, Washington, DC.

The Petroleum Resources Communication Foundation, Our Petroleum Challenge: The New Era, 1986, Calgary, Canada.

Reay, D. A., Industrial Energy Conservation, 1976, Pergamon Press, Oxford, UK.

Reynolds, W. C., Energy from Nature to Man, 1974, McGraw Hill Book Co., New York, NY.

Riley, R. Q., Alternative Cars in the 21st Century, 1994, Society of Automotive Engineers (SAE), Warrendale, PA.

Rogers, G. and Mayhew, Y., Engineering Thermodynamics—Work and Heat Transfer, 3rd Ed., 1989, Longman Scientific & Technical, Harlow, Essex, UK.

Sarkar, S., Fuels and Combustion, 3rd Ed., 2009, CRC Press, Boca Raton, FL.

Sorenson, H. A., Energy Conversion Systems, 1983, John Wiley & Sons, New York, NY.

Spalding, D. B., Combustion and Mass Transfer, 1979, Pergamon Press, Oxford, UK.

Tillman, D. A., Sarkanen, K. V. and Anderson, L. L., Fuels and Energy from Renewable Resources, 1977, Academic Press, New York, NY.

Thorndike, E. H., Energy and Environment, 1976, Addison Wesley Publishing Co., Boston, MA.

Vaughn R. D., Editor, The Engineering Challenges of Power and Energy, Proceedings of the Institution of Mechanical Engineers (UK), J. Energy and Power, 1998, Vol. 212, pp. 389-485.

Van Wylen, G. J. and Sonntag, R. E., Fundamentals of Classical Thermodynamics, 3rd Ed., 1986, John Wiley and Sons, New York, NY.

Weston, K. C., Energy Conversion, 1992, West Publishing Co., St. Paul, MN.

Weinberg, F., The First Half-Million Years of Combustion Research and Today′s Burning Problems, Energy and Combustion Science, 1979, pp. 17-31, Pergamon Press, Oxford, UK.

Yergin, D., The Prize, the Epic Quest for Oil, Money and Power, 1992, Simon and Schuster, New York, NY.

第2章　一般燃料

2.1　简　　介

“燃料”可以被描述为任何材料发生放热结构变化过程。通常来说，这一变化是化学性质的变化，比如在氧化剂的作用下通过燃烧发生。偶尔会发生在一些推进剂的作用下放热分解的情况。通过燃烧释放的化学势能在原则上可以被视为以热能形式释放的能量。后面将在第4章中讨论热量、功和能之间的差别。

许多广泛使用的燃料的本质是“有机的”，都含有通用的碳原子，也有一些“无机的”燃料，如 H_2、NH_3、H_2S 以及相对在有机燃料中难获得的金属。目前从这些燃料中获取的能量仅占一小部分。而且，普通燃料通常是直接“自然产生的”，比如石油、天然气、煤炭等；或者是“加工的”，比如乙醇和氢气。

绝大多数的可用燃料都来自“化石”，它们都是来自地质年代久远的生物。从历史上看，化石燃料因其储量丰富、成本低、使用方便、能量含量高、在对环境问题关注不足的情况下显得非常具有吸引力。在过去的几十年中，化石燃料被广泛使用。然而，这种情况在近年来不断变化，人们越来越关注不可再生能源的保护和优化利用问题。化石燃料是我们不可再生的自然资源遗产。燃料的分类可以基于多种方式进行，例如，按照它们的性质或应用领域进行分类。一些最常见的分类如下：固体，液体或气体（在环境条件）；有机或无机；非化石或化石；传统或可替代；矿物燃料或生物燃料；低加热值，中加热或高加热值；天然或人造。

2.2　燃料的一些主要性质

燃料除了可用性强和低成本外，还具有普适性，适用于不同具体应用中。本节讨论了燃料低成本外的一些主要特点。当然，这些特点往往不是在某一种燃料中表现出来，而是决定一种燃料在其特定装置及特定地点中的适用性。

（1）在质量和（或）体积基础上的高能量密度；

（2）良好的燃烧特性，例如高燃烧速率、低点火能量要求和高燃烧温度；

（3）在使用之前需要相对简单和廉价的精炼和加工；

（4）高热稳定性和低形成矿物质倾向；

(5) 在用发动机、炉和燃烧器时，其与硬件和材料的相容性；
(6) 在存储、传输和应用过程中抗火灾和爆炸的危险性良好；
(7) 低毒排放；
(8) 便于运输、搬运和储存；
(9) 需要时可做到少杂质和高纯度形式；
(10) 需要时易与其他燃料混合的能力；
(11) 硫、灰分和氮含量足够低；
(12) 低温环境下的良好储存、处理和燃烧特性。

然而，对于燃料在需要令人满意的解决方案的特定应用中的选择也有一些顾虑。这些顾虑包括：

(1) 确保燃料的持续供应；
(2) 保持合理的成本；
(3) 为燃料的运输、储存和分配提供必要的基础设施；
(4) 解决在提供可靠的储量、需求和成本预测方面遇到的困难；
(5) 生态关注及其持续有效控制；
(6) 由于现有技术和性能的不足和有限的科学知识而限制使用；
(7) 社会和政治不利条件和因素。

表2.1中列出了一系列普通燃料的储能容量（基于其较低热值进行计算）及基于质量的设备。该表展示了化石燃料较其他燃料的优势和优越性。化石燃料在相同质量下较普通汽车电动电池展现了相对巨大的能量。可以看出，相同质量下氢气较汽油或柴油具有更高的储能容量。然而，相同体积下无论是气态还是液态，汽油和柴油燃料相较于氢气都有更佳的储能容量。同时，表2.1还展示了液态汽油具有普通铅—酸蓄电池近200倍的能量。

表2.1　一些能量储存介质的比能量值（Bolz and Tuve，1970）

储能介质	比能量（MJ/kg）	储能介质	比能量（MJ/kg）
汽油	42.00~44.00	氢气（液态）	120.00
柴油	42.50	氢气（气态）	119.89
甲醇	19.70	甲烷	50.00
乙醇	26.80	铅—酸蓄电池	0.19

2.3　相关计量单位

在能量和燃料领域有许多不同的计量单位，造成了一些混淆。这主要源于对工业衍生的历史计量单位的依赖，例如英制单位（表2.2）。幸运的是，通过广泛接受并采用国际SI制单位，实现了整个领域计量单位的统一，更加简单且不易混淆。

对于各种形式的能量，不论是功还是热，都使用“焦耳”(J)，而对于物质的量则使用“摩尔”(mol)，质量的计量使用“千克”(kg)。单位“开尔文”(K)用于绝对温度，而“摄氏度”(°C)则用于温度。摩尔(mol)是代表了系统的量，包含了存在的所有基本实体，相当于0.012kg 碳-12 中碳原子的量。单位 mol 取代了以前的单位 gmol。

大量“衍生单位”都是基于 SI 单位的米(m)、秒(s)、千克(kg)以及摩尔(mol)而来的。其中值得注意的是帕斯卡(Pa)、牛顿(N)、瓦(W)和焦耳(J)。表 2.3 中列出了 SI 系统中一部分被赋予了专有名称的主要的公认衍生单位。

表 2.2　英制能量单位及其对应的能量值

能量单位	能量值	能量单位	能量值
Btu	1.05506kJ	Cal_{15}	4.1855J
Therm	105.506MJ	$Cal_{therm-chem}$	4.184J
Cal_{IT}	4.1866J	CHU	1.89851 kJ

表 2.3　具有专有名称的衍生单位(Karim and Hamilton，1981)

物理量	单位名称	单位符号	单位定义
频率	Hertz	Hz	1/s
力	Newton	N	$kg \cdot m/s^2$
压力、压强	Pascal	Pa	N/m^2
能	Joule	J	N · m
功率	Watt	W	J/s
电荷	Coulomb	C	A · s
电位差	Volt	V	W/A
电阻	Ohm	Ω	V/A
电感	Henry	H	Wb/A
电导	Siemens	S	A/V
电容	Farad	F	C/V
磁通量	Weber	Wb	V · s
磁感应强度	Tesla	T	Wb/m^2
光照度	Lux	lx	lm/m^2
光通量	Lumen	lm	cd · sr

SI 系统的一大优点是具有一组公认的倍数和分数词头，这简化了各种物理量的书写和报告(表 2.4)。

表2.4　SI倍数和分数

倍数和分数	词头	符号
10^{18}	exa	E
10^{15}	peta	P
10^{12}	tera	T
10^{9}	giga	G
10^{6}	mega	M
10^{3}	kilo	k
10^{2}	hecto	h
10	deca	da
10^{-1}	deci	d
10^{-2}	centi	c
10^{-3}	milli	m
10^{-6}	micro	μ
10^{-9}	nano	n
10^{-12}	pico	p
10^{-15}	femto	f
10^{-18}	atto	a

注：(1) 在使用“十亿”和“万亿”倍数时，与之相关的分别是10^6和10^9，需要小心谨慎。

(2) SI中的倍数“M”(10^6)和英制能量测量术语中的“M”(1000)之间通常存在混淆：1.0MMBtu表示10^6Btu，1.0Mcf表示1000cf。

(3) 能量可以用千瓦·时(kW·h)来衡量，相当于1kW持续1h的能量(3.6MJ)。

(4) 历史上，原油是按质量或液体体积测量的，bbl(桶)常用于石油测量统计。它是石油工业中液体的体积测量单位，等于42gal(美制)、35gal(英制)或0.159m^3。

(5) 立方米通常用于气体的体积测量，而升用于液体。1L是10^6mm^3。

(6) 在使用加仑测量液体体积时需要小心。1gal(英制)等于4.54L，但1gal(美制)仅等于3.72L。

(7) 为方便起见，能源有时表示为“油当量吨”，表示为“toe”，大约相当于7.35bbl石油。

(8) 石油行业另一个广泛使用的衡量标准是密度的经验测量，称为“API度”。它表明石油相对于水的重量轻或重。如果它的值大于10，那么它比水轻；而如果它的值小于10，则它比较重。它的使用应该逐步淘汰，而更倾向于使用SI单位表示密度，即kg/m^3。

2.4　燃料、能源及使用的几种模式

有丰富的统计资料和详细的历史可以说明各种燃料和能源的可用性、生产量和消耗量。这些信息源于各种各样的官方、商业、机构和私人。他们通过出版物、报告和互联网获得。有必要对这些信息进行严格的审查，因为大量的数据缺乏精确性甚至偶尔会出现扭曲事实、过时的情况，需要更进一步的审查。在考虑化石燃料的储量时，很重要的一点是区分数据是

否与实际情况、可能可用的资源有关(图 2.1)。而且，需要考察燃料的质量以及需求地，例如，轻质原油产品的价格较重质原油价格更高。

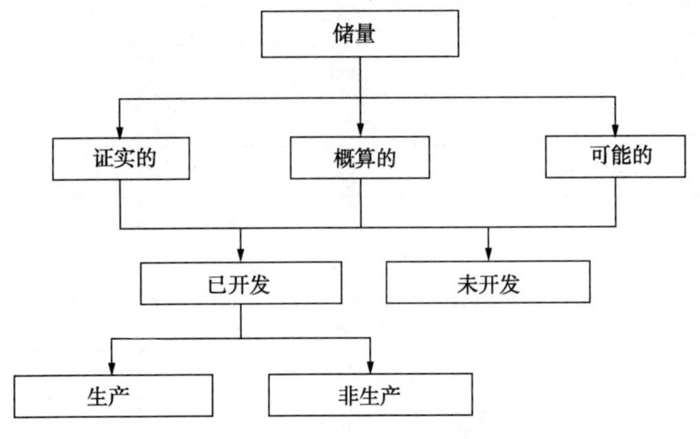

图 2.1　化石燃料储备分类

表 2.5 展示了探明石油储量及其相应的世界各地消费的列表。中东的主导地位是显而易见的，而欧洲尤其是英国的储量产量相对比例下降显得相当严重。

储量是需要利用假设和测试参数或增加储量等数据采用精细和复杂的计算来确定的。当一个油气藏的储量开始消耗殆尽时，其剩余储量就会变得越来越容易预测。只有那些被认为可能生产和储存的油气藏才直接关系到油气藏的生产性能，可能大致分为证实储量、概算储量和可能储量。

表 2.5　按地区划分的石油储量及产量

地　区	储量(10^9t)	占比(%)	储量/产量(%)
北美	11.7	8.5	18.8
中美	11.4	7.8	39.3
英国	0.6	0.4	4.4
欧洲	2.3	1.7	6.9
苏联	7.8	5.5	22.0
中东	82.2	64.9	92.3
非洲	9.8	7.2	29.2
亚洲和澳洲	6.1	4.4	17.0
总计(世界)	138.3	100	42.8

数据来源：International Energy Agency, Key World Energy Statistics, 2011, www. iea. org/books, Paris, France。

2.5　储量的定义

证实储量(探明储量)需要在特定日期进行估算，并与根据当前油气藏状况被视为可采的储量相关。如果有实际生产数据支持，则认为该储量是可靠的。

概算储量与证实储量相似，但需要足够的地质和工程支持才能被证实，这些被认为是可开采的。

可能(possible)储量比概算(probable)储量更难被开采。

当然，需要记住的一点是，银行家对探明储量规模的预测可能比石油工程师的预测数据小，而石油工程师反而可能比热心的地质学家的预测数据小。对于上市公司而言，为保护公众利益，对于什么是储备金有相当严格和保守的指导原则。大多数监管机构的法律要求利用储备金来确定储备。对于诸如原油、凝析油、天然气和液化气等资源将使用一致的分类。

图 2.2 显示了根据加拿大阿尔伯塔省政府能源资源保护委员会的要求定义的能源工业正式采用的不同类型的石油和天然气储量。

"证实储量"——该术语定义原油、天然气、液化气或硫的估计数量，对地质和工程数据的分析表明，在现有经济和经营条件下，可以从已知的油气田中获得合理的确定性。

"概算储量"——概算储量是对根据估计的最终规模和油田储层特征从已知油气田中开采的储量的现实评估。概算储量包括已探明的储量。

"原始地质储量"——原始地质储量定义为原油或原料气在已开采或已计入储量的油气田估计面积内的原始地质条件下的总量。该术语代表预期的最终原油或原料气产量，也代表在现有经济和经营条件下的、估值为不可收回的原油或原料气的总和。

"最终可采储量"——最终可采储量定义为原油、天然气、液化气或硫的总量，根据当前的地质和工程数据分析确定，估计最终可以是油气田生产的量。这包括截至相应估算日期已经产生的量。

"剩余储量"——剩余储量指原油、天然气、液化气和硫的量，按探明的或概算的储量扣除估计日期之前产生的量估算。

"原料气"——原料气被定义为天然气，无论是油气藏中存在的还是产出的。

"市场天然气"——市场天然气被定义为通过加工将某些烃类化合物和非烃类化合物从中除去或部分去除后的原料气。市场天然气通常被称为管道天然气、残余天然气或销售天然气。

"天然气凝析液"——天然气凝析液被定义为烃类化合物[组分为丙烷、丁烷和戊烷及其以上烷烃(也称为冷凝物)]，或通过在现场分离器、洗涤器、气体处理和后处理厂或者循环加工厂中处理的，从原料气液体中提取出来的组合。丙烷和丁烷组分通常被称为液化石油气(LPG)。

"非常规储量"——目前只有归属于阿萨巴斯卡油砂项目的储量包含在加拿大石油协会(CPA)的非常规储量的估计中。通常情况下，这些合成原油和硫含量将包括在内，委员会通过在项目经济范围内创建项目进行开采，开采出的产品将具有较待开发的项目的产品相同或更佳的性能。

图 2.2　用于描述石油和天然气储量的不同术语的定义

(根据加拿大阿尔伯塔省政府能源资源保护委员会公报提供)

2.6　关于燃料和能源统计的一些总体观察

通过分析关于过去、现在和未来的燃料和能源统计信息的大量信息，可以得出许多一般性观察结果。

(1) 全球化石燃料消费量稳步增长。预计该数字不会下降，并且在可预见的未来可能会继续上升。

(2) 化学工业将化石燃料用作制造各种产品的原材料，以及用于一些低质燃料的升级，而不是仅仅用作燃料来源，预计这一消耗也将继续增加。

(3) 由于消费率继续增加，预计化石燃料的探明储量不会大幅增加。

(4) 化石燃料储量的新发现出现在越来越困难的条件下，而且探索和利用的成本日趋昂贵，例如在更深的海中和对越来越远的海域的探索。

(5) 中国、韩国和印度等一些快速发展的经济体对燃料的需求一直以非常快的速度增长。

(6) 由于严格的排放控制要求，天然气新储量的可用性进一步增加，同时液化天然气(LNG)生产和运输设施的发展日益加强，天然气消费量一直在稳步增长。预计这一趋势将继续增加。

(7)预计核电的贡献在不久的将来不会显著增加，并且不会减少化石燃料的总体消耗。

(8) 全球各应用部门之间的燃料消耗相对比例很可能在近几年保持基本不变。

(9) 替代能源的使用将会增加，但是它们对减少对化石燃料依赖性的整体贡献在相当一段时间内仍然相对较小。

(10) 全球煤炭储量较石油和天然气储量相比是巨大的，但似乎有一些严重的、几乎不可逾越的限制，特别是那些环境原因的限制阻碍了煤炭的扩大使用。

(11) 近年来，燃料资源利用效率稳步提高。但是，燃料的消耗更多地受到世界人口和预期寿命不断增加以及全球生活水平提高的影响。

(12) 石油储层开采的效率正在稳步提高，但探明新的储量越来越难，而且勘探和生产成本更高。

2.7 不同能源消耗的变化

图 2.3 显示了近几十年来全球能源年消费量的相对分布情况。在煤、石油、天然气以及水力发电和核能发电方面，石油是主要的能源来源，其次是煤炭和天然气。尽管水电和核能的总体贡献略有增加，但仍相对较小。近年来数据显示天然气消费量显著增加。

图 2.4 展示了世界不同地区近年来的能源消费分布模式及其变化情况。占消费主要份额的是发达国家，特别是美国和加拿大。此外，多年来美国的石油和天然气消费量持续显著增加，而其产量则持续下降。目前，美国对来自不同国家的进口石油的依赖性表明，加拿大是其主要供应国，紧随其后的是墨西哥(图 2.5 至图 2.8)。加拿大石油主要来自加拿大西部巨大的油砂资源储备。然而，这些资源的开发和处理越来越被认为是对能源和环境的侵扰。

目前，液化天然气的产能正在大幅增加，使其成为传统天然气供应的重要补充。表 2.6 显示了 2002 年各国及地区进口液化天然气的情况。液化天然气出口的相应数据见表 2.7。日本和韩国占了进口的主要部分。

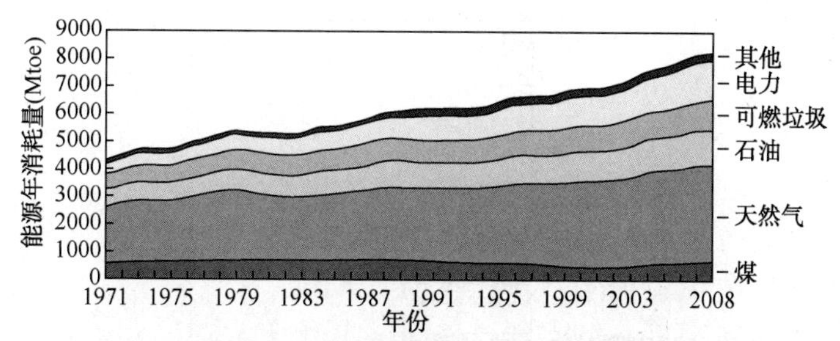

(a) 1971—2008年世界年度能源消耗量，以百万吨油当量(Mtoe)计，显示煤炭、石油、天然气、电力和其他次要能源形式的能源贡献变化

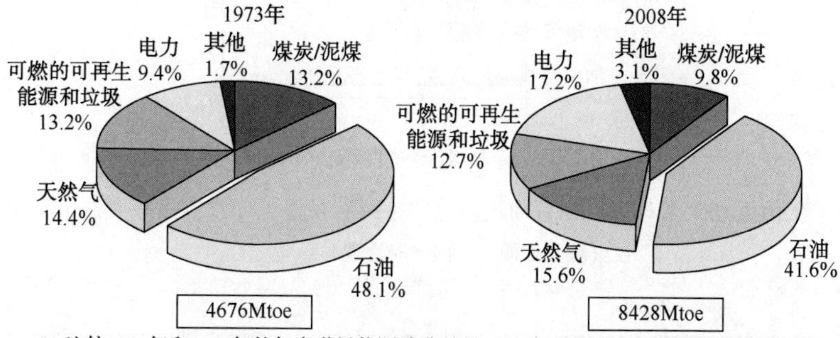

(b) 比较1973年和2008年的年度世界能源消费总量，显示了不同形式能源的贡献比例的相应变化

图 2.3　1971—2008 年以百万吨油当量衡量的世界煤炭、石油、天然气和电力年消耗量的变化

（数据来源：International Energy Agency，Key World Energy Statistics，2011，www.iea.org/books，Paris，France）

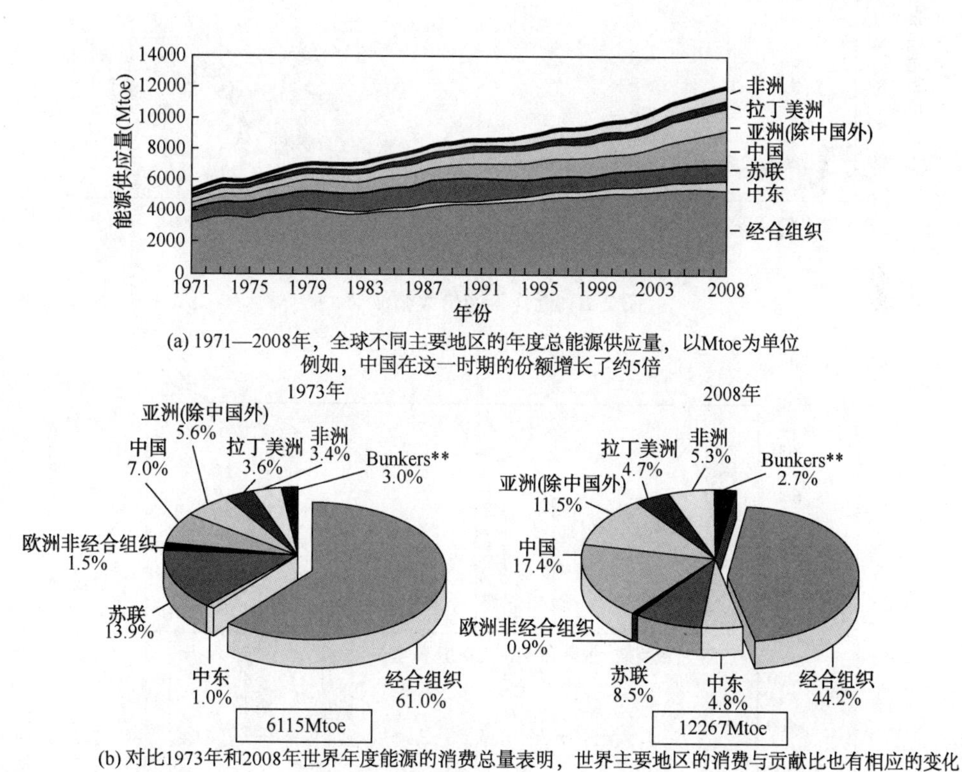

(a) 1971—2008年，全球不同主要地区的年度总能源供应量，以Mtoe为单位例如，中国在这一时期的份额增长了约5倍

(b) 对比1973年和2008年世界年度能源的消费总量表明，世界主要地区的消费与贡献比也有相应的变化

图 2.4　比较 1971—2008 年各地区的能源供应变化，例如从图中可知中国的份额增加了大约 5 倍

（数据来源：International Energy Agency，Key World Energy Statistics，2011，www.iea.org/books，Paris，France）

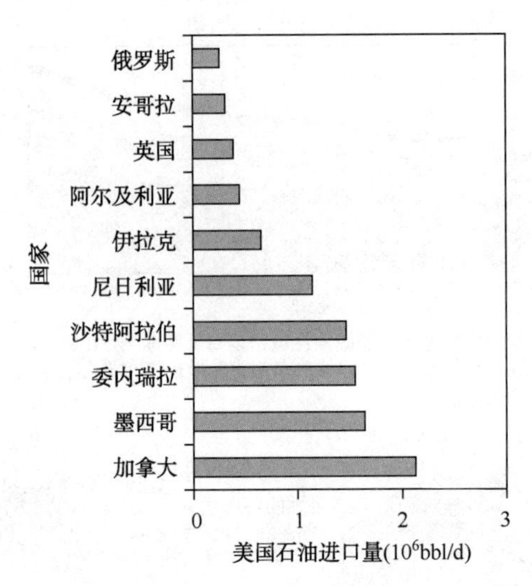

图 2.5　美国近几年来日百万桶石油进口量的来源和规模：加拿大是最大的供应国

（数据来源：美国政府管理局）

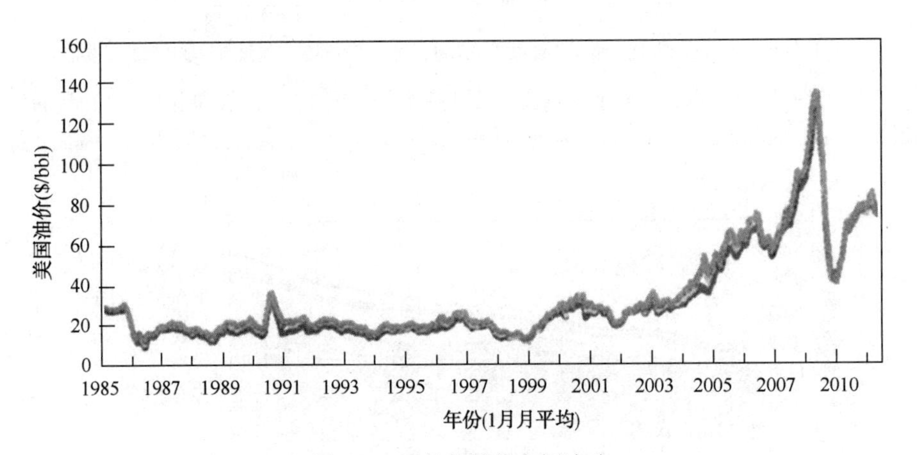

图 2.6　近几年油价大幅波动

（U. S. Department of Energy，2007）

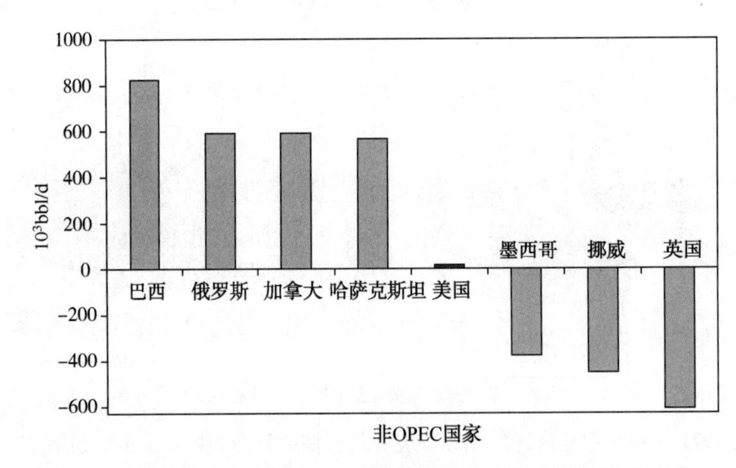

图 2.7　估计未来几年非 OPEC 国家石油生产能力可能发生变化

（数据来源：International Energy Agency，Key World Energy Statistics，2011，www. iea. org/books，Paris，France）

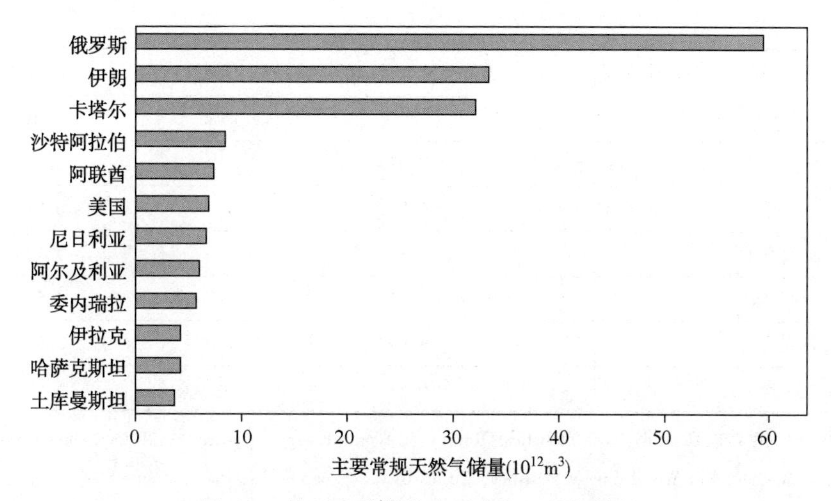

图 2.8　按国家估算的主要常规天然气储量

（数据来源：BP Statistical Review of World Energy，[yearly to 2012]，bp com/statisticalreview. International Energy Agency，Key World Energy Statistics，2011，www. iea. org/books，Paris，France）

表 2.6　2002 年各国及地区进口液化气量

国家及地区	进口液化气量(10^6t)	百分比(%)
日本	54.25	48.04
韩国	17.84	15.80
法国	10.57	9.36
西班牙	10.26	9.08
美国	4.83	4.28
波多黎各	0.46	0.41
中国台湾	5.36	4.74
土耳其	3.70	3.27
比利时	2.73	2.42
意大利	2.55	2.26
希腊	0.38	0.34
总计	112.93	100

数据来源：BP 世界能源数据；BP Statistical Review of World Energy，[yearly to 2012]，bp com/statistical review. International Energy Agency，Key World Energy Statistics，2011，www. iea. org/books，Paris，France。

表 2.7　2002 年各国出口液化天然气量

国　家	出口天然气量(10^6t)	百分比(%)
印度尼西亚	26.45	23.42
阿尔及利亚	20.53	18.18
马来西亚	14.95	13.24

续表

国 家	出口天然气量(10^6t)	百分比(%)
卡塔尔	13.73	12.16
澳大利亚	7.37	6.52
文莱	6.82	6.04
尼日利亚	5.84	5.17
阿布扎比	5.11	4.53
特立尼达	3.99	3.53
阿曼	6.33	5.60

数据来源：BP 世界能源数据；BP Statistical Review of World Energy，[yearly to 2012]，bp com/statisticalreview. International Energy Agency，Key World Energy Statistics，2011，www. iea. org/books，Paris，France。

世界某些地方主要由于缺乏天然气管道、运输系统以及缺乏消耗或液化设施而不得不烧掉大量的天然气。通常，这些产品是与油一起生产的，与气体相比，它们可以很容易地输出。这种持续的做法不仅浪费了宝贵的能源资源，而且还大大增加了排放量并导致全球变暖。这是一个全球性问题，需要在未来几年内得到圆满的解决。

图 2.9 显示了预估世界煤炭储量情况，从图中可以看出，全球不同品质的煤炭储量估算相对较大，并遍布世界各地。美国似乎拥有相当大的煤炭储量。然而，正如后面将在第 14 章中解析的那样，广泛使用煤炭作为主要能源将面临无数挑战，这些挑战将有可能限制其作为燃料来开采。

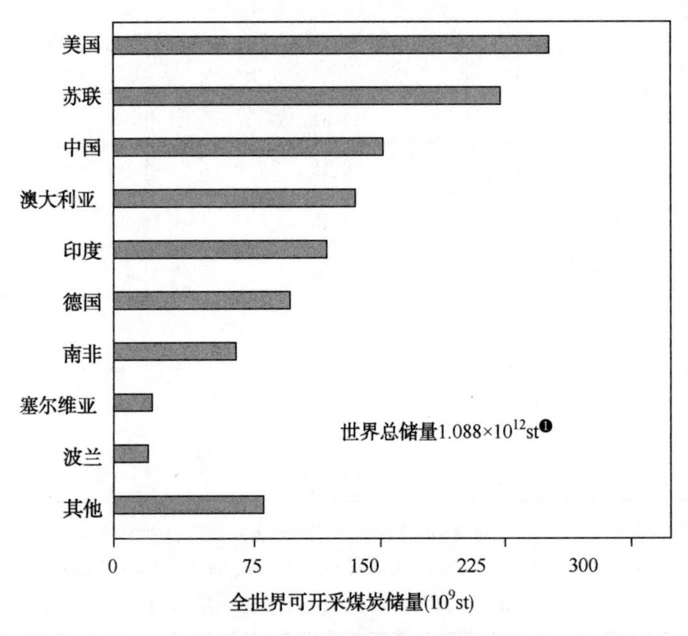

图 2.9 预估世界煤炭储量

（数据来源：BP 世界能源数据；BP Statistical Review of World Energy，[yearly to 2012]，bp com/statisticalreview. International Energy Agency，Key World Energy Statistics，2011，www. iea. org/books，Paris，France）

❶ 1st = 0.907t。

2.8 问　　题

（1）有人主张，至少在未来二十年或更长时间内，不可能设计出新的能源系统来取代现有对化石燃料的依赖。你是否同意这种观点？简要说明您的意见。

（2）请解析为什么全球化石燃料储备似乎在继续增加，而其年消费量也在增加。

（3）您认为用于发电站大容量锅炉的燃料的主要理想特性是什么？

（4）列出选择长距离海上运输合适燃料时需要处理的 5 个主要问题。

（5）区分美制和英制的液体燃料体积测量单位 gal 和质量测量单位 t、st。

2.9 小　　结

本章介绍了化石燃料资源的多种分类，并确定了一些可用性有限的非化石燃料。化石燃料储备根据其存在的确定程度和潜在的可开采情况分类。对燃料和能源的统计数据进行了总体的研究，并概述了潜在的未来趋势。本章还列出与燃料资源使用有关的测量单位，并强烈建议使用相应的 SI 单位。

参 考 文 献

Bartok, W. and Sarofim, A. F., Editors, Fossil Fuel Combustion, 1991, John Wiley and Sons Inc, NY, USA.

Berkowitz, N., An Introduction to Coal Technology, 1979, Academic Press, NY, USA.

Bolz, R. E. and Tuve, G. L., Editors, Handbook of Tables for Applied Engineering Science, 1970, Chemical Rubber Co., CRC, Cleveland, OH, USA.

Borman, G. L. and Ragland, K., Combustion Engineering, Int. Edition, 1998, McGraw Hill Inc., NY, USA.

BP Co., Statistical Review of World Energy, Yearly.

Brady, G. S. and Clauser, H. R., Materials Handbook, 12th Edition, 1986, McGraw Hill Book Co., NY, USA.

Collucci, J. M. and Gallpoulos, N. E., Future Automotive Fuels, 1976, Plenum Press, NY, USA.

El-Wakil, M. M., Power Plant Technology, 1984, McGraw Hill Book Co., NY, USA.

Evans, R., Fueling Our Future, 2008, Cambridge University Press, Cambridge, UK.

Hammond, A. I., Metz, W. D. and Manch, T. H., Energy and the Future, 1973, American Association for the Advancement of Science, Washington, DC, USA.

Hodge, B. K., Alternative Energy Systems and Applications, 2010, John Wiley and Sons Inc., NY, USA.

Hottel, H. C. and Howard, J. B., New Energy Technology: Some Facts and Assessment, 1971, MIT Press, Cambridge, MA, USA.

Karim, G. A. and Hamilton, B., Metrication, 1981, Int. Human Resources Development Corp., Boston, MA, USA.

Karim, G. A. and Klat, S. R., "Knock and autoignition characteristics of some gaseous fuels and their mixtures," J Inst Fuel, 1966, Vol. 39, pp. 109-119.

Karim, G. A. and Metwalli, M. M. , "Kinetic investigation of the reforming of natural gas for hydrogen production," Int J Hydrogen Energy, 1979, Vol. 5, pp. 293-304.

National Petroleum Council, Hard Truths About Energy, July 2007, NPC, Washington, DC, USA.

Reynolds, W. C. , Energy From Nature to Man, 1974, McGraw Hill Book Co. , NY, USA.

Sarkar, S. , Fuels and Combustion, 2009, 3rd Edition, CRC Press, Boca Raton, FL, USA.

Sorenson, H. A. , Energy Conversion Systems, 1983, John Wiley & Sons, NY, USA.

The Petroleum Resources Communication Foundation, Our Petroleum Challenge The New Era, Calgary, Canada.

Turns, S. R. , An Introduction to Combustion, 1996, McGraw Hill Book Co. , NY, USA.

U. S. Department of Energy, National Petroleum Council, Hard Truths about Energy, 2007, Washington, DC, USA.

Vaughn R. D. , Editor, "The engineering challenges of power and energy," Proc Inst Mech Eng (UK), J Energy Power, 1998, Vol. 212, pp. 389-485.

Weinberg, F. , The First Half-Million Years of Combustion Research and Today´s Burning Problems, Energy and Combustion Science, 1979, pp. 17-31, Pergamon Press, Oxford, UK.

第 3 章 燃料的分类

3.1 化石燃料

目前主要有三大类化石燃料，即煤炭、石油和天然气，这些燃料都历经数百万年才得以形成。它们的形成时代被称为石炭纪(译者注：原文如此)，“炭”是根据化石燃料的主要化学元素——碳命名的。人们认识到，生物死亡后逐渐沉入沼泽、湖泊和海洋的底部，然后被沙和其他矿物质覆盖，形成海绵状物质，最终形成一种被称为沉积岩的岩石类型。随着岩石物质的积累以及温度、压力、催化剂和细菌的长期共同作用，形成了煤、石油和天然气。

3.2 烃类燃料

常用有机燃料的主要成分是烃类化合物。根据定义，烃类化合物仅由氢和碳组成。碳原子被认为在与其他原子(特别是氢原子)的缔合中相对灵活。碳原子在其最外层轨道中具有 4 个电子，可以结合 4 个电子形成 8 个电子的稳定结构，从而形成化合物，即具有四价化合价。这些化合物中最简单的是具有通式 C_nH_{2n+2}的直链正构烷烃化合物。

一些烃类化合物中的碳原子是不饱和的，与其他类似碳原子共用电子。饱和烃及不饱和烃燃料中也可能存在环烷烃类。另一些形式的燃料有利于扩散是因为相同分子内的碳原子和氢原子的不同排列，可以形成很多异构体。它们是相同的化合物但却具有显著不同的化学性质。但是，它们的物理性质差异往往更小。

3.2.1 石蜡系列(C_nH_{2n+2}，饱和烃，全部都是碳碳单键)

所有这些化合物的英文名称均以“-ane”结尾，并添加到碳原子数的后面。这些化合物中最常见的是天然气和大部分沼气的主要成分甲烷，以及液化石油气(LPG)的主要成分丙烷和丁烷(表 3.1)。这些在环境条件下通常是气态的。碳原子数较高的成分(如戊烷、己烷、庚烷和辛烷)是液体，而碳原子数更多的则趋于变成固体，如石蜡(表 3.2)。

随着碳原子数量的增加，分子内原子的三维排列复杂度增加。但是为了简单起见，这些均以平面形式表示。另外，写入时，氢原子可能不会全部写入，如表 3.1 中的正己烷。

烃分子可以失去一个氢原子形成原子反应性复合物，它本身是不稳定的，称为“自由基”，通常以符号“R”表示。这些自由基会与不同的原子或其他自由基结合形成全新的具有不同性质的化合物。自由基基团名称的前缀表示母体化合物，以“基”结尾。例如，甲基是由甲烷衍生的基团，由异戊烷衍生的是异戊基，由正己烷衍生的是己基。

3.2.2 烯烃系列(C_nH_{2n}，不饱和烃，带有碳碳双键)

所有烯烃的英文名称都以“烯(-ene)”结尾，也可以以“烯(-ylene)”结尾，如丙烯(propene 或 propylene)。主要由于它们的双键，烯烃倾向于比一般正链烷烃更不稳定，具有良好的化学反应性及良好的燃烧特性。它们与氢更容易结合形成相应的正构烷烃化合物。具有两个双键的烯烃被称为二烯烃，这种不饱和的开链化合物具有通式 C_nH_{2n-2}，并倾向于具有不太理想的燃料性质。图 3.1 为乙烯平面结构图。

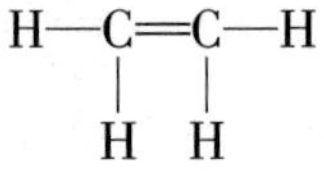

```
H—C═C—H
  |  |
  H  H
```

图 3.1 乙烯平面结构图

表 3.1 烷基

碳原子数	词头	甲烷平面结构图	正己烷平面结构图
1	甲基	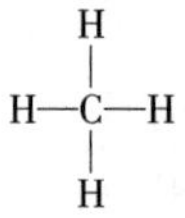 H H—C—H H	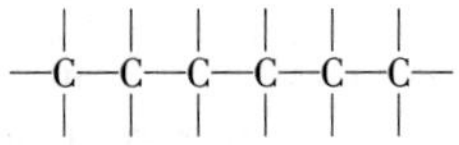 —C—C—C—C—C—C—
2	乙基		
3	丙基		
4	丁基		
5	戊基		
6	己基		
7	庚基		
8	辛基		
9	壬基		
10	癸基		
12	十二烷基		
16	十六烷基		

表 3.2 石蜡系列(烷烃)(Odgers and Kretschmer，1986)

名称	化学式	平面化学结构式	摩尔质量(kg/mol)	沸点(K)
甲烷	CH_4	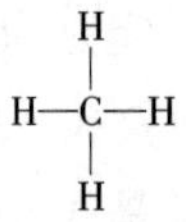 H H—C—H H	0.016	111.5

续表

名称	化学式	平面化学结构式	摩尔质量(kg/mol)	沸点(K)
乙烷	C_2H_6	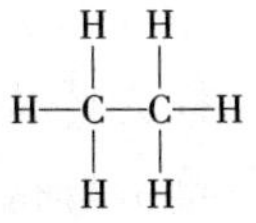 H H H—C—C—H H H	0.030	184.4
丙烷	C_3H_8	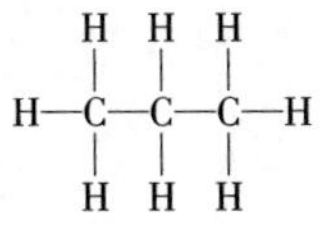 H H H H—C—C—C—H H H H	0.044	231.0
正丁烷	C_4H_{10}	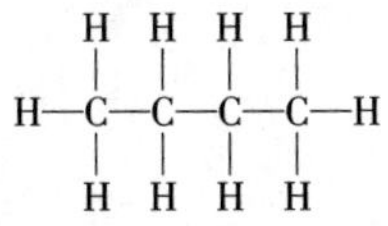 H H H H H—C—C—C—C—H H H H H	0.058	272.5
正戊烷	C_5H_{12}	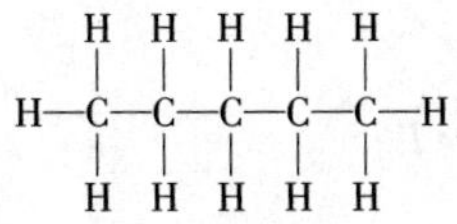 H H H H H H—C—C—C—C—C—H H H H H H	0.072	309.0
正己烷	C_6H_{14}	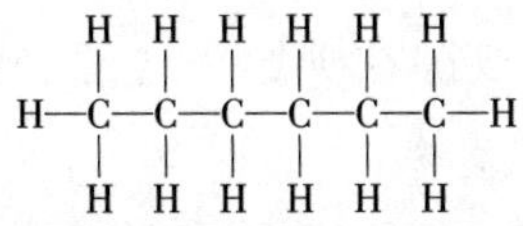 H H H H H H H—C—C—C—C—C—C—H H H H H H H	0.086	341.7
正庚烷	C_7H_{16}	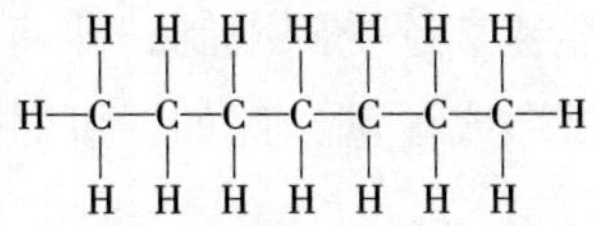 H H H H H H H H—C—C—C—C—C—C—C—H H H H H H H H	0.100	371.4
正辛烷	C_8H_{18}	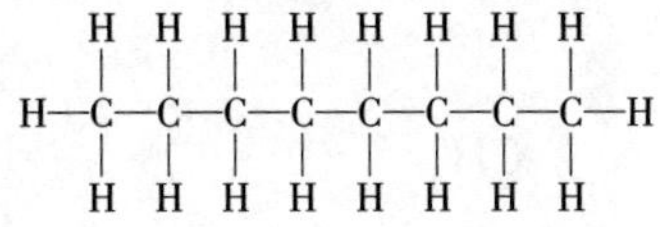 H H H H H H H H H—C—C—C—C—C—C—C—C—H H H H H H H H H	0.114	398.7
正壬烷	$C_{10}H_{22}$	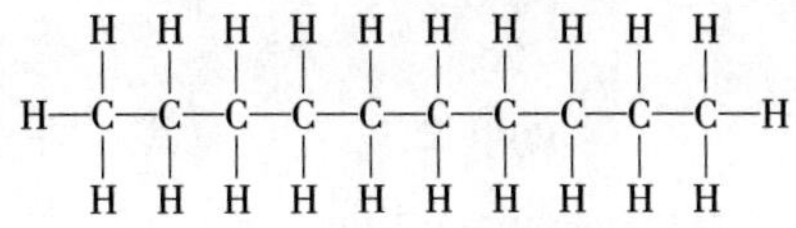 H H H H H H H H H H H—C—C—C—C—C—C—C—C—C—C—H H H H H H H H H H H	0.142	447.1

3.2.3　炔烃系列(C_nH_{2n-2}，不饱和烃，带有碳碳三键)

这些是具有高度反应性的化合物及合成燃料。该系列中的一个重要成员是乙炔(C_2H_2)，它被广泛用于燃烧以提供温度非常高的火焰，广泛用于金属焊接和切割。它们也是制造各种化学品的重要原料。图 3.2 为乙炔平面结构图。

H—C≡C—H

图 3.2　乙炔平面结构图

3.2.4 环烷烃(C_nH_{2n}，具有单键或饱和键的闭合链)

环烷烃的分子结构是闭合链形式，并且所有碳键都是单键且饱和的。因此，尽管它们具有与烯烃相同的通式，但它们与相应的链烷烃更相似，它们也被称为环状石蜡。它们的物理性质接近正构烷烃的物理性质，但它们的化学性质和燃烧性能更接近异构链烷烃的性能。图3.3为环己烷平面结构图。

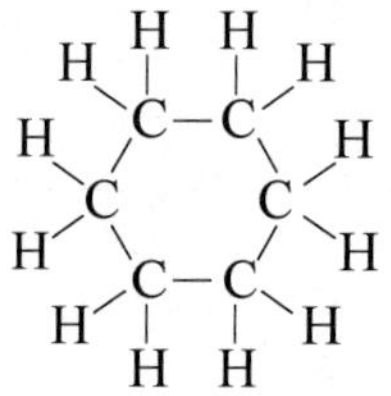

图3.3 环己烷平面结构图

3.2.5 芳香烃(C_nH_{2n-6}，不饱和环烃化合物)

芳烃是一组通式为C_nH_{2n-6}的不饱和环烃化合物。苯、甲苯、萘平面结构如图3.4所示。苯(C_6H_6)是一种常见的芳香族成员。尽管不饱和，双键在碳原子之间交替排列，使得它们比其他不饱和化合物更稳定。因此，它们强烈抗自燃。

将其他基团连接苯环或使多个环彼此连接(如萘)，可以形成各种各样的化合物。芳烃被认为是有毒的并且可能引起癌症。作为燃料它们都越来越受到限制，即使在燃烧产物中以低浓度存在也是如此。从苯环上剥夺一个氢原子可以形成苯基，例如，可通过取代苯分子中的一个氢原子而形成甲苯。

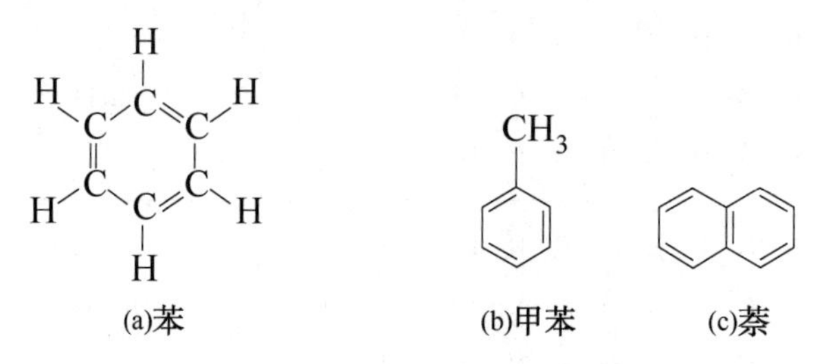

图3.4 苯、甲苯、萘平面结构图

异构体化合物是具有相同数量的C和H原子但具有不同分子结构排列的化合物。通常，相同母体化合物的异构体的物理性质稍微相似，但是它们的化学性质和相关的燃烧性质可能非常不同。在有机化合物中，分子结构在确定物质特性方面比通过其H和C原子的实际数量来确定要重要得多。

在石蜡系列中，当结构是简单的直链时，它被称为正构体，并且给出前缀*n*-，如正戊烷(*n*-pentane)。但是，对于异构体的更复杂的分支结构，英文以iso-为前缀。

由于经常可以从一种母体化合物中形成大量异构体，因此需要明确识别特定的异构体，需要通过识别分支链中官能团的数量、位置和名称来完成。例如，图3.5所示的异辛烷被命名为2，2，4-三甲基戊烷，表明三个直链的甲基基团连接在戊烷结构上，其中两个基团位于第二个碳原子的位置，另一个位于第四个碳原子的位置。图3.6为异丁烷(2-甲基丙烷)平面结构图。许多其他异构体的形成常发生在化学反应和精炼过程中。燃料分子的尺寸越大，其可能的异构体的数量就越大。

```
        CH3   CH3
  H      |  H  |   H
  |      |  |  |   |
H-C------C--C--C---C-H
  |      |  |  |   |
  H      |  H  H   H
        CH3
```

图3.5　异辛烷(2，2，4-三甲基戊烷)平面结构图

```
       H
       |
     H-C-H
  H    |    H
  |    |    |
H-C----C----C-H
  |    |    |
  H    H    H
```

图3.6　异丁烷(2-甲基丙烷)平面结构图

3.3　含氧化合物

当然，除烃类化合物之外，还有许多其他有机化合物可被视为燃料。其中有一种重要的形式是氧与烃类结合的形式。还有其他元素如氮、硫、氯、磷、硅和各种金属等形成的相对应的燃料家族。它们代表了真正的多样化和庞大数量的化合物。与燃料有关的含氧烃类化合物的主要组别如下：

(1) 醇，$\mathrm{R—O—H}$，例如甲醇(CH_3OH)；

(2) 醛，$\mathrm{R—\underset{\underset{O}{\|}}{C}—H}$，例如甲醛(HCHO)；

(3) 过氧化物，$\mathrm{R—O—O—H}$，例如甲基过氧化氢(CH_3OOH)；

(4) 醚，$\mathrm{R—O—R'}$，例如甲基-乙基醚($CH_3OC_2H_5$)；

(5) 酸，$\mathrm{R—\underset{\underset{O}{\|}}{C}—O—H}$，例如甲酸(HCOOH)；

(6) 酮，$\mathrm{R—\underset{\underset{O}{\|}}{C}—R'}$，例如甲基-乙基酮($CH_3COC_2H_5$)。

有机燃料的化学结构对其化学和物理性质都有很大的影响。因此，这些性质决定了它们是否适用于某些应用领域或作为设备的燃料。这些性质包括：

(1) 挥发性特征和相关的沸点(决定了在环境条件下燃料是气体、液体还是固体)；

(2) 热值(根据质量或体积计算的特定燃烧能量释放量)；

(3) 点火温度(在有足够的外部能源供应点火时自燃的最低温度)；

(4) 火焰速度(在反应前燃料—含氧化合物随浓度、温度和压力的变化的传播速率)；

(5) 化学稳定性、爆炸性、分解性和反应性；

(6) 形成积炭和胶质；

(7) 与其他材料的兼容性。

有一些严重的限制因素制约了各种燃料资源的可用性、适用性和大规模开采。这些因素可能包括：

(1) 燃料供应匮乏程度及相关成本；

(2) 生态环境和资源枯竭的影响；

(3) 基础设施的分布和要求；

(4) 安全及相关健康问题；

(5) 勘探和燃料资源可靠预测的需求；

(6) 众多的社会和政治潜在影响因素。

然而，通过大量的研究和开发，这些限制对燃料和能源领域的影响正日益得到管理和关注。

实用燃料通常为复杂混合物，其复杂性和浓度差异很大。这些变化会影响燃料的物理和化学特性及它对任何特定应用情况的适用性。性质随分子大小和碳氢比而变化。表 3.3 中列出了一些常见燃料的整体碳氢质量比。

表 3.3　不同常见燃料的碳氢质量比

燃料	碳氢质量比	燃料	碳氢质量比
焦炭	约 95	煤油	约 6.3
烟煤	约 14~18	汽油	约 5.5
木材	约 8	天然气(如甲烷)	3.0
柴油燃料	约 6.5	丙烷	4.5

3.4　问　　题

(1) 您认为常见化石燃料的哪些主要理想特征会有助于它们在近几十年中具有吸引力和被广泛应用？

(2) 请列出由于多年来生物物质衰变而形成化石燃料的主要影响因素。

(3) 请说明为什么烃类燃料的异构体被认为比其相应的正构体燃料的反应活性略低。

(4) 请写出下列燃料分子中的原子排列：

① 2，2-二甲基庚烷；② 丁醇；③ 甲基-丙基醚；④ 正十六烷；⑤ 七甲基壬烷。

(5) 列举一些可能有助于限制某种燃料广泛使用的主要因素。

(6) 根据在一定温度和压力下的反应活性排列以下燃料。请简要解释你的排列依据。

① 甲烷；② 乙醇；③ 乙炔；④ 异己烷；⑤ 丁烯。

3.5　小　　结

可用的燃料资源的分类展现了其组成、燃烧性能和可用性方面差异巨大。大多数来自石油的常见化石燃料往往属于烃类化合物。燃料的物理和化学性质决定其燃烧特性，因此燃料在电力和热力系统中得以高效利用。确定了一些可能限制更广泛地有效开发不同类型燃料的主要限制。

参 考 文 献

Barnard, J. A. and Bradley, J. N., Flame and Combustion, 1985, Chapman and Hall, London, UK.

Bartok, W. and Sarofim, A. F., Editors, Fossil Fuel Combustion, 1991, John Wiley and Sons Inc, New York, NY.

Bodurtha, F. T., Industrial Explosion Prevention and Protection, 1980, McGraw Hill Book Co., New York, NY.

Borghi, R. and Destriau, M., Combustion and Flames (Translated from French), 1998, Editions Technip, Paris, France.

Borman, G. L. and Ragland, K., Combustion Engineering, Int. Edition, 1998, McGraw Hill Inc., New York, NY.

Bradley, H. B., Editor, Petroleum Engineering Handbook, 1987, Society of Petroleum Engineers, Richardson, TX.

Chigier, N., Energy, Combustion and Environment, 1981, McGraw Hill Co., New York, NY.

Clark, G. H., Industrial and Marine Fuels Reference Book, 1988, Butterworths, London, UK.

Garrett, T. K., Automotive Fuels and Fuel Systems, Vol. 1: Gasoline, 1991, Pentech Press, London, UK.

Garrett, T. K., Automotive Fuels and Fuel Systems, Vol. 2: Diesel, 1994, Pentech Press, London, UK.

Hobson, G. D. and Pohl, W., Modern Petroleum Technology, 4th Edition, 1973, John Wiley and Sons, New York, NY.

Katz, D. L., Editor, Handbook of Natural Gas Engineering, 1959, McGraw Hill Co., New York, NY.

Mathur, M. L. and Sharma, R. P., A Course in Internal Combustion Engines, 3rd Edition, 1983, Dhanpat Rai and Sons, New Delhi, India.

Obert, E. F., Internal Combustion Engines and Air Pollution, 1973, Intext Educational Publishers, New York, NY.

Odgers, J. and Kretschmer, D., Gas Turbine Fuels and Their Influence on Combustion, 1986, Abacus Press, Cambridge, MA.

Robert Bosch GmbH, Automotive Handbook, 6th Edition, 2004, Robert Bosch GmbH, Germany, Distributed by Society of Automotive Engineers (SAE), Warrendale, PA.

Rose, J. W. and Cooper, J. R., Editors, Technical Data on Fuels, 7th Edition, 1977, British National Committee of World Energy Conference, London, UK.

Sarkar, S., Fuels and Combustion, 3rd Edition, 2009, CRC Press, Boca Raton, FL.

Shaha, A. K., Combustion Engineering and Fuel Technology, 1974, Oxford & IBH Publishing Co., New Delhi, India.

Shell Co., The Petroleum Handbook, 6th Edition, 1983, Elsevier Publishing Co., Inc., New York, NY.

Taylor, C. F., The Internal Combustion Engine in Theory and Practice, Vols. 1&2, 1985, MIT Press, Cambridge, MA.

Turns, S. R., An Introduction to Combustion, 1996, McGraw Hill Book Co., New York, NY.

第 4 章　消耗燃料的能源系统

4.1　耗能的生产设备

燃料可以通过氧化燃烧反应释放化学能，原则上认为其比等值的热能做功的价值更高。这是因为燃料的化学能比热能更容易转化为其他形式的能量。

利用率是指燃料的化学能没有首先转化成热能而直接转化为功的效率。因此，理想情况下，在一定条件下相应的工作效率有可能非常高，甚至可能接近 100%。燃料燃烧后转化成热能会存在一定的损失，但转化成有用功不一定有损失(图 4.1)。

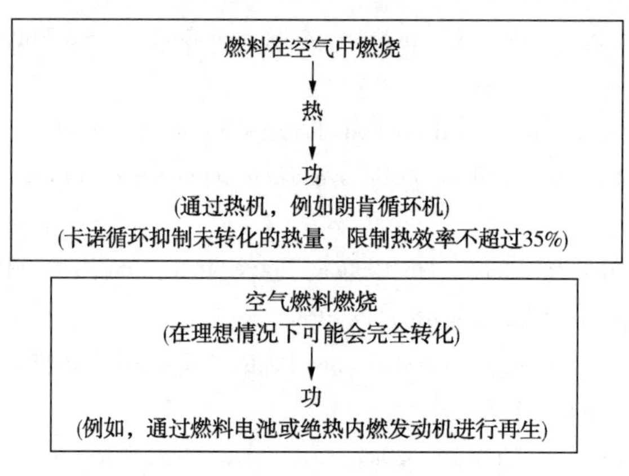

图 4.1　燃料化学能转化成热和功

4.2　功和热

将热能转化成有用功会受到热力学第二定律的限制。在一定温度下仅有部分热能可以直接转化成功，功这种形式更加普遍及容易被利用。设备运行时热转换的理想极限取决于供热和排热的温度，并且通过公知的卡诺循环效率来确定。其他非热能形式，如电力、化工、高压等过程更易转化成有用功。理想情况下，如果没有转化成热能或产生其他损失，这些过程之间的能量是可以相互转换的。其中一个例子就是理想条件下原则上理想燃料电池的化学能可以做功或转化成电池存储的电能，这种存储的电能可以转换成电功或者是气动工作时压缩空气的高压能。另外，不同类型的功的能量可以较容易地完全浪费地转化成热能、较低质量的能量形式，例如，燃料的化学能通过燃烧可以转化成热能或者转化成做功时通过摩擦或电阻损失的电能。在此基础上可以看出，如果燃料本身具备易于转化的化学结构，原则上其化学能是可以全部转化成有用功的。将燃料潜在的化学能转化成热能就意味着其在生产工作中失去了燃料优化利用的机会。例如，燃料利用其燃烧产生的热能来生成使朗肯循环类型热机工作的蒸汽，由于热能转化成功有一定的极限，因此仅有一部分燃料能转化成有用功(图 4.2)。但如果燃料通过一种比较适宜的过程直接转化成功，例如通过燃料电池或内燃式设备，那么燃料的能量可以更高效率地转化成有用功。

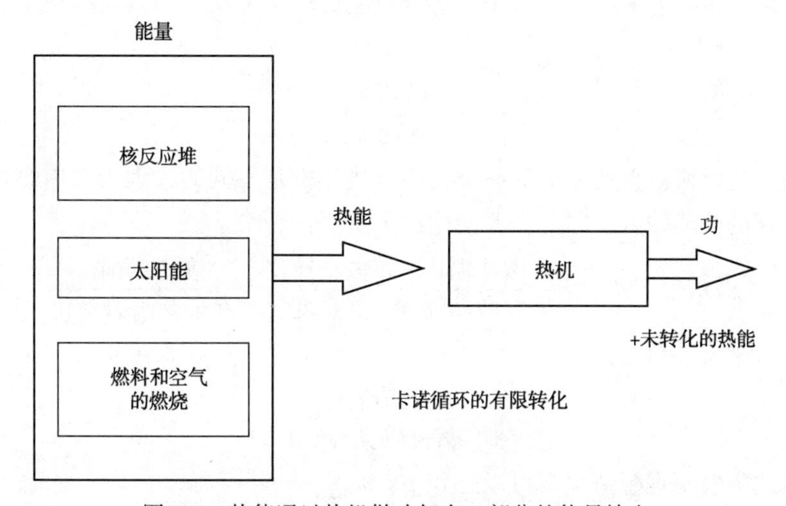

图 4.2　热能通过热机做功仅有一部分的能量输出

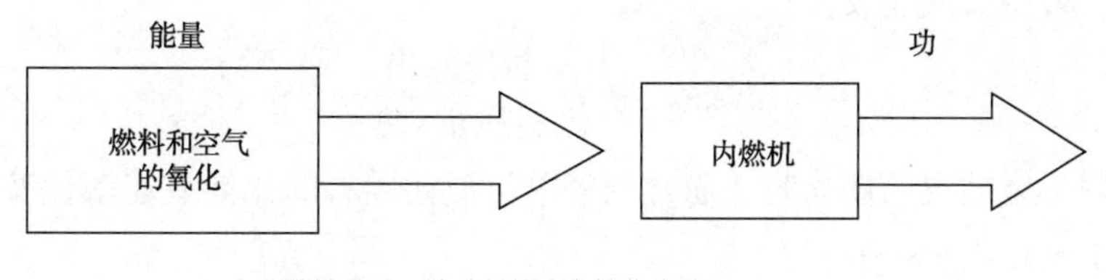

图 4.3　通过内燃机做功，可以使能量更加充分地转化为功

图 4.2 和图 4.3 表示了燃料做功的两种途径，显示了最初通过热机产生热能进行卡诺循环有限转化，以及在流体流动过程中发生化学反应将燃料的化学能直接转化为功。

4.3　效　　率

“效率”一词一般用于评估燃料耗能设备和过程的性能。由于其可能被广泛用在能源和燃料应用领域，因此应注意在理解其重要性的同时避免混淆应用范围。通常效率与商品的投入和产出相关联，或是与商品的经济收益相关联。在工程应用中，它通常由能量的变化来表示净输出和理想情况下最大输出的比值。所采用的定义取决于具体的应用领域和预期评估的目标。

以下列出一些与燃料燃烧的热力学和生产设备有关的效率(η)的定义。

$$\eta=\frac{输出}{输入}$$

$$或\ \eta=\frac{收益}{成本}$$

$$或\ \eta=\frac{净输出}{最大输出(理想状态)}$$

对于热力发动机类型的设备，其中一部分热能被转化成功，而剩余的热量释放到较低温度的介质中：

$$\eta=\frac{做功输出}{热能输入}$$

严格来说，内燃机设备使用的效率定义与上述热机是不同的，因为在内燃机做功过程中没有循环或外部的热能输入，因此需要使用以下术语：

$$做功生产效率=\frac{做功输出}{最大做功输出}=\frac{做功输出}{能量变化}=\frac{做功输出}{吉布斯函数变化}$$

针对大多数常见燃料则：

$$\eta\approx\frac{做功输出}{燃料质量\times热值}$$

原则上，此类效率理想情况下可以达到100%。

对于加热设备(如燃烧炉)中燃料的燃烧效率，如果仅考虑实际热能输出与可能产生的最大热能的比值，效率公式变成：

$$燃烧效率=\frac{热能输出}{燃料质量\times热值}$$

在评估燃料燃烧装置的性能时，通常用每单位消耗燃料的比能或速率代替效率表示，单位符号为 kg/kJ 或 kg/(kW · h)。

4.4 燃料能源系统

燃料燃烧释放的能量已被用于生产热能，并广泛应用在各种工艺相关设备的生产加工中。表 4.1 中列出了上述应用设备的广义分类。图 4.4 展示了一些相关联的引擎型设备，这些设备可以不同程度地通过燃烧将化学能转化为有用功。

内燃机被认为是改变人类生活最重要的发明，它通过消耗各类常见的化石燃料，自身可以及时提供简单的发电控制。多年以来数以亿计的相关设备被制造出来。特别是近年来，为了提高这些设备的性能并减少其废气排放，人类已开展大量的研究工作并使用了大量的资源。因此，目前通过燃料燃烧进行做功的设备主要是内燃机型设备。这些设备展示于图 4.4 中，它们主要采用间歇式燃烧或通过旋转式连续稳定燃烧来进行往复运动。

表 4.1　燃烧设备

项目	稳定燃烧设备				不稳定燃烧设备		
燃料	煤炭	煤油	燃料油	液体推进剂	汽油	燃料油	气体燃料
设备供应形式	块状或粉碎的颗粒	蒸气或喷雾	喷雾	喷雾	喷雾和汽化	喷雾	蒸气
主要应用	炉和锅炉	炉和喷气发动机	炉和锅炉	火箭发动机	火花点火发动机(S.I.)	压缩点火发动机(C.I.)	熏蒸或注射 S.I. 和 C.I. 引擎

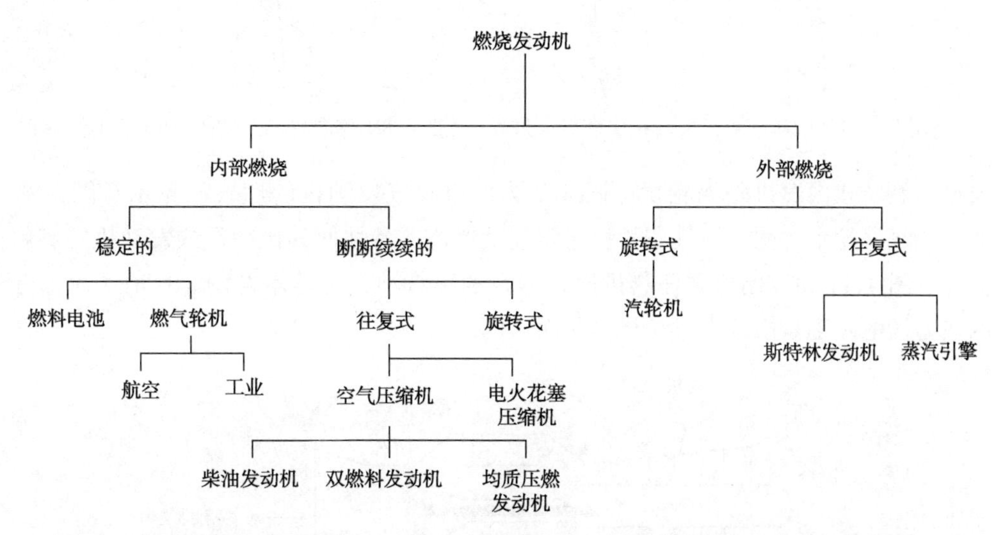

图 4.4　相关联的发动机型设备，可以不同程度地通过燃烧将燃料的化学能转化成有用功

上述不同的操作模式及燃烧过程通常决定了它们可以选择的燃料类型的限制。往复式发动机的主要应用例子是火花塞点火发动机和压缩式柴油发动机。图 4.5 至图 4.11 为这些过程的示意图。

在第 13 章将介绍，图 4.5 所示的火花塞点火发动机通过使用电火花，在预定的时间内将均匀混合的燃料和空气点燃而进行工作。图 4.6 所示的柴油发动机是在一定的高温高压情况下，通过喷射液体燃料到空气介质环境中而自燃的。

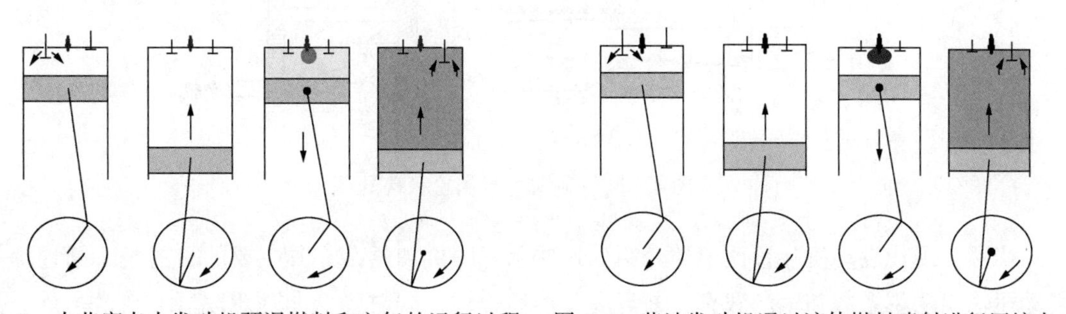

图 4.5　火花塞点火发动机预混燃料和空气的运行过程　　图 4.6　柴油发动机通过液体燃料喷射进行压缩点火

下面这些类型的发动机有一些主要的区别，例如，图 4.7 所示的双燃料发动机主要利用气体燃料作为其主要的燃料来源，仅使用少量液体柴油燃料喷射作为点火之用。近期大量研究开发工作的付出，成功地开发出一种发动机，该发动机的运行原理是使燃料—空气的混合物均匀化，使压缩点火过程更加可控。此类型发动机如果能被成功开发出来，就有可能提高发动机的效率并减少排放。图 4.8 为一种均质压燃发动机(HCCI)工作示意图。

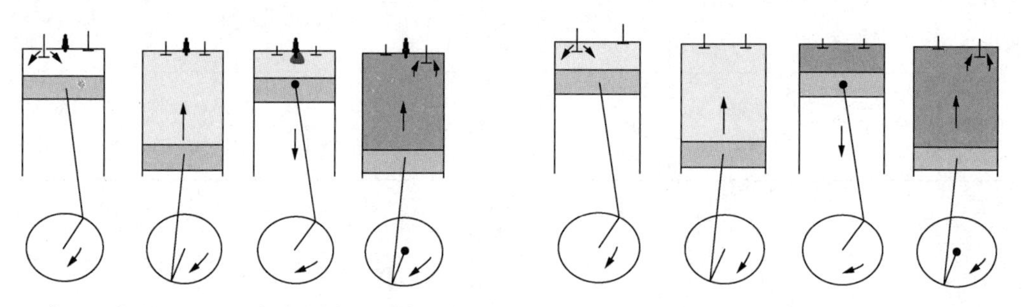

图 4.7　使用双燃料型的压缩点火发动机引燃点火过程　　图 4.8　均质压燃发动机(HCCI)工作示意图

典型的旋转式内燃机是涡轮机，图 4.9 为航空喷气发动机的燃气涡轮示意图，图 4.10 为工业型燃气涡轮示意图。燃气涡轮机稳定连续燃烧的特性使其比往复式发动机的燃料使用范围更宽。图 4.11 为以朗肯循环热机模式运行的蒸汽动力装置示意图。目前，大部分生产电力的热力发电站都是由这类发动机演化而来的。

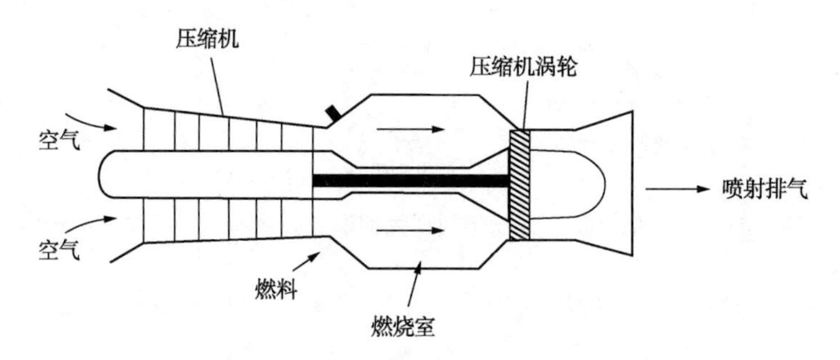

图 4.9　航空喷气发动机的燃气涡轮示意图

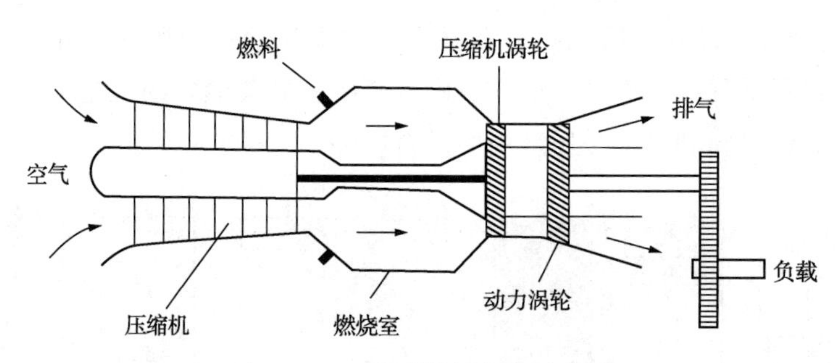

图 4.10　工业型燃气涡轮示意图

当然，现代发动机装置比上述介绍的这些示意图更加复杂。其主要的目的是不断地提高发动机输出功率系数和生产效率，并提高其操作弹性，同时降低非理想废气排放。另外，拓宽发动机燃料使用种类也是越来越重要的考虑因素。

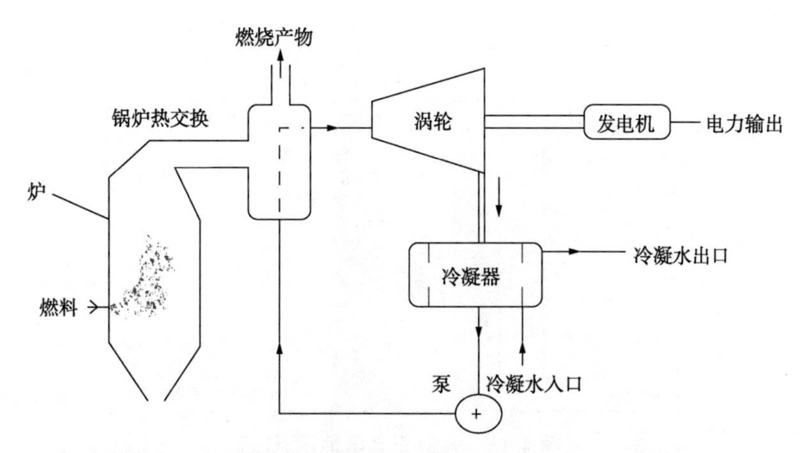

图 4.11　以朗肯循环热机模式运行的蒸汽动力装置示意图

图 4.12 为废气再循环式涡轮增压发动机装置示意图。它有效地利用了废气的大部分热能，将其通入发动机中转化成压缩功，从而增加了总体的进气量，提高了输出功率系数。近年来在管控废气再循环相关设备中，EGR 占有越来越多的比例，它主要被用于控制废气排放，特别是用于控制含氮氧化物废气的排放。

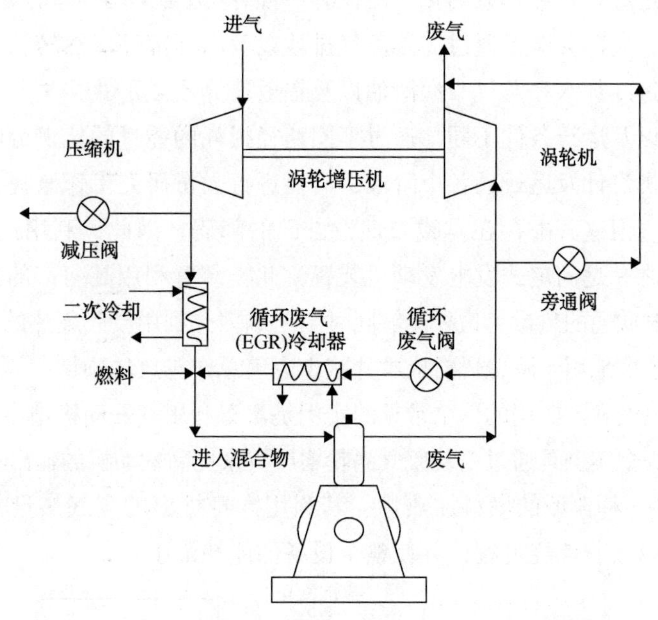

图 4.12　废气再循环式涡轮增压发动机装置示意图

图 4.13 为 PEM 燃料电池示意图，其主要原理是氢气之类的燃料通过催化氧化反应，在温度几乎不变的条件下生成电能。燃料电池通常由适当数量的模块组成。原则上这种装置具有很多吸引人的潜在特征，例如，高效率、非常低的 NO_x 排放以及静音运行。然而，它们也存在一些严重的局限性，例如，需要提供超纯氢气、价格非常昂贵、输出功率系数比较低、存在电化学损失以及燃料燃烧不完全的现象。未来针对此类设备需要进行进一步的研发，使其应用领域更加广泛，并可以成功地与传统的燃烧发电设备竞争。

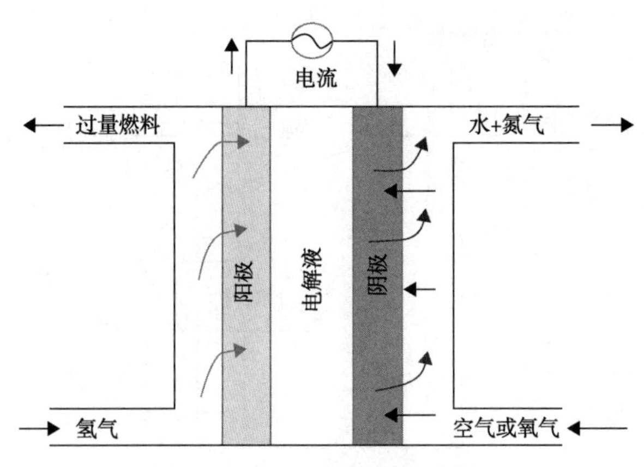

图 4. 13　PEM 燃料电池示意图

4. 5　热电联产

内燃机目前通过燃料燃烧释放的化学能仅有一部分(通常平均约三分之一)可以转化成有用的机械功或电功。大部分能量通过高焓废气排放以及向外部环境热转移等环境热污染的形式消散，例如，通过冷却水和空气、润滑油以及辐射等介质或形式损失。根据发动机的设计不同、使用的燃料以及运行条件不同，通过不同路径损耗的能量的比例分配可能存在很大的差异。当然在发动机设计及运行的各个阶段都需要进行大量研究工作来提高发动机生产工作能力及其相关效率。但这其中存在实践与理论方面的障碍。因此，利用这些废热十分困难。废热利用应用案例之一是固定式发电发动机装置，此类装置利用其生产的热水、低温蒸汽或热空气提供一些相对低温的热量。这种能够同时生产电力并利用废气废热的生产方式被称为热电联产，它被越来越多地用于降低燃料成本并减少废气总体排放的领域中，尤其是控制温室气体二氧化碳方面。热电联产应用的一个常见的实例是汽车利用其发动机排出的部分热能来给汽车内部加热。另外一个实例是通过安装废气涡轮增压机来提高发动机的输出功率(图 4. 12)。

图 4. 14 展示了一种典型的燃料加热炉，其利用本身排出的废气热量来给冷空气进料进行预加热，这样可以改善燃烧过程，并使整个设备的能耗最小化。

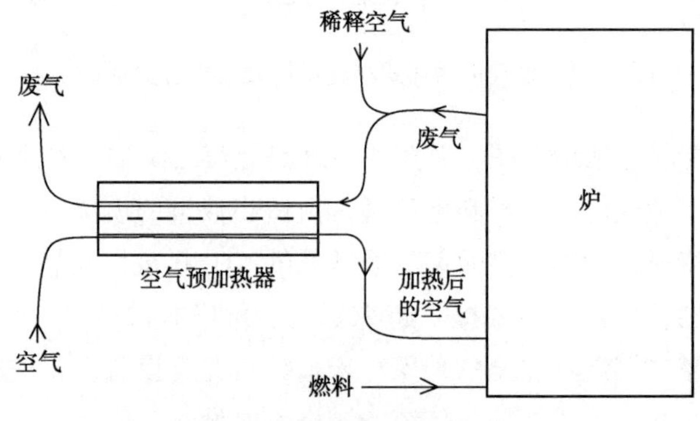

图 4. 14　热电联产系统示意图

根据所使用的燃料类型、发动机功率、加热需求以及热量回收所需采用的条件的不同，热电联产发电装置的设计类型及复杂程度类别很大。发动机的组合使用预计也会增加装置的建造成本和运行成本，同时也会增加其最优控制的复杂性(图 4. 15)。

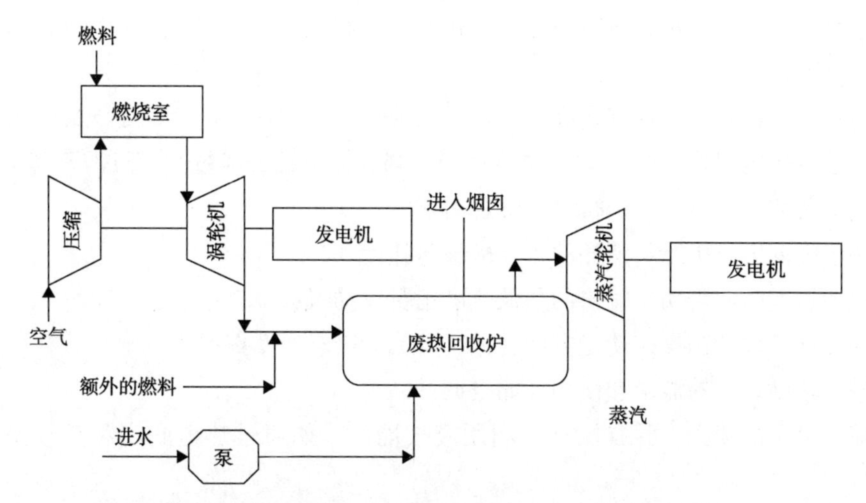

图 4. 15　燃气涡轮机—蒸汽轮机耦合热电联产系统示意图

气体—柴油压缩式点火发动机通常被称为双燃料发动机(图 4. 7)，它是热电联产很好的一个应用实例。例如，多年来它被用于污水处理厂中，利用污水处理厂产生的沼气来发电，并产生热水，这样不仅可以提高厌氧污水的处理效率，也提高了总气体收率。另外，热电联产在其他一些国家也用于园艺温室供热中。通过这个系统，可以给温室内提供长达 24 小时的人造电气照明，提高了温室内大气的二氧化碳浓度，这样不仅可以使植物生长得更好，同时也减少了温室气体排放。另外还有一些应用在通过使用冷却机组或发动机废热给空调进行冷却的过程。

图 4. 15 展示了近年来广泛使用的一种热电联产系统，它是高强度的燃气轮机与朗肯循环的蒸汽轮机的耦合系统。在这个装置中，燃气轮机利用其产生的足够的废气热量生产蒸汽，来驱动蒸汽轮机生产额外的电力。另外这类装置也可以用于提供工业装置运行所需的蒸汽，例如，一些提高原油采收率的热采工艺过程。预计这类装置可以使能量的利用效率整体上提高很多，但也会相应增加装置的复杂性，并提高建造成本和运行成本。

4. 6　燃料的消耗量

目前，降低通用能源设备(尤其是内燃机)的燃料消耗变得越来越重要。这不仅是出于经济方面的原因，也是为了在使用化石燃料时降低总体废气以及温室气体的排放。例如，可以采用一些通用的方法减少建筑物中取暖和空调制冷所使用的燃料消耗，包括以下几个方面：

(1) 优化空调在制冷或制热时的负荷，并优化其温度和湿度的舒适水平值；

(2) 改进大厦中的窗户，使其在改善空气流通的前提下，在冬季降低散热，在夏季降低热量摄入；

(3) 使用电子效率更高的荧光灯照明代替白炽灯照明；

(4) 在一些不常用或偶尔使用的区域安装灯控传感器；

(5) 根据需要通过安装无级变速装置优化改进泵和风机的运行，并通过实施改进润滑油等措施减少摩擦损失；

(6) 使用加热设备时，使其在满足大众需求前提下，在一般负荷时处于最佳效率；

(7) 安装双燃料锅炉(炉子)取代整体锅炉，当仅需求部分能量时，只需开其中一个锅炉使其在更高的负荷下更高效地运行便可满足需求。

一些用于降低内燃机燃料消耗的主要措施包括：

(1) 以能够产生所需功率输出的最低速度运行发动机；

(2) 在发动机设计和操作功能方面，减少节流的需求及摩擦损失；

(3) 减少辅助动力的需求和使用，如空调；

(4) 减少热量的损失，并有效开发利用废气能源，如通过热电联产和废气涡轮增压等设施；

(5) 在发动机设计及确定操作功能时尽量采用轻便以及高强度材料，尽量使整体发动机的尺寸最小；

(6) 选择能够充分利用所使用的特定燃料和润滑油的最佳设计和操作条件，如采用足够高的压缩比、膨胀比以及最佳点火时间；

(7) 改善燃烧过程，同时避免爆震的发生；

(8) 保持所有燃料能源消耗设备处于良好的维护状态。

一些可能改善燃料发动机性能和产量的措施如下：

(1) 在不需要进行化学计量学操作时，可改变稀混合气的操作来控制释放到大气的排放物的程度；

(2) 开发出各种最佳工况运行的新型发动机，如均质充气点火、分层充量混合运行、双燃料以及准绝热燃烧发动机；

(3) 通过使用可变压缩比、燃油喷射、可变气门正时、增强涡轮增压比以及废气再循环等措施提高并优化发动机的控制；

(4) 开发出各种可能的混合操作；

(5) 保持所有的燃料消耗设备处于良好维护状态。

4.7 混合动力发动机

内燃机安装在机动车中时，由于其在稳定及瞬时条件下均需要工作，因此需要满足许多要求。通常情况下，这些要求不仅局限于在进行一系列的操作后可以使发动机达到最佳性能，还包括需要在效率及减排方面满足相应的指标。因此，混合动力车操作的概念应运而生，其涉及将发动机和电动机、发电机、储电设备耦合成一个系统，后者可以为车轮提供可控电力。近年来这种混合动力的概念延伸出多种形式。电传动内燃机车是混合动力的一个成熟应用实例，它将柴油发动机与发电机耦合，发动机将其输出的能量传输给发电机以驱动车轮行驶。图 4. 16 表示了一种相对简单的混合动力发动机示意图。这类方式可能会提高整体发动机的效率并减少排放。但这些潜在的优势存在很多限制，其中包括投资成本增加，操作难度大，车辆的重量增加并增加潜在的火灾及安全隐患。图 4. 17 表示了一种典型的纯电力驱动车辆内部布局示意图。

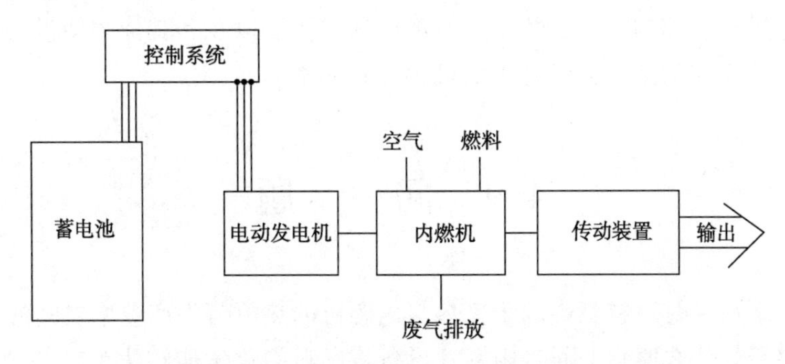

图 4. 16　采用内燃机的混合动力车辆内部布局示意图

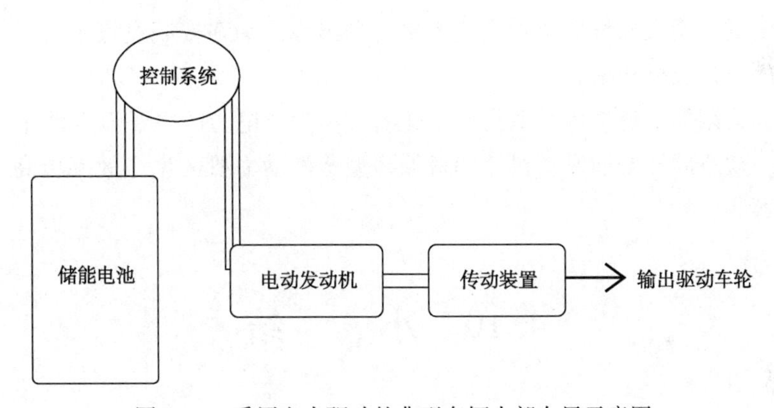

图 4. 17　采用电力驱动的典型车辆内部布局示意图

4. 8　能源系统的选择

选择一个能源系统来完成一个特殊的任务，如利用一个相对较小的单元发电，需要考虑除热力学和燃烧源之外的许多其他甚至更为重要的因素。下面列出在选择燃料消耗系统时需要考虑的一些因素以及这些因素对于产出、成本和排放的影响。

（1）总成本因素，如设备、设计、相关土木工程、土地征用、税收、例法以及相关基础设施所涉及的总成本。

（2）当前的需求以及未来的社会接受度、工人安全、环境影响、噪声、振动等方面的潜在变化的因素。

（3）市场的可用性和潜在的变化，以及对产品、副产品、税收、补贴和奖励的需求。

(4) 人力资源的质量和需求以及是否有制造商代表随时待命。

(5) 构思、设计、施工、调试和生产所需要的时间以及开工和停工的便利程度。

(6) 燃料和材料质量的需求，是否有可用的替代能源，以及当前供应的成本及未来的趋势。

(7) 耐用性、寿命、维护频率和成本、材料的兼容性、腐蚀和磨损的倾向、部件和设备更换的难易程度、改装的可能性、回收利用和二手价值。

(8) 安装、操作、控制的复杂性，是否可以远程控制以及和其他类似设备的兼容性。

(9) 所需要的任何辅助动力以及水的可用性和成本。

4.9 问　　题

(1) 推导每千瓦·时燃料燃烧的千克数与内燃机的热负荷生产效率之间的关系。

(2) 简要解释为什么原则上通过内燃式设备将燃料的化学能转化为功的效率比那些通过燃料燃烧产生的热能做功的热机的效率要高。

(3) 以典型的家用天然气燃烧炉安装为例，列出你认为在安装过程中可以确保高效率操作的一些必要的设计及操作措施。

(4) 你认为太阳能广泛使用并取代传统化石燃料生产电力的主要障碍是什么?

(5) 目前，众所周知柴油发动机比朗肯循环型蒸汽动力机的生产效率更高，请解释两者的主要区别有哪些。

4.10 小　　结

本章概述了通过燃料燃烧产生热并做功的机械系统，以及一些降低燃料消耗的实用方法。研究表明，与通过燃料燃烧产生热能做功的热机类型相比，内燃机型装置理论上可以以更高的效率将燃料的化学能转化为功。热和做功的设备中热电联产设备还试图有效地再利用一些废弃的热能，从而整体提高燃料消耗的使用效率。

参 考 文 献

Ayres, R. U. and Mckenna, R. P., Alternatives to the Internal Combustion Engine, 1972, John Hopkins University Press, Baltimore, MD.

Butler, C. H., Cogeneration, 1984, McGraw Hill Book Co., NY.

Cengel, Y. and Boles, M. A., Thermodynamics, 3rd Ed., 1998, McGraw Hill Co., NY.

Elliot, T. C., Standard Handbook of Power Plant Engineering, 1989, McGraw Hill Publishing Co., NY.

El-Wakil, M. M., Power Plant Technology, 1984, McGraw Hill Book Co., NY.

Evans, R., Fueling Our Future, 2008, Cambridge University Press, Cambridge, UK.

Evans, R. L., Editor, Automotive Engine Alternatives, 1986, Plenum Press, NY.

Haywood, J. B. , Internal Combustion Engine Fundamentals, 1988, McGraw Hill Book Co. , NY.

Kates, E. J. and Luck, W. E. , Diesel and High Compression Gas Engines, 3rd Ed. , 1982, American Technical Publishers, Inc. , Alsip, IL.

Mathur, M. L. and Sharma, R. P. , A Course in Internal Combustion Engines, 3rd Ed. , 1983, Dhanpat Rai and Sons, New Delhi, India.

Milton, B. E. , Thermodynamics, Combustion and Engines, 1995, Chapman and Hall, London, UK.

Obert, E. F. , Internal Combustion Engines and Air Pollution, 1973, Intext Educational Publishers, NY.

Odgers, J. and Kretschmer, D. , Gas Turbine Fuels and Their Influence on Combustion, 1986, Abacus Press, Cambridge, MA.

Potter, P. , Power Plants Theory and Design, 1959, Ronald Press Co. , NY.

Robert Bosch GmbH, Automotive Handbook, 6th Ed. , 2004, Germany, Distributed by Society of Automotive Engineers (SAE) Warrendale, PA.

Rogers, G. and Mayhew, Y. , Engineering Thermodynamics - Work and Heat Transfer, 3rd Ed. , 1989, Longman Scientific & Technical, Harlow, Essex, UK.

Sorenson, H. A. , Energy Conversion Systems, 1983, John Wiley & Sons, NY.

Taylor, C. F. , The Internal Combustion Engine in Theory and Practice, Vols. 1&2, 1985, MIT Press, Cambridge, MA.

Van Wylen, G. J. and Sonntag, R. E. , Fundamentals of Classical Thermodynamics, 3rd Ed. , 1985, John Wiley and Sons, NY.

Weston, K. C. , Energy Conversion, 1992, West Publishing Co. , St. Paul, MN.

第5章　化学计量学和热力学

5.1　燃料的热值

在燃料燃烧过程中应用质量和能量守恒公式，进行一系列简单的计算，从而建立一些重要的特性。这些包含化学反应释放的能量以及燃烧后产物温度和组成的相关变化。化学计量学通常用于研究这类燃料的燃烧反应。

例如，丙烷 C_3H_8 在空气中的燃烧反应，理想情况下，这个反应可以用以下反应方程式表达：

$$C_3H_8+5\left(O_2+\frac{79}{21}N_2\right)\rightarrow 3CO_2+4H_2O+18.8N_2$$

反应物　　　　　　　　产物

（注：空气的成分通常被认为包含体积百分数约21%的氧气和79%的氮气，也就是说，氧气与氮气体积比为1∶3.76。相应的质量百分比分别为23.3%和76.7%，质量比为1∶3.29）

根据质量守恒定律，可以将上述方程式两边质量算平：

$$3\times12+8\times1+5\times(32+3.76\times28)\rightarrow3\times(12+32)+4\times(2+16)+18.8\times28$$

$$(730.4\text{kg}\rightarrow730.4\text{kg})$$

这些信息也可以通过物质的量或者体积来获得。但针对上述反应，直接利用体积来计算方程式两边不一定是平衡的：

$$1+5\times(1+3.76)\neq3+4+18.8$$

（方程式左边反应物总体积为24.8，右边产物总体积为25.8）

需要注意的是，对于气体来说，仅当阿伏伽德罗定律适用时，即反应物和产物处于相同的温度和压力，物质的量是可以代表体积的。

总反应方程式应该指出每种组分的物相，例如气态(g)、液态(l)、固态(s)。例如：

$$C(s)+O_2(g)\rightarrow CO_2(g)$$

$$H_2(g)+\frac{1}{2}O_2(g)\rightarrow H_2O(l)$$

如果反应物和产物处于相同的物相，在反应方程式中就无须表示出物相状态。

反应方程式可以给出关于反应过程中物质的变化及相关的理想能量释放的信息。

$$CH_4(g)+2O_2(g)\rightarrow CO_2(g)+2H_2O(g)+\Delta Q$$

其中，ΔQ 表示燃料燃烧反应释放的能量，一般以热量形式存在。它的大小取决于化学反应的类型、反应物和相关产物、反应物和产物的温度、反应物质的状态以及反应是否是在等体积或等压条件下进行的。

总体来说 ΔQ 表示反应热，对于燃烧反应来说，它也可以表示燃烧热。ΔQ 的值可以有很多表达方式，例如以下几种形式：燃料，kJ/mol；气体，kJ/mol；产物，kJ/mol；反应物，kJ/mol；燃料，kJ/kg；反应物，kJ/kg；产物，kJ/kg。

ΔQ 的值随着反应物和产物温度的变化而变化。燃烧反应 ΔQ 为负值，因为对于放热过程来说，它表示热量从反应系统离开，因此此类反应的 ΔQ 是负值。当 $T_{反应物}=T_{产物}=T_{参考}=T_{298K}$时，那么每千克燃料燃烧的 ΔQ 通常被认为是以燃烧质量为基准的热值。通常文献报道的温度是298K。

值得注意的是，热值与发热量相同，通常都是在298K条件下给出。对于固体和液体燃料，热值通常是以每单位质量为计量基准，而气体和蒸汽通常是以体积基准计量。

当产品中的 H_2O 处于气相时，热值是以较低或者是净热值形式给出。但当 H_2O 凝结成液态，由于其汽化焓需要计算在内，则该值是以较高或者总热值的形式给出。

这两组数值之间的差异是由水产生的汽化焓 H_{fg} 造成的。然而，针对等体积燃烧，能量的释放是由于反应物及其内部能量变化而引起的，彼此之间的差异是由水凝结时相关能量（U_{fg}）的变化产生的。表5.1中列出了一些常见燃料的燃烧性能，其中包括在298K时较高和较低的热值。

一般来说，在理想气体情况下，可以得出以下关系的公式：

$$\Delta H_{燃料}=\Delta U_{燃料}+RT(\sum n_{产}-\sum n_{反})$$

其中，$\sum n_{产}$ 和 $\sum n_{反}$ 分别代表产物和反应物物质的量的总和，R 为通用气体常数。例如，理想情况下，丙烷燃烧套入上述公式：

$$\Delta H_{丙烷}-\Delta U_{丙烷}=(25.8\text{mol}-24.8\text{mol})RT=1\text{mol}\cdot RT$$

表5.1　部分燃料的性质（Rose and Cooper，1977）

气体	相对分子质量	15℃、101.325kPa下理想气体密度（kg/m³）	理想气体相对密度	15℃、101.325kPa下热值（MJ/m³）		每体积燃料燃烧理论需求体积	
				总值	净值	O_2	空气
氧气（O_2）	31.998	1.353	1.1043				
氮气（N_2）	28.013	1.185	0.9668				
大气氮气	28.170	1.191	0.9722				
空气	28.964	1.225	09996				
二氧化碳（CO_2）	44.010	1.861	1.5188				
一氧化碳（CO）	28.011	1.185	0.9667	11.97	11.97	0.5	2.38
氢气（H_2）	2.016	0.0853	0.0696	12.10	10.22	0.5	2.38
甲烷（CH_4）	16.043	0.6785	0.5537	37.71	33.95	2.0	9.52

续表

气体	相对分子质量	15℃、101.325kPa下理想气体密度（kg/m³）	理想气体相对密度	15℃、101.325kPa下热值（MJ/m³）		每体积燃料燃烧理论需求体积	
				总值	净值	O_2	空气
乙烷（C_2H_6）	30.070	1.272	1.0378	66.07	60.43	3.5	16.67
丙烷（C_3H_8）	44.097	1.865	1.5219	93.94	86.42	5.0	23.81
正丁烷（C_4H_{10}）	58.124	2.458	2.0060	121.80	112.41	6.5	30.95
异丁烷（C_4H_{10}）	58.124	2.458	2.0060	121.44	112.05	6.5	30.95
正戊烷（C_5H_{12}）	72.151	3.015	2.4901	149.66	138.39	8.0	38.10
异戊烷（C_5H_{12}）	72.151	3.015	2.4901	149.36	138.09	8.0	38.10
新戊烷（C_5H_{12}）	72.151	3.015	2.4901	148.74	137.85	8.0	38.10
正己烷（C_6H_{14}）	86.179	3.645	2.9741	177.55	164.40	9.5	45.24
正庚烷（C_7H_{16}）	100.206	4.238	3.4582	205.43	190.40	11.0	52.38
正辛烷（C_8H_{18}）	114.233	4.831	3.9423	233.29	216.38	12.5	59.52
正壬烷（C_9H_{20}）	128.260	5.424	4.4264	261.18	242.39	14.0	66.67
正癸烷（$C_{10}H_{22}$）	142.287	6.018	4.9105	289.09	268.42	15.5	73.81
乙烯（C_2H_4）	28.054	1.186	0.9682	59.75	55.96	3.0	14.29
丙烯（C_3H_6）	42.081	1.780	1.4523	87.09	81.45	4.5	21.43
丁烯（C_4H_8）	56.108	2.373	1.9364	114.62	107.10	6.0	28.57
苯（C_6H_6）	78.115	3.304	2.6959	139.69	134.05	7.5	35.71
甲苯（C_7H_8）	92.142	3.897	3.1799	167.06	159.54	9.0	42.86
水（H_2O）	18.015	0.762	0.6217				
硫化氢（H_2S）	34.082	1.441	1.1762	23.70	21.82	1.5	7.14

5.2 绝热火焰温度

当允许产物的温度升高时，反应系统中可以提取并向周围环境转移的热量就会越少。当没有热量可以转移到反应介质外时，产物的温度变得足够高，这时的温度被称为绝热火焰温度。另外，如果向反应系统提供一些外部的能量，如以火花的形式或通过预加热反应物的方式，则产物的温度就会超过相应的绝热温度。

在所有的化学计量学计算中，一般建议以物质的量的形式写出整个反应方程式，因为一般都假定反应是在此基础上进行的。当然，在实际系统中，燃料燃烧反应物料并不一定仅以化学校正比(或化学计量比)进行，因为在化学计量学方程式中是没有过量的空气或者过量的燃料的，而实际反应不一定。因此，燃料—空气混合反应物的组成通常以当量比(ϕ)表示，它将实际的燃料与空气的比例同相关化学计量值相关联，即以下面公式表示：

$$\phi=\frac{\left(\frac{\text{燃料的质量}}{\text{空气的质量}}\right)_{\text{实际反应}}}{\left(\frac{\text{燃料的质量}}{\text{空气的质量}}\right)_{\text{化学计量}}}=\frac{(\text{空气的质量})_{\text{化学计量}}}{(\text{空气的质量})_{\text{实际反应}}}$$

含有过量空气的燃料—空气混合物被称为贫或弱混合物，具有过量燃料的被称为富混合物。表 5.2 中列出了在初始反应温度为 298K 和一个大气压下，一些常见的燃料在空气中燃烧时的绝热火焰温度。表 5.2 中列出了 3 组当量比分别为 0.8、1.0、1.2 的值。因此在贫燃料—空气混合物(ϕ 小于 1.0)中，未反应的产物中会存在一定量的氧气，例如：

$$\phi C_3H_8+5\left(O_2+\frac{79}{21}N_2\right)\rightarrow 3\phi CO_2+4\phi H_2O+(5-5\phi)O_2+18.8N_2$$

在有水蒸气存在的湿产物中，例如 CO_2 的浓度为：

$$C_{(\text{湿}CO_2)}=\frac{3\phi}{3\phi+4\phi+5-5\phi+18.8}=\frac{3\phi}{2\phi+23.8}$$

当产物中的水蒸气凝结后从气相产物中分离出去时，干产物中 CO_2 的浓度为：

$$C_{(\text{干}CO_2)}=\frac{3\phi}{3\phi+5-5\phi+18.8}=\frac{3\phi}{23.8-2\phi}$$

但是，对于富燃料混合物来说，除了未反应的燃料外，还会有部分不完全氧化的产物，如 CO，因此产物的组成不能在没有提供进一步信息的情况下确定。当产物的种类及其性质和浓度已知或假定后，反应方程式就可以配平了。

表 5.2　一些燃料在空气中的绝热火焰温度

(反应物在 298K、1atm 下 3 种当量比的数值)(Borman and Ragland，1998)

燃料		3 种不同当量比下的绝热火焰温度(K)		
		0.8	1.0	1.2
气体燃料	甲烷	2020	2250	2175
	乙烷	2040	2265	2200
	丙烷	2045	2270	2210
	辛烷(蒸气)	2150	2355	2345
液体燃料	辛烷	2050	2275	2215
	十六烷	2040	2265	2195
	2#燃料油	2085	2305	2260
	甲醇	1755	1975	1810
	乙醇	1935	2155	2045

续表

燃料		3种不同当量比下的绝热火焰温度(K)		
		0.8	1.0	1.2
固体燃料(干)	烟煤	1990	2215	2120
	褐煤	1960	2185	2075
	木头	1930	2145	2040
	垃圾衍生燃料	1960	2175	2085
固体燃料(25%湿度)	褐煤	1760	1990	1800
	木头	1480	1700	1480
	垃圾衍生燃料	1660	1885	1695

对于燃料混合物，可以类似地写出反应方程式。例如，甲烷和丙烷的燃料混合物的反应方程式，甲烷和丙烷的摩尔系数分别是 i_1 是 i_2，并和过量的空气进行反应：

$$i_1CH_4+i_2C_3H_8+A(O_2+3.76N_2)\rightarrow aCO_2+bH_2O+dO_2+fN_2$$

其中，根据元素守恒可以得到以下等式：

碳元素质量守恒：

$$a=i_1+3i_2$$

氢元素质量守恒：

$$b=2i_1+4i_2$$

氧元素质量守恒：

$$2a+b+2d=2A$$

氮元素质量守恒：

$$f=3.76A$$

当量比：

$$\Phi=\frac{\left(\dfrac{\sum 质量_{燃料}}{\sum 质量_{空气}}\right)_{实际反应}}{\left(\dfrac{\sum 质量_{燃料}}{\sum 质量_{空气}}\right)_{化学计量}}=\frac{\left(\sum 质量_{空气}\right)_{化学计量}}{\left(\sum 质量_{空气}\right)_{实际反应}}=\frac{(2i_1+5i_2)}{A}$$

例如，混合物中含有体积分数15%的甲烷、5%丙烷和80%的空气，当量比为：

$$\Phi=\frac{(15\times2+5\times5)}{80\times0.21}=3.27$$

式中 $\Phi>1.0$，表示这个混合物为富混合物。

通常在实际应用中，贫燃料混合物中会使用括号中的倒数并定义为 λ，也就是说：

$$\lambda=\frac{\left(\dfrac{\sum 质量_{空气}}{\sum 质量_{燃料}}\right)_{实际反应}}{\left(\dfrac{\sum 质量_{空气}}{\sum 质量_{燃料}}\right)_{化学计量}}$$

其中定义燃料和空气的比值需要先确定它们是以质量、体积还是物质的量的形式为基准的，因为以不同的基准定义，其 λ 值是不同的。类似的，燃料—空气混合物中不参与反应的组分可以参照 N_2、He、CO_2在化学反应方程式中的处理方式。例如，当考虑一组物质的量组成为 8%CH_4、16%H_2、76%N_2的燃料混合物，利用联立求解法，元素质量平衡方程式得出需要 0.24mol 氧气，等价于完全燃烧 1mol 的燃料需要 1.142mol 空气。

$$0.08CH_4+0.16H_2+0.76N_2+1.142(0.21O_2+0.79N_2)\rightarrow 0.08CO_2+0.32H_2O+1.66N_2$$

图 5.1 表示了在常压下，甲烷—空气混合物在绝热条件下燃烧，在不同的初始混合温度的条件下，计算温升随着燃料和空气不同的比值的变化趋势。从图中可以看出，温升的峰值对应的是相应的化学计量值，而且初始温度越高，相对温升越小。

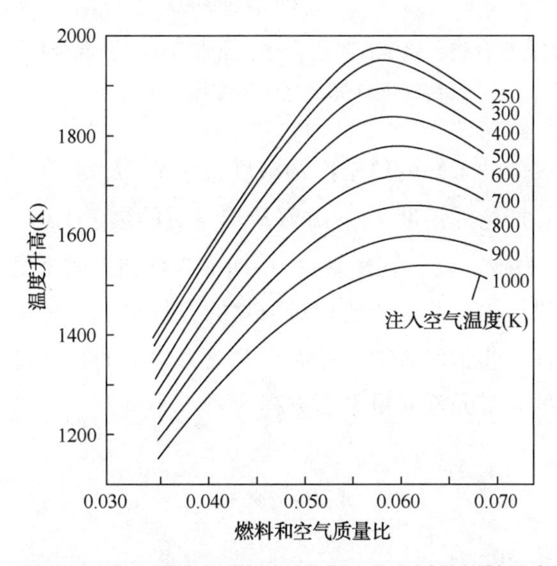

图 5.1　在甲烷—空气混合物燃烧反应中，在不同的初始混合温度下，计算绝热温度的升高随着当量比(以质量为基准)变化的趋势

图 5.2 显示了典型的甲烷—空气混合物中贫混合物($\Phi=0.50$)和富混合物($\Phi=1.50$)的计算绝热火焰温度与初始反应温度几乎呈线性关系。也可以看出，化学计量混合物区域得到的产物温度最高，其斜率小于得到相对较低温度的产物的贫混合物或富混合物的斜率。入口混合温度升高会使产物温度升高，但影响程度较低。其由许多因素引起，这些因素包括热力学性质的非线性变化以及温度对分解的增加效应。

例如，燃气—空气混合物的燃烧，已知组成为甲烷、二氧化碳、水蒸气和氮气，在标准空气常压下，初始温度为 T，然后在更高的温度 T_2下得到产物，同时以每摩尔燃料传递 Δq 的速度将热量传递至周围环境中。那么通过热力学第一定律可以分析出，假定产品处于热力学平衡的状态，产品的温度和组成可以按照以下方程建立。

再假定会有一些未反应的甲烷和氧气，同时产生了一些一氧化碳和氢气部分氧化产物，那么可以用以下反应方程式表示整个反应。产物温度预计高于初始进料混合物的温度。

$$ACH_4+BCO_2+DH_2O+EN_2+GO_2+F(O_2+3.76N_2)\rightarrow$$
$$aCH_4+bCO_2+dCO+eH_2O+fH_2+gO_2+hN_2+[Y\Delta q]$$

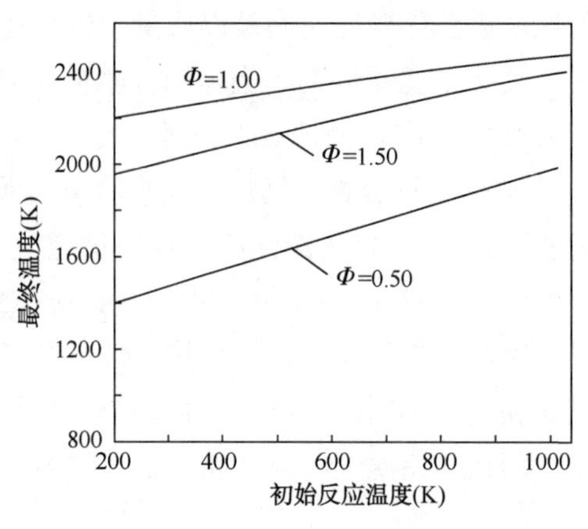

图 5. 2　甲烷—空气的贫混合物、化学计量混合物、富混合物 3 种混合物燃烧的初始反应温度和最终温度计算值之间呈缓慢递增关系

在这个方程式中，有 7 种未知的单个产物浓度（a、b、d、e、f、g 和 h），可以假定在热力学平衡中需要加上未知产物的温度 $T_{产}$，并释放出相应的热量 $Y\Delta q$。通过考虑 4 种元素的元素守恒方程（此种情况下为碳、氢、氧和氮），再加上 3 种独立的平衡常数方程以及反应过程中的能量守恒方程，可以得出一些必要的相对独立的方程式。这个求解过程如果不借助计算机软件，其计算过程往往是非常漫长的，并需要对热力学中的温度函数进行反复实验才可得出。例如，这种情况下的 4 个元素质量平衡方程为：

碳元素：

$$A+B=a+b+d$$

氢元素：

$$4A+2D=4a+2e+2f$$

氧元素：

$$2B+D+2G+2F=2b+d+e+2g$$

氮元素：

$$3.76F=h$$

假定在产物达到平衡状态时，不同物质浓度的相对比例将根据该温度下的平衡常数确定。通过参考相关的热力学数据，可以得到产物中 3 个独立的平衡反应表达式如下，其中仅包含产物中存在的物质：

$$CH_4+H_2O \rightleftharpoons CO+3H_2 \tag{Ⅰ}$$

$$CH_4+CO_2 \rightleftharpoons 2CO+2H_2 \tag{Ⅱ}$$

$$CO_2 \rightleftharpoons CO+\frac{1}{2}O_2 \tag{Ⅲ}$$

根据其中各物质在大气中的分压可以得出相应的平衡方程如下：

$$K_{p_{\mathrm{I}}}=\frac{p_{H_2}^3 p_{CO}}{p_{CH_4} p_{H_2O}}=\left(\frac{f^3 d}{ae}\right)\left(\frac{p}{\sum n_i}\right)^2$$

$$K_{p_{\text{II}}}=\frac{p_{H_2}^2 p_{CO}^2}{p_{CH_4}p_{CO_2}}=\left(\frac{f^2d^2}{ab}\right)\left(\frac{p}{\sum n_i}\right)^2$$

$$K_{p_{\text{III}}}=\frac{p_{CO}p_{O_2}^{\frac{1}{2}}}{p_{CO_2}}=\left(\frac{dg^{\frac{1}{2}}}{b}\right)\left(\frac{p}{\sum n_i}\right)^{\frac{1}{2}}$$

可以得出以下等式：

$$K_{p_{\text{I}}}=\frac{K_{p_{CO}}}{K_{p_{CH_4}}K_{p_{H_2O}}}$$

$$K_{p_{\text{II}}}=\frac{K_{p_{CO}}^2}{K_{p_{CH_4}}K_{p_{CO_2}}}$$

$$K_{p_{\text{III}}}=\frac{K_{p_{CO}}}{K_{p_{CO_2}}}$$

其中，$\sum n_i$表示总反应方程式中出现的所有产物的物质的量的总和，p 表示大气压。$K_{p_{CO_2}}$、$K_{p_{CO}}$、$K_{p_{CH_4}}$ 和 $K_{p_{H_2O}}$ 表示物质生成的相关的热力学平衡常数。例如，对于二氧化碳来说：

$$C+O_2 \rightleftharpoons CO_2$$

对于水来说：

$$H_2+\frac{1}{2}O_2 \rightleftharpoons H_2O$$

平衡常数可以用物质的量浓度代替分压来表示。对于理想气体来说，这两种表示方法是可以相互转换的。例如，对于(理想气体)典型的反应可以用平衡常数 K_p 表示以物质的量浓度为基准的 K_c。

$$aA+bB \rightleftharpoons cC+dD$$

可以得出：

$$K_p=K_c\left\{\frac{p}{\sum n}\right\}^{(c+d)-(a+b)}$$

表 5. 3 中列出了一些常见物质合成反应方程式以及它们在 298K 条件下相应的生成焓。表 5. 4 中列出了一些常见的物质在温度为 298K 下生成反应的平衡常数。

图 5. 3 显示了在燃料及燃烧应用中常见的一系列反应的绝对温度的倒数与平衡常数的对数所呈的线性变化。

表 5. 3　在 298K 条件下，一些常见的物质的生成焓(Chase, M., Davies, et al, 1985)

反　应	生成焓(kJ/mol)
$C+\frac{1}{2}O_2 \rightarrow CO$	−110. 5
$C+O_2 \rightarrow CO_2$	−393. 5
$C+2H_2 \rightarrow CH_4$	−74. 8
$H_2+\frac{1}{2}O_2 \rightarrow H_2O$	−241. 8

续表

反　应	生成焓(kJ/mol)
$C+2H_2+\frac{1}{2}O_2 \rightarrow CH_3OH(g)$	-201.2
$2C+3H_2+\frac{1}{2}O_2 \rightarrow C_2H_5OH(g)$	-218.5
$2C+3H_2 \rightarrow C_2H_6$	-84.7
$2C+2H_2 \rightarrow C_2H_4$	+52.2
$2C+H_2 \rightarrow C_2H_2$	+226.7
$6C+3H_2 \rightarrow C_6H_6(g)$	+82.9
$6C+3H_2+\frac{1}{2}O_2 \rightarrow C_6H_5OH(g)$	-96.4
$\frac{1}{2}N_2+\frac{3}{2}H_2 \rightarrow NH_3$	-45.9
$\frac{1}{2}N_2+\frac{1}{2}O_2 \rightarrow NO$	+90.4
$S(g)+O_2 \rightarrow SO_2$	-361.7
$S(g)+H_2 \rightarrow H_2S$	-84.9

表 5.4　在 298K 条件下，一些生成反应的平衡常数(值以 lg K_p 表示)

生成反应	lg K_p
$C+\frac{1}{2}O_2 \rightarrow CO$	+24.065
$C+O_2 \rightarrow CO_2$	+69.134
$C+2H_2 \rightarrow CH_4$	+8.906
$H_2+\frac{1}{2}O_2 \rightarrow H_2O$	+40.073
$C+2H_2+\frac{1}{2}O_2 \rightarrow CH_3OH(g)$	+28.331
$2C+3H_2+\frac{1}{2}O_2 \rightarrow C_2H_5OH(g)$	+29.500
$2C+3H_2 \rightarrow C_2H_6$	+5.771
$2C+2H_2 \rightarrow C_2H_4$	-11.940
$2C+H_2 \rightarrow C_2H_2$	-36.674
$6C+3H_2 \rightarrow C_6H_6(g)$	-22.736
$6C+3H_2+\frac{1}{2}O_2 \rightarrow C_6H_5OH(g)$	+5.770
$\frac{1}{2}N_2+\frac{3}{2}H_2 \rightarrow NH_3$	+2.859
$\frac{1}{2}N_2+\frac{1}{2}O_2 \rightarrow NO$	-15.198

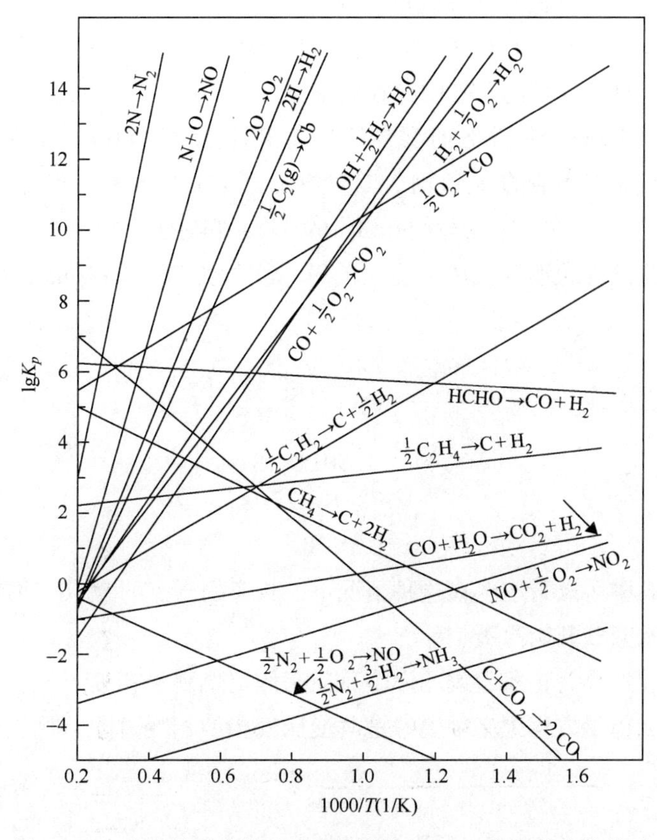

图5.3　一些常见反应绝对温度的倒数与 lg K_p 之间的变化关系

相关平衡常数的数值是假设产物温度为 T_2，通过文献查出的，但需要调用能量方程来确定：

$$\sum_{产物} n_i h_i - \sum_{反应物} n_i h_i = Y\Delta q$$

其中 h_i表示每种物质(i)特定的摩尔焓，它在温度 T 条件下的摩尔焓为：

$$h_{iT} = h_{fio} + \int_{T_0}^{T} cp_i \mathrm{d}T$$

其中 h_{fio}是参考温度下生成焓，而 cp_i是物质在恒定压力下的摩尔比热，摩尔比热是温度的函数，n_i是物质的量。

针对产物中既没有未反应的氧气，也没有反应物燃料的简单情况来说，就可以将其简化成仅包含元素质量守恒方程式和普通的水气变换反应，就可以将反应(Ⅰ)、(Ⅱ)和(Ⅲ)结合成：

$$CO+H_2O \rightleftharpoons CO_2+H_2$$

这个反应的平衡常数方程就会变为：

$$K_p = \frac{bf}{de} = \frac{K_{pf_{CO_2}}}{K_{pf_{H_2O}} K_{pf_{CO}}}$$

其中 K_{p_f} 表示生成物质 i 的生成反应的反应平衡常数。

在这类计算中，为了方便，空气通常被认为是干燥的。如果知道湿空气的温度、压力和相对湿度，就可以容易地计算出空气中存在的湿空气。

例如，在 25℃、100kPa 条件下的湿空气，其相对湿度为 60%，从蒸汽表中可以查出，当水蒸气的分压是相应饱和值的 0.60 时，其对应压力为 3.169kPa。因此

$$p_{H_2O} = 0.60 \times 3.169 = 1.9014\text{kPa}$$

假设低浓度的蒸汽视为理想气体，空气的摩尔质量为 28.9kg/kmol，则水蒸气与干空气的质量比为：

$$\frac{m_{H_2O}}{m_{空气}} = \left(\frac{p_{H_2O}}{p_{空气}}\right) \times \left(\frac{M_{H_2O}}{M_{空气}}\right) = \frac{1.9014 \times 18}{98.10 \times 28.9} = 0.0128$$

再次，从蒸汽表中可以看出，在这种情况下，相应的露点约为 16.5℃，这表明当温度降低到该值以下时，水蒸气开始冷凝。

值得注意的是，迄今为止所考虑的燃烧反应都假定燃料最初处于气相状态。如果燃料最初是液相状态，那么能量方程式必须要考虑其变成气相的相变过程。可以通过当前情况下的 h_{fg} 值计算出来。

5.3 假定平衡条件时，计算燃烧产物的温度和组成的步骤

在产物平衡状态下，计算产物的温度、压力和组成需要按照以下步骤进行计算：

(1) 指定反应混合物的初始组成和所有组分的相对浓度，同时包括未发生改变的物质（如常被认为是稀释剂的氮气）。

(2) 确定产物中哪些组分的浓度会很高，其取决于结果准确度的要求、反应混合物的组成以及预期的初始和最终的反应温度和压力。

(3) 富燃料混合物通常需要考虑其部分氧化和分解的产物，而且最终反应温度越高，可能需要确定和考虑的产品组成就越多。

(4) 用摩尔的形式写出整个反应方程式，按照准确度要求，在最终的答案中列出可能产生的不同的产物的最少数量。

(5) 建立所涉及的元素的必要的元素质量守恒方程来计算出未知产品的浓度。如果产物中有 X 个未知物质，涉及 Y 个元素，那么就会有 Y 个独立的元素质量守恒方程。另外还需要设置并确定 $(X-Y)$ 个相关独立的平衡常数。

(6) 如果事先不知道产物的温度，那么需要假定一个数值，并预测相关的热力学性质，如平衡常数、相关比热值、焓等。使用这个假定的温度下的相关热力学性质值就可以求解出 X 个未知数。

(7) 一旦各个产物的浓度在假定温度条件下确定下来，那么可以通过这些浓度是否满足相应的能量方程来检验它们是否正确。如果这些值不能使平衡方程平衡，假定另外一个更接近的温度值，需要重复上述步骤，直至结果符合要求为止。通常，通过由此产生的偏差与假设温度之间的线性插值可以迅速得出适当的答案。

(8) 对于非等压燃烧反应，需要使用状态方程来验证计算中所使用的产物压力是否正确，否则需要假定一个新的压力值并重复整个步骤。

执行上述步骤如果不借助相关的软件的话，执行起来是比较费时费力的。当然，结果要求产物满足处于化学平衡状态这一前提，但这种情况有时不一定存在。这样就需要借助反应速率等涉及化学动力学等更为复杂的方法。这些更为贴切实际的方法会使计算复杂性陡增，并需要了解相关的动力学数据。幸运的是，越来越多专用的软件被广泛应用，为解决复杂的燃料—空气混合体系的燃烧提供了很多便捷的解决方案。此外，针对大多数燃烧过程的计算，一般都默认产物为理想气体。否则，还需要另外采用合适的真实气体状态方程进行计算，这样会增加整个计算的复杂性。

图5.4表示了以化学计量混合的空气混合物，其中烃燃料的H/C比为2.25(如异辛烷C_8H_{18})，在50bar的压力下平衡温度和计算平衡物质的量浓度之间的函数关系。从图中可以看出，随着温度的升高，稳定的分子(如二氧化碳和水蒸气)的浓度会显著下降。氮的氧化物几乎呈对数增长。另外解离的产物(如H、O、OH等物质)的浓度也随温度的升高呈现对数增加。吸热反应使解离产物的浓度升高将会大大降低放热燃烧过程的净能量的释放。

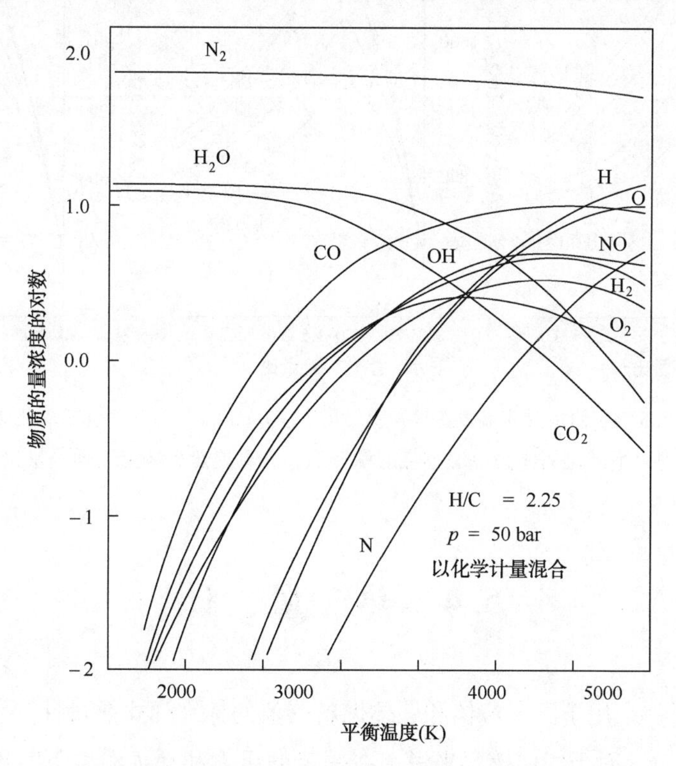

图5.4　在压力为50bar的条件下，燃料H/C比为2.25，以化学计量混合的燃料混合物其平衡产物的组成随温度变化的函数关系

在这种燃烧过程的热力学计算中，是将相应反应元素的相对质量加入到特定产物物种的计算中。因此初始反应物可以很便捷地以物质的量为基准分组，而不必将它们表示为单独反应组分。例如，以下组成的某种特定反应混合物：

$$0.1CH_4+0.5C_6H_6+2.0H_2O+1.0CO_2+8.5O_2+32.0N_2$$

可将上述组成按元素等价于下述表达式：

$$C_aH_bO_dN_f$$

这个例子中，a、b、d 和 f 的数值分别是 4.1、7.4、2.1 和 6.4。使用这个方法可以更有效、更笼统地代表组成。

图 5.5 表示了甲烷用二氧化碳、水蒸气和氮气以不同的比例稀释后在燃料混合物中在初始反应温度为 300K、压力为 1atm 的条件下，计算绝热火焰温度随不同当量比的变化关系。绝热火焰温度的最大值与燃料化学计量值相关联。在任何当量比条件下，燃料混合物稀释剂比例的增加会显著降低绝热火焰温度。二氧化碳作为稀释剂比水蒸气和氮气作为稀释剂对降低绝热火焰温度效果更为显著。由此可知，一些废气产物和进气混合物混合后会降低整个燃烧过程的温度水平。废气循环系统（EGR）也因此越来越多地被用于降低燃烧过程中污染物氮的氧化物的生成。

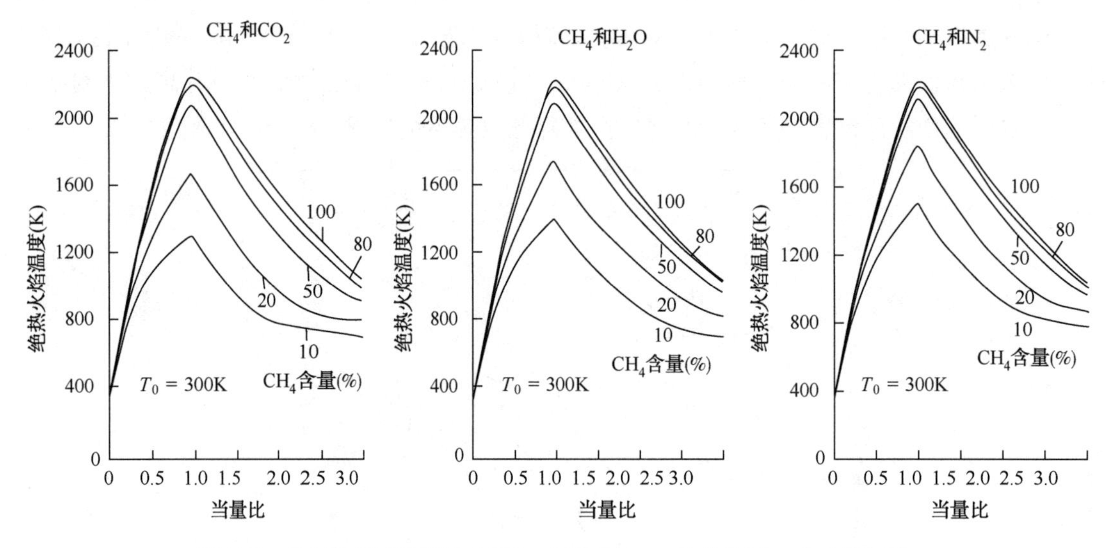

图 5.5　在初始反应温度为 300K、压力为 1atm 的条件下，将二氧化碳、水蒸气和氮气以不同比例作为甲烷燃烧的稀释剂，计算绝热火焰温度随当量比的变化关系

5.4　热　量　计

图 5.6 展示了一个用于测定液体和固体燃料热值的标准弹式热量计。它用于测定恒定体积下的热值（$\Delta E_{燃料}$）。对于气体燃料来说，在一定的压力和环境温度下，稳定流量的燃料在热量计中燃烧，热量计可用于计算相应的燃烧焓（$\Delta H_{燃料}$）（图 5.7）。

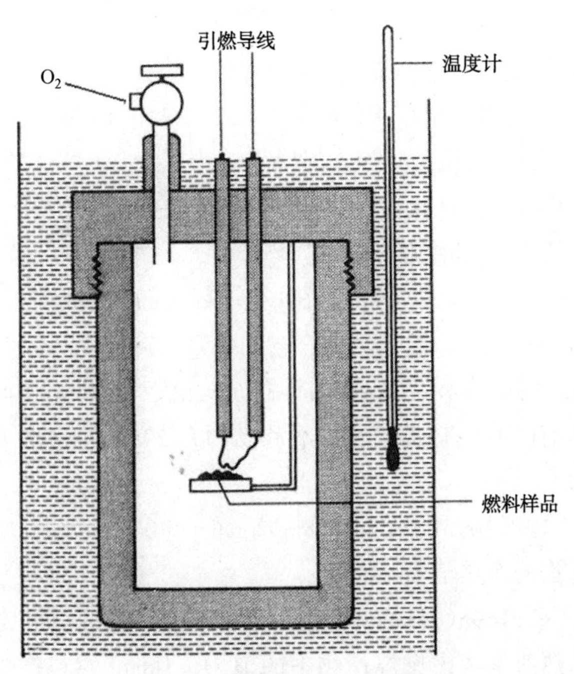

图 5.6　用于在恒定体积和环境温度下，测定液体和固体燃料热值的标准弹式热量计示意图

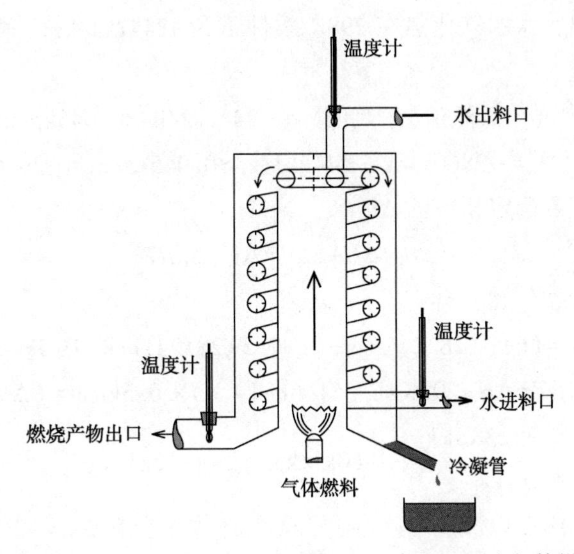

图 5.7　气体量热计在恒定大气压力、稳定流量条件下测定气体燃料的热值

5.5　实　　例

(1) 在 298K 条件下，以化学计量比混合的苯蒸气和空气混合物，计算出在恒定压力下，每千克混合物的净热值和总热值(当产物中的水为气相时，298K下，燃料的燃烧焓为

3.1695GJ/kmol)。

答：理想产物以物质的量为基准时，总反应方程式为：

$$C_6H_6+\lambda(O_2+3.76N_2)\rightarrow aCO_2+bH_2O+cN_2$$

通过 C、O、H 和 N 的元素质量守恒方程得出 λ 为 7.5，化学计量反应方程式变成：

$$C_6H_6+7.5(O_2+3.76N_2)\rightarrow 6CO_2+3H_2O+28.2N_2$$

可以得出 1.0kmol 的 C_6H_6 的总质量为：

$$6\text{kmol}\times 12\text{kg/kmol}+6\text{kmol}\times 1\text{kg/kmol}=78\text{kg}$$

那么每千摩尔燃料与空气混合后的总混合物的质量为：

$$78\text{kg}+7.5\text{kmol}\times(32\text{kg/kmol}+3.76\times 28\text{kg/kmol})=1108\text{kg}$$

根据已知可得低热值(净热值)即当反应物和产物在 298K 并且水为气相时，每千克燃料的燃烧焓为：

$$-3.1695\text{GJ/kmol}\div 78\text{kg/kmol}=-40635\text{kJ/kg}$$

同样，每千克混合物的净热值为：

$$-3.1695\text{GJ/kmol}\times 1\text{kmol}\div 1108\text{kg}=-2860\text{kJ/kg}$$

为了得到相应的高热值，考虑燃烧产物中的 H_2O。1kmol 燃料产生水 54kg，1kg 的混合物包含水：

$$3\text{kmol}\times 18\text{kg/kmol}\div 1108\text{kg}=0.045\text{kg/kg}$$

从蒸汽表可以查出，水的气化热在 298K 条件下为-2442kJ/kg，其值为负值表示热量在冷凝的过程中离开系统。

$$\begin{aligned}\text{高热值}&=\text{低热值(净热值)}+(-2442\text{kJ/kg}\times 0.045\text{kg/kg})\\&=-2860\text{kJ/kg}-2442\text{kJ/kg}\times 0.045\text{kg/kg}=-2970\text{kJ/kg}\end{aligned}$$

针对恒定体积，需要确定相应的 ΔU：

$$\Delta H=\Delta U+\Delta pV=\Delta U+\Delta nRT$$

针对这个反应每千摩尔燃料有：

$$\Delta n=(6+3+28.2)\text{kmol}-(1+7.5+28.2)\text{kmol}=0.5\text{kmol}$$

$$\Delta U=\Delta H-\Delta nRT=\Delta H-298\text{K}\times 8.31\text{J/(mol}\cdot\text{K)}\times 0.5\text{kmol}=(\Delta H-1238)\ \text{kJ}$$

$$\Delta U_{\text{混合物}}=\frac{(\Delta H_{\text{混合物}}-1238)\text{kJ}}{1108\text{kg}_{\text{混合物}}}=-2860\text{kJ/kg}_{\text{混合物}}-1.12\text{kJ/kg}_{\text{混合物}}=-2861\text{kJ/kg}_{\text{混合物}}$$

对于总热值来说，H_2O 以液态形式存在，零气体体积会有 $\Delta n=-2.5\text{kmol}$：

$$\begin{aligned}\Delta U&=\frac{\Delta H-298\text{K}\times 8.31\text{J/(mol}\cdot\text{K)}}{1108\text{kg}_{\text{混合物}}}\times(-2.5\text{kmol})=-2970\text{kJ/kg}_{\text{混合物}}+5.6\text{kJ/kg}_{\text{混合物}}\\&=-2974.4\ \text{kJ/kg}_{\text{混合物}}\end{aligned}$$

(2) 发动机使用丙烷作为柴油的补充燃料。计算一下，当使用 0.255kg/h 柴油、2.12kg/h 丙烷以及 49.53kg/h 空气时的当量比，假设柴油燃料是正十六烷，用 $C_{16}H_{34}$ 表示。

答：

$$M_{C_{16}H_{34}}=\frac{16\text{kmol}\times 12\text{kg/kmol}+34\text{kmol}\times 1\text{kg/kmol}}{1\text{kmol}}=226\text{kg/kmol}$$

$$M_{C_3H_8}=3kmol\times12kg/kmol+8kmol\times1kg/kmol=44kg/kmol$$

$$M_{空气}=0.21kmol\times32kg/kmol+0.79kmol\times28kg/kmol=28.84kg/kmol$$

在空气中以化学计量混合的整个反应方程式为(以 mol 计)：

$$\frac{0.255}{226}C_{16}H_{34}+\frac{2.12}{44}C_3H_8+\lambda(0.21O_2+0.79N_2)\rightarrow aCO_2+bH_2O+dN_2$$

通过元素质量守恒公式可以计算出 λ、a、b 和 d 的值。

碳元素守恒：$a=0.255\times16/226+2.12\times3/44=0.1626$。

氢元素守恒：$b=0.255\times17/226+2.12\times4/44=0.2119$。

氧元素守恒：$0.21\lambda=a+b/2=0.1626+0.10595=0.2686$。

得出 $\lambda=1.279$。

化学计量比中每小时空气质量为：

$$1.279kmol\times28.84kg/kmol=36.89kg$$

空气实际供给为 49.53kg/h。

当量比：

$$\Phi=\frac{\left(\frac{m_{燃料}}{m_{空气}}\right)_{实际}}{\left(\frac{m_{燃料}}{m_{空气}}\right)_{化学计量}}=\frac{36.89kg/h}{49.53kg/h}=0.745$$

(3) 一种未知的烃类燃料在空气中燃烧，其中干产物的体积组成为：9.0%的 CO_2、1.1%的 CO、8.8%的 O_2 以及 81.1%的 N_2。计算一下：

① H/C 摩尔比；

② 空气和燃料质量比；

③ 使用的过剩空气率；

④ 在环境压力为 86.2kPa 条件下，水蒸气在什么温度下开始凝结(使用蒸汽表查询)。

答：① 假定有 100kmol 的干产物，针对烃燃料(C_xH_y)在空气中燃烧的物质的量的反应方程式为：

$$C_xH_y+\lambda(O_2+3.76N_2)\rightarrow a[(9.0CO_2+1.1CO+8.8O_2+81.1N_2)+bH_2O]$$

注意：当考虑 1mol 燃料时，需要用乘数 a 来平衡方程式中生成的冷凝水，因为题目中给出的产品组成是 100kmol 的干产物。

这其中有 5 个未知数，但仅有 4 个元素平衡方程式。因此我们仅能得到 y/x 的比例，并不能计算出单独 x 或 y 的值。

氧元素守恒方程式：$\lambda=a(9.0+0.55+8.8+b/2)$。

氮元素守恒方程式：$3.76\lambda=81.1a$。

$$\frac{81.1}{3.76}=9.0+0.55+8.8+\frac{b}{2}=21.57$$

$$b=(21.57-9.0-8.8-0.55)\times2=6.44$$

所以 $x/y=(9.0+1.1)/(2\times6.44)=10.1/12.88=0.784$。

② 从排气成分计算：

$$\frac{m_{空气}}{m_{燃料}}=\frac{(m_{O_2}+m_{N_2})}{(m_C+m_{H_2})}$$

$$m_{O_2}=(9.0+8.8+0.55+3.22)\times 32=690.2$$

$$m_{N_2}=81.1\times 28=2270.8$$

$$m_{空气}=2271+690.2=2961$$

$$m_{燃料}=(9.0+1.1)\times 12+6.44\times 2=121.2+12.88=134.08。$$

则 $m_{空气}/m_{燃料}=2858.2/134.08=22.08$。

③ 从产物组成考虑：

化学计量中 O_2有$[(9.0+1.1)\times 2\times 16+6.44\times 16]=426.2$。

化学计量中 N_2有 $426.2\times(1+3.76\times 28/32)=1828.4$。

$$过剩空气率=\frac{(m_{实计空气}-m_{计量空气})}{m_{计量空气}}=\frac{(2961-1828.4)}{1828.4}=62\%$$

④ 产物中水蒸气开始凝结，在哪个温度时它的分压等于饱和蒸气压？

$$p_{H_2O}=\left(\frac{n_{H_2O}}{\sum n}\right)p_{总}$$

$$p_{H_2O}=\left[\frac{6.44}{(9.0+1.1+8.8+81.1+6.44)}\right]\times 86.2=\frac{6.44\times 86.2}{106.44}$$

$$p_{H_2O}=5.215\text{kPa}$$

从蒸汽表中可以查出相关的温度为33℃。

（4）氢气可以通过主要成分为甲烷的天然气部分氧化和(或)蒸汽重整来制得。反应器中通入等体积比的甲烷、蒸汽和空气的均相混合物。计算一下产物中氢气的体积百分比。当$K_p=0.50$时，假设水气转换反应处于平衡状态。产物中只包含 H_2、H_2O、CO、CO_2以及 N_2。

答：当考虑 1mol 空气时，在水气转换反应处于平衡状态情况下，1mol/CH_4的总反应方程式是：

$$CH_4+H_2O+(0.21O_2+0.79N_2)\rightarrow aCO+bH_2+dH_2O+eCO_2+fN_2$$

应用元素质量守恒可得：

碳元素守恒：$1=a+e$。

氢元素守恒：$2+1=b+d$。

氧元素守恒：$1+0.42=a+d+2e$。

氮元素守恒：$0.79=f$。

在产物中应用平衡方程可得：

$$CO+H_2O\rightleftharpoons CO_2+H_2$$

$$K_p=0.30=\frac{(p_{CO_2}\times p_{H_2})}{(p_{CO}\times p_{H_2O})}=\frac{(n_{CO_2}\times n_{H_2})}{(n_{CO}\times n_{H_2O})}$$

$$0.30=\frac{be}{ad}$$

需要解出代表产物中 H_2量的 b 的值。

从碳元素守恒可以得出：$a=1-e$。

从氢元素守恒可以得出：$d=3-b$。

从氧元素守恒可以得出：$1.42=a+d+2e$。

$$1.42=1-e+3-b+2e=4+e-b$$

$$e=b-2.58$$

$$a=3.58-b$$

从平衡方程可以得出：

$$3.0=b(b-2.58)/[(3.58-b)(3-b)]$$

$$0.7b^2-0.606b-3.222=0$$

$$b=2.621$$

因此，$e=0.042$，$d=0.0379$，$a=0.958$，$f=0.790$。

整个方程式就变为：

$$CH_4+H_2O+(0.21O_2+0.79N_2)\rightarrow 0.958CO+2.621H_2+0.0379H_2O+0.042CO_2+0.790N_2$$

$$\text{产品中 } H_2\text{的百分数}=\frac{2.621}{(0.958+2.621+0.042+0.0379+0.79)}=54.81\%$$

(5) 在达到平衡的基础上推导出二氧化碳转化成一氧化碳反应压力与平衡的关系。

答：假设 1mol 的 CO_2生成 $a$mol 的 CO 并达到平衡，其总平衡方程式为：

$$CO_2\rightarrow aCO+bO_2+dCO_2$$

CO_2分解的平衡方程式为：

$$CO_2\rightleftharpoons CO+\frac{1}{2}O_2$$

因此

$$K_{p_{CO_2}}=\frac{p_{CO}\times p_{O_2}^{\frac{1}{2}}}{p_{CO_2}}=\left(\frac{n_{CO}\times n_{O_2}^{\frac{1}{2}}}{n_{CO_2}}\right)\left(\frac{p}{a+b+d}\right)^{1+\frac{1}{2}-1}=\frac{ab^{\frac{1}{2}}}{d}\left(\frac{p}{a+b+d}\right)^{\frac{1}{2}}$$

考虑元素守恒(应用在总方程式上)可得：

碳元素守恒：$1=a+d$；$d=1-a$。

氧元素守恒：$1=1/2\ a+b+d$；$b=a/2$。

$K_{p_{CO_2}}$在恒定温度下为常数：

$$K_{p_{CO_2}}=\frac{a\left(\frac{a}{2}\right)^{\frac{1}{2}}}{1-a}\left(\frac{p}{1+\frac{a}{2}}\right)^{\frac{1}{2}}$$

得出了与 p 变化的一个近似的关系。a 小于 1，且是一个比较小的值，则近似于

$$a^3\cdot p=\text{常数}$$

也就是说，CO 的浓度和压力的立方根的倒数成正比。

（6）计算平衡状态下，在温度为800K、压力为3atm下，甲烷分解产物中氢气的百分比。在800K和1.0atm条件下，甲烷形成反应的K_p为1.40atm^{-1}。

答：甲烷分解产物气体由H_2和CH_4组成，产物C处于固相。也就是说，对于1mol产物来说，气相会出现：

$$xH_2+(1-x)CH_4$$

甲烷的形成反应：

$$C(s)+2H_2(g) \rightarrow CH_4(g)$$

$$K_{p_{CH_4}}=\frac{p_{CH_4}}{p_{H_2}^2}=\frac{n_{CH_4}}{n_{H_2}^2}\left(\frac{p}{\sum n}\right)^{1-2}$$

注意C是固体，并没有分压。

$$K_{p_{CH_4}}=\frac{n_{CH_4}(n_{CH_4}+n_{H_2})}{n_{H_2}^2 p}=\frac{(1-x)}{x^2 p}$$

得到在800K条件下，$K_{p_{CH_4}}=1.40\text{atm}^{-1}$，那么在3atm条件下：

$$1.4=\frac{(1-x)}{x^2}\cdot\frac{1}{3}$$

$$4.2x^2+x-1.0=0$$

$$x=0.383$$

说明产物中(体积百分数)含有38.3%的H_2和61.7%的CH_4。

（7）燃烧器中使用丙醇(C_3H_7OH)和空气燃烧。干产物的体积组成为：9.17% CO_2，1.83%CO，6.42%O_2和82.58%N_2。那么使用的燃料和空气质量比为多少？如果使用化学计量混合物，那么其组成是什么？

答：对于燃烧1mol的燃料，理想反应方程式为

$$C_3H_7OH+a(O_2+3.76N_2) \rightarrow \lambda(9.17CO_2+1.83CO+6.42O_2+85.2N_2)+bH_2O$$

注意：如果是假定生成100mol产物，那么就不能相当于1mol的燃料。

氢元素平衡：$2b=7+1$，则$b=4$。

碳元素平衡：$3=(9.17+1.83)\lambda=11.00\lambda$，则$\lambda=0.27$。

氧元素平衡：

$$1+2a=2\times9.17\lambda+1.83\lambda+6.42\times2\lambda+b=33.01\lambda+4=13.00$$

$$a=(13.00-1)/2=6.00$$

1mol燃料使用空气的物质的量为$6.00\times(1+79/21)=28.57$。

燃料的质量/空气的质量$=n_{燃料}M_{燃料}/n_{空气}M_{空气}$

$$=1\times\frac{(3\times12+7\times1+1\times16+1\times1)}{(32+3.76\times28)\times6.00}=0.073$$

对于化学计量混合物来说，反应方程式为：

$$C_3H_7OH+a_{计量}(O_2+3.76N_2) \rightarrow 3CO_2+4H_2O+3.76a_{计量}N_2$$

氧平衡：

$$2a_{计量}+1=3\times2+4=10$$

$$a_{计量}=4.5$$

当上述干废气不包含 H_2O 时，因此：

$$CO_2所占百分比(干)=3\times100\%/(3+3.76\times4.5)=300\%/19.92=15.06\%$$

$$N_2所占百分比(干)=84.94\%$$

5.6　问　　题

(1) 一般认为空气中含有 20.9%(体积分数)的氧气，其余为氮气。以质量为基准计算空气的组成。空气的有效分子量是多少？假设空气是理想气体。(答案：28.82kg/kmol)

(2) 天然气的体积组成如下：88.7%的 CH_4、4.3%的 C_2H_6、1.5%的 H_2S 及 5.5%的 N_2。计算在温度为 310K、压力为 103.5kPa 条件下气体的密度。如果用二氧化碳来稀释气体，可燃成分占所得混合气体体积的 85%，这时气体的密度为多少？假设气体为理想气体。(答案：0.704kg/m^3；0.811kg/m^3)

(3) 在存储容量为 0.75m^3 的高压罐中存放氢气。那么在温度为 287K、压力为 1.45MPa 的条件下气体的质量为多少？排除一些气体后，压力变为 0.7MPa、温度为 279K，则排除了多少氢气？

(4) 理想气体混合物的分子量为 40kg/kmol，在恒定压力下比热容为 0.523kJ/(kg · K)。在表压为 380kPa 和 422K 时，体积测得为 14.5m^3。计算：① 气体常数；② 恒定体积条件下的比热容和气体的质量。[答案：0.208kJ/(kg · K)；0.315kJ/(kg · K)，79.52kg]

(5) 计算丙烷和 20%过量的空气混合物的理想干燥气体混合物，以及在 303K 和 95kPa 条件下产物的密度。假定所用气体为理想气体。(答案：11.3% CO_2，3.8% O_2，84.9% N_2；1.130kg/m^3)

(6) 一辆机动车每产生 1kW 的电需要每小时消耗 0.250L 汽油。假设汽油的热值为 41MJ/kg，密度为 0.73kg/m^3。计算其工作生产效率和燃料消耗量[单位为 kg/(kW · h)]。(答案：0.48；0.185)

(7) 计算燃烧 1.0m^3 具有以下组成的工业产品气体所需的空气和燃烧产物的体积，其体积组成为：2.5% CO_2、1.0% O_2、3.0%未转化的 C_3H_6、14.0% CO、47.0% H_2、24.0% CH_4 和 8.5% N_2。如果湿废气中 CO_2 的百分比为 10.0%，那么过量空气量为多少，湿产物体积为多少？(答案：1.54；8.24)

(8) 假定发动机进料为汽油混合物，用异辛烷和乙醇分别以液体体积比 4∶1 和空气混合操作。试问以质量为基准，其化学计量中空气和燃料的比例是多少？其干废气的体积组成为：9.17% CO_2、1.83% CO、6.42% O_2 及 82.58% N_2。实际使用的燃料与空气的质量比为多少？设液体汽油的密度为 0.72kg/m^3，液体乙醇的密度为 0.79kg/m^3。

(9) 在恒定压力及温度为 298K 的条件下，计算每千克化学计量的辛烷蒸气和空气的混合物的净热值和总热值。已知(当水在产物中以气相存在)辛烷在相同温度下，在空气中的燃烧焓为−3170MJ/kmol。取水的 h_{fg} 为 2258kJ/kg。那么恒定体积下，其热值为多少？(答案：

-27.81，-24.59，-27.89）

（10）双燃料发动机进料为天然气，假定其借助一些柴油燃料（假定用 $C_{16}H_{34}$ 代表柴油）喷射点燃甲烷。一项测试表明，燃烧中释放的能量有85%来自于天然气，其余的由柴油提供。在这些操作条件下，甲烷的热值为2.00 MJ/mol，柴油的热值为45.7MJ/kmol。对发动机进行测试，当燃料中缺少空气，仅有完全燃烧所需空气量的90%。如果产物气体中只含有 CO_2、CO、H_2O、H_2 和 N_2，同时水气变换反应（$CO+H_2O \rightleftharpoons H_2+CO_2$）达到平衡，相应的 K_p 值为0.30。计算出干产物中生成的CO和 H_2 的体积分数。（答案：1.7；8.6）

（11）在温度为298K，一个大气压的条件下，辛烷蒸气（C_8H_{18}）和空气的混合物供给催化反应器。假设燃烧反应是在流量稳定且绝热的情况下发生，请计算一下当产物温度为1063K时，燃料和空气的比例为多少？假定完全燃烧，当产物处于气相时，辛烷蒸气在298K时的燃烧焓为-5116 MJ/kmol。一些物质的比热容平均值：CO_2 为1.046kJ/（kg·K），H_2O 为2.098kJ/（kg·K），N_2 为1.109kJ/（kg·K），以及 O_2 为1.008kJ/（kg·K）。（答案：0.0194）

（12）燃烧器以700m^3/h的速率进气体燃料，其气体燃料的体积组成为：CH_4 占87%、C_2H_6 占7%、C_3H_8 占3%及 N_2 占3%。燃料和空气操作条件都是在1atm下，温度为298K。其排烟气温度为1300K，排气烟道内径为0.30m。

计算：① 理想干烟气的体积；② 排气的平均速率是多少；③ 理想燃烧的热释放速率以及表观燃烧效率。可从相关的表格中查取需要的热力学性质参数。

（13）通过甲烷的蒸汽重整来生产氢气，详见下述方程式：

$$CH_4+2H_2O \rightleftharpoons CO_2+4H_2$$

初始混合物在1atm及800K的条件下，由50%的过量蒸汽组成。计算：① 反应的平衡常数；② 平衡组成；③ 在5atm及相同温度下，相关产物的组成。已知在800K下，CH_4、H_2O 和 CO_2 的平衡常数的以10为底的对数值分别是0.124、13.26和13.91。

（14）根据以下假设的总反应方程式，推导在平衡温度 T 和压力 p 下，产物氢的相对物质的量（如 n_{H_2}/n_{CH_4}）的表达式：

$$2CH_4+2H_2O \rightleftharpoons 2CO+6H_2$$

判断氢的相对产量是否会随以下因素增加而增加：

① 甲烷和蒸汽的供给比；

② 温度；

③ 压力。

判断后简要解释你的答案。（答案：是；是；否）

（15）找出反应（$CO+H_2O \rightleftharpoons CO_2+H_2$）在298K条件下的能量变化。可以假设以下物质在298K条件下的形成焓：H_2O 为-241.8kJ/kmol，CO为-110.5kJ/kmol，CO_2 为-393.5kJ/kmol。设定在恒定压力，一些物质的比热平均值为：H_2 为7.146kJ/（kmol·K），CO_2 为11.56kJ/（kmol·K），H_2O 为8.89kJ/（kmol·K），CO为7.38kJ/（kmol·K）。计算在1000K条件下反应释放的能量的相应值。（答案：1352）

（16）在一定的环境温度和压力下，混合物中含有相等质量的氮和氧。计算在1600K温度下平衡时，形成的氮氧化合物NO的体积分数。这个温度下在大气中NO分解反应的平衡

常数为 195。(答案：0. 255)

(17) 说明在相同的初始混合温度和压力下，以下燃料在恒压下的发热量是否大于或小于恒定体积下的相应发热量的数值：

① CH_4；

② H_2；

③ C_3H_8；

④ 碳。

简要解释你的答案根据。(答案：相同；少；多；相同)

(18) 根据以下物种的形成反应的平衡常数，推导下列两个反应的平衡常数：CH_4、CH_2、CO_2和 CO。

$$CH_4+CO_2 \rightleftharpoons 2CO+2H_2$$

$$CH_4 \rightleftharpoons CH_2+H_2$$

(19) 指出以下哪些陈述是真实的。

平衡时，蒸汽分解过程中平衡时形成的氧气的相对浓度：

① 随着温度升高而增大；

② 随着温度升高而降低；

③ 随着压力升高而升高；

④ 随着压力升高而降低；

⑤ 和温度压力无关。

(答案：是；否；否；是；否)

(20) 在温度为 700K，压力为 95. 5bar 条件下，在氮气转化成氨的反应中，如果气体进入反应器的物质的量组成为 64%的氢气、16%的二氧化碳和 20%的氮气，那么验证一下，在此条件下此反应氮转化成氨中氨的平衡百分比为 25. 5。下述反应相关的反应平衡常数值分别为 0. 0091bar^{-1}和 9. 8。

$$\frac{1}{2}N_2+\frac{3}{2}H_2 \rightleftharpoons NH_3$$

$$CO+H_2O \rightleftharpoons CO_2+H_2$$

5.7　小　　结

燃料燃烧反应的关键性质可以通过化学计量学和热力学分析得出。正文中给出的例子包括计算在理想热力学平衡条件下燃烧产物的浓度和释放的总能量。通过分析还能够计算出绝热火焰温度的值，其中绝热火焰温度是在绝热条件下，燃烧产物相应的最高温度。同样，通过热力学计算还可以计算出在理想参考条件下，不同燃料燃烧反应释放能量的热值。

参 考 文 献

Bartok, W. and Sarofim, A. F. , Editors, Fossil Fuel Combustion, 1991, John Wiley and Sons Inc, New York, NY.

Bolz, R. E. and Tuve, G. L. , Editors, Handbook of Tables for Applied Engineering Science, 1970, Chemical Rubber Co. , CRC, Cleveland, OH.

Borman, G. L. and Ragland, K. , Combustion Engineering, Int. Ed. , 1998, McGraw Hill Inc. , New York, NY.

Cengel, Y. and Boles, M. A. , Thermodynamics, 3rd Ed. , 1998, McGraw Hill Co. , New York, NY.

Chase, M. , Davies, C. , Downey, J. , Frurip, D. , McDonald, R. and Syverud, A. , JANAF Thermo-Chemical Tables, 3rd Edition, Part 1 & 2, 1985, American Chemical Society, American Institute of Physics and National Bureau of Standards, Washington, DC.

Chigier, N. , Energy, Combustion and Environment, 1981, McGraw Hill Co. , New York, NY.

Ganic, E. N. and Hicks, T. G. , Editors, Essential Information and Data, 1991, McGraw Hill Inc. , New York, NY.

Haywood, J. B. , Internal Combustion Engine Fundamentals, 1988, McGraw Hill Book Co. , New York, NY.

Karim, G. A. and Singh, R. , " Calculating the Temperature Rise Following the Combustion of Natural Gas," Canadian Gas Processing Journal, 1968, Vol. 1, pp. 26-28.

Kopa, R. , Hollander, R. , and Kimura, H. , Combustion Temperature, Pressure and Products at Equilibrium, Digital Calculations of Engine Cycles, pp. 10-37, 1964, Published by SAE, Warrendale, PA.

Kuo, K. K. , Principles of Combustion, 1986, John Wiley & Sons, New York, NY.

Milton, B. E. , Thermodynamics, Combustion and Engines, 1995, Chapman and Hall, London, UK.

Moran, M. J. , Shapiro, H. N. , Munson, B. R. , and DeWitt, D. P. , Introduction to Systems Engineering, 2003, John Wiley & Sons Inc. , New York, NY.

Obert, E. F. , Internal Combustion Engines and Air Pollution, 1973, Intext Educational Publishers, New York, NY.

Odgers, J. and Kretschmer, D. , Gas Turbine Fuels and Their Influence on Combustion, 1986, Abacus Press, Cambridge, MA.

Rogers, G. , and Mayhew, Y. , Engineering Thermodynamics-Work and Heat Transfer, 3rd Ed. , 1989, Longman Scientific & Technical, Harlow, Essex, UK.

Rose, J. W. and Cooper, J. R. , Editors, Technical Data on Fuels, 7th Ed. , 1977, British National Committee of World Energy Conference, London, UK.

Sorenson, H. A. , Energy Conversion Systems, 1983, John Wiley and Sons, New York, NY.

Taylor, C. F. , The Internal Combustion Engine in Theory and Practice, Vol. 1&2, 1985, MIT Press, Cambridge, MA.

Turns, S. R. , An Introduction to Combustion, 1996, McGraw Hill Book Co. , New York, NY.

U. S. Department of Energy, National Petroleum Council, Hard Truths about Energy, 2007, Washington, DC.

Van Wylen and Sonntag, R. E. , Fundamentals of Classical Thermodynamics, 3rd Ed. , 1985, John Wiley and Sons, New York, NY.

Weston, K. C. , Energy Conversion, 1992, West Publishing Co. , St. Paul, MI.

第6章　燃料燃烧过程的化学动力学

6.1　化 学 反 应

根据定义，燃料燃烧过程属于放热和反应很快的化学反应。了解燃料燃烧过程并且建立模型需要明确化学变化发生的类型及先后顺序，同时应该考虑相应组成和相关反应体系的性质随时间的变化关系。很明显的是，这项工作不简单，导出复杂耦合的非线性微反公式，需要依靠这些反应模型大量的关键信息和相应性质。同时这些反应物种并不都是已知的。值得强调的是，随着计算设备在解决复杂数学系统方面取得明显进步，同时计算设备在容量和计算速度方面持续提高，以及化学科学在持续进步，最近在解决这些化学燃烧问题上取得了重大进步。促进这方面研究的原因是在提高燃料燃烧系统的效率、降低排放及保证安全和可靠性方面需要大幅度的改善和进步。

通过燃烧过程中经典的热动力学计算，可以得到关于化学反应能量变化的理论值、相关产物的最终温度、理想平衡状态的组成等大量信息。这些方法和步骤只对末态进行认识，无法提供过程中的反应速率或者反应体系中某些性质的瞬时变化。而在考虑能量转移和相关排放时，这些信息是十分关键的(图6.1)。

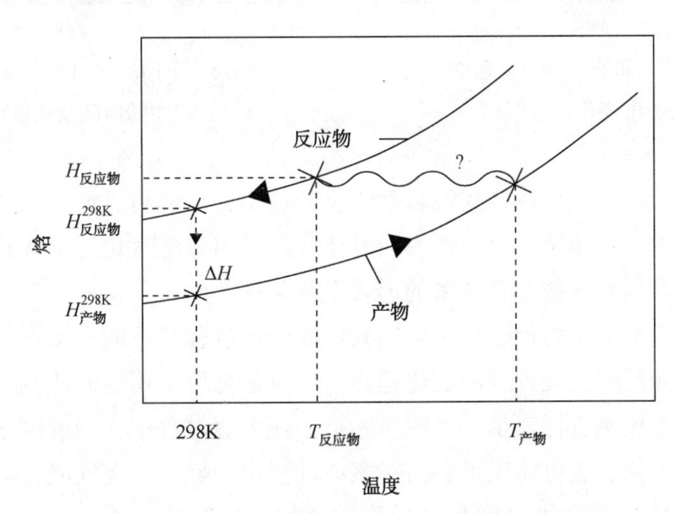

图6.1　燃烧反应过程中的焓变，仅仅通过热力学研究无法得到从冷反应物到热产物的具体反应路径

图6.2为燃烧反应过程中温度随时间逐渐增加的典型示意图。最初，在反应开始，由于其低温的特性，在一段时间内没有明显的温升变化。这段时间称作延迟时间。为了简要描述，这段时间表示产生5%或10%总温升变化所需要的时间，或者达到5%或10%总释放能量的时间。延迟时间过后，由于反应速率和能量释放速率与温度指数之间的关系，最初温度增长较慢，随着时间进行温度快速增加。这个燃烧反应速率快速加速与点火有关。到了燃烧过程后期，尽管反应物的消耗和产物的累积，目前反应还处于高温状态，但是反应速率增速放缓。在理想和绝热的状态下，反应温度会逐渐趋向计算的绝热火焰温度。

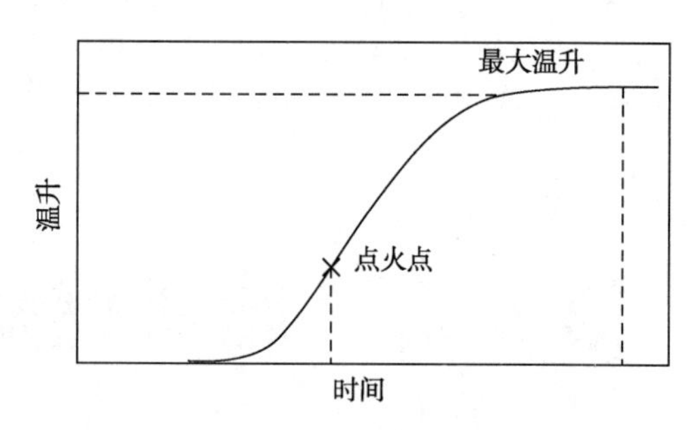

图6.2　一个典型燃料燃烧反应随着时间变化的绝热温度变化曲线

实际上，由于不可避免的热量损失和燃料反应不充分等因素的影响，相应的温度增加幅度明显低于理想的绝热状态下的温升(图6.3)。同时，对于相同的燃料—空气混合物，在起始温度较低的条件下，反应温度随着时间增速明显放缓，然而对体系预热可以大幅度加速反应速率(图6.4)。对于起始温度足够低的状态，基于反应速率和能量释放速率与温度间的指数关系，可以放缓温度增加速率。这种情况很可能导致反应停止，也就是终止反应过程。

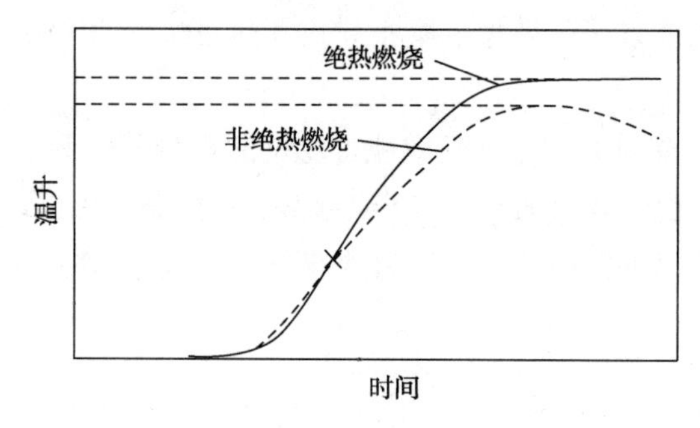

图6.3　绝热和非绝热燃烧过程中典型的温度变化示意图

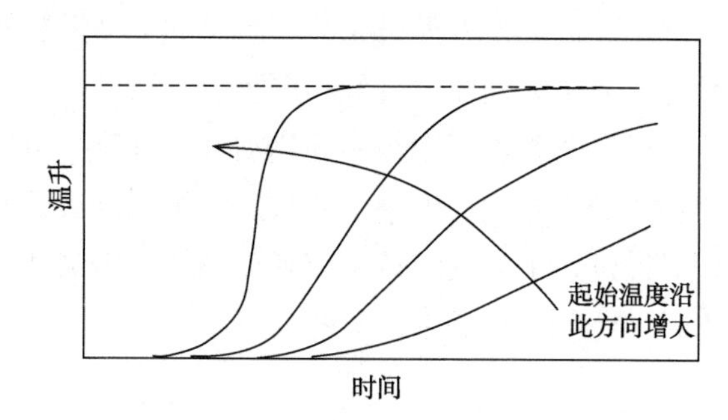

图6.4　不同的起始混合温度下燃料燃烧过程中随时间变化的温度曲线

大量具有代表性的形式可以描述燃料燃烧反应速率，可能包含燃料燃烧过程中燃料、氧化剂及产物随时间的变化速率。反应速率同时还可以采用温度变化速率或化学反应的能量释放速率进行表达。可以对这些参数变量的形式进行关联。

图6.5展示了一个关于均相燃料—空气混合物燃烧过程简单的表示形式，表明了反应速率和能量释放速率随反应完成程度的变化趋势。反应程度可以用温升比例、燃料消耗相对量以及燃烧产物形成的比例进行表示。很明显的是，在燃烧过程中，当温度达到最大值时，能量释放速率达到最大值。这也体现了在高温燃烧过程中，燃料—空气混合物的消耗以及产物积累的变化。随着最初混合物温度和当量比的增加，相应的反应速率发生变化(图6.6和图6.7)。

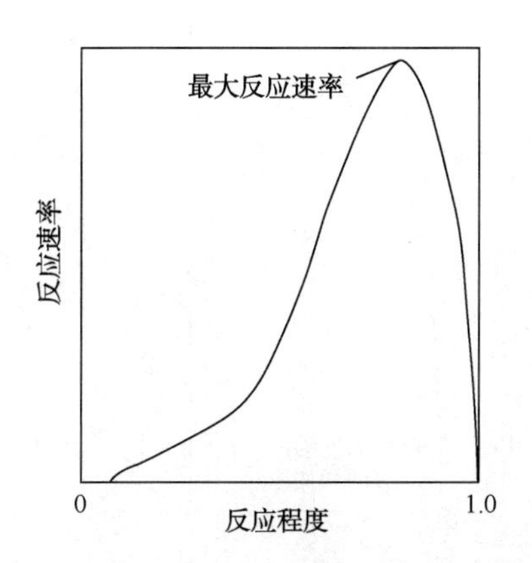

图6.5　典型的反应速率随反应进行程度变化示意图，其中反应进行程度可以用燃料转化的百分数或总温升的比例表示

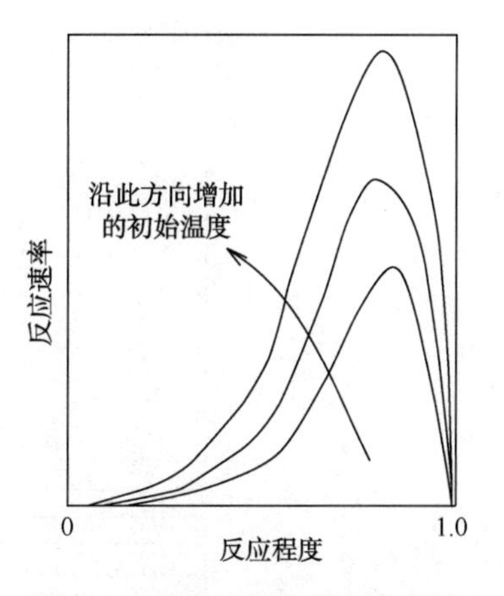

图6.6　反应过程中反应速率随初始反应温度变化而变化的示意图

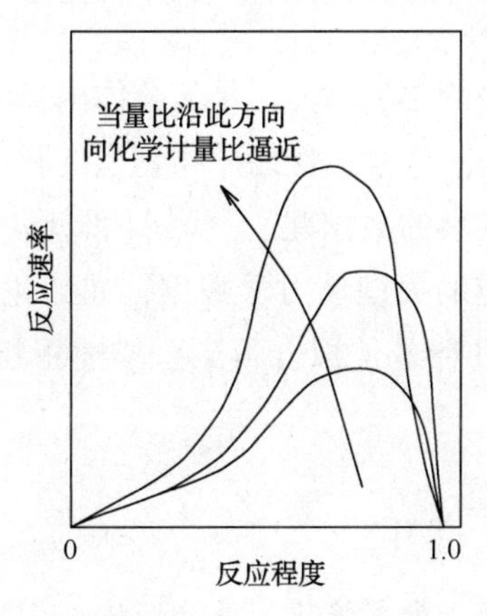

图6.7　反应过程中随着当量比向化学计量比逼近时反应速率的变化示意图

6.2　燃烧化学动力学

对总的燃烧系统性能以及能否作为燃料的关键性质影响最大的是燃料的燃烧速率，燃烧速率会影响火焰速度、火焰大小、能量释放速率和尾气组成(图6.8)。这些性质会反过来影响爆炸极限、燃烧效率、尾气排放及其他方面。

燃料—空气混合物的燃烧并不只是通过一步反应就从反应物转化为产物的。相反，燃料燃烧过程包含很多同时进行的反应，在氧化反应过程中有大量的瞬时物质生成并同时被消耗。针对参与的基元反应，每个反应都有不同的反应物质和反应速率。在实现反应物到产物的过程时，这些基元反应的净效应是建立燃烧过程的关键参数，如燃料和氧气燃烧的反应速率、能量释放速率、瞬时不稳定的或者在产物中存在的稳定物质的生成速率等。

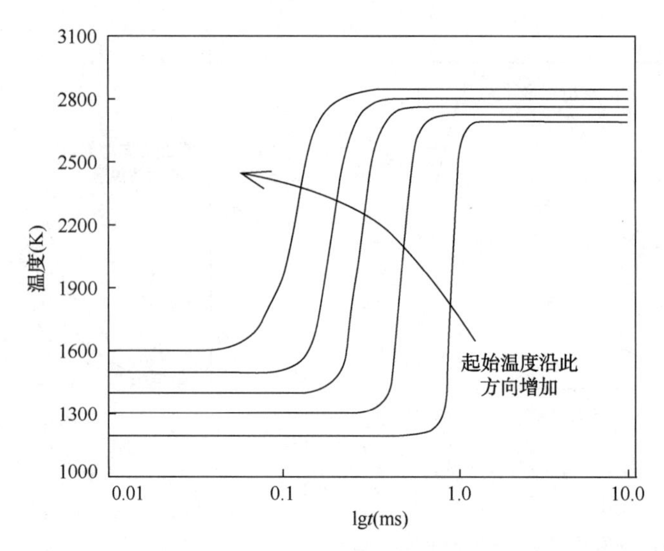

图 6.8　不同起始温度下，化学计量混合的甲烷—空气混合物体系的绝热温度随时间对数变化的变化图

简单且准确地预测燃料燃烧的化学过程，是从整体出发考察仅包含燃料和氧气的反应速率，忽略所有混合物、大量的瞬时产物和最终产物物质变化的反应活性的细节。针对表观假设的一步反应，通过实验过程观察的数据建立从燃料和氧气到产物的反应速率的拟合关系。在简化的反应方法中得到的相应的关键动力学数据，如活化能、反应级数、反应速率常数，往往通过对观测到的实验数据进行最佳拟合得到。描述甲烷燃烧过程中的总反应速率公式如下：

$$\frac{\mathrm{d}(n_{\mathrm{CH_4}})}{\mathrm{d}t}=k(n_{\mathrm{CH_4}})^{a}(n_{\mathrm{O_2}})^{b}(n_{\text{稀释组分}})^{c}\mathrm{e}^{-E/(RT)}$$

其中 n 表示为物质的量浓度，为了简化，往往错误地引用初始混合物的数值而不是瞬时值。k、a、b、c 和 E 是特定的反应常数。但是严格上来说，如此相对简单的公式无法足够可靠地表达真实的燃烧反应活性，而且这些常数随着不同的反应条件变化很大。在甲烷燃烧的体系内，常规的稀释组分包括二氧化碳，式中的指数 c 一般都小于 1。也就是说等温条件下反应速率受稀释剂组分的影响很小(图 6.9)。但是，随着时间变化而变化的能量释放和相应的温升受混合物中稀释组分的影响很大。在等压变容的环境下含有稀释组分的燃烧过程中，这些因素会导致观测到的氧化速率大幅度降低。同样，在稀薄燃料—空气混合体系中，过多的空气同样会降低反应温度和反应活性。

反应的瞬时过程和相应的动力学起火延迟时间主要取决于建立具有高度反应活性的瞬时不稳定物质的时间，这些物质主要是自由基，例如 OH、H、O 和 HO_2 物质。反应初始过程，燃料中的 C 原子首先通过大量的反应过程被氧化成 CO，直到烃类分子被大量消耗，CO 分子才与存在的氧气进行反应生成 CO_2。因此，在甲烷在空气中氧化的典型反应链中，燃料中的 C 原子按照下列顺序进行反应，经历甲醛和 CO，最终生成为 CO_2。

$$CH_4 \rightarrow CH_3 \rightarrow CH_2O \rightarrow HCO \rightarrow CO \rightarrow CO_2$$

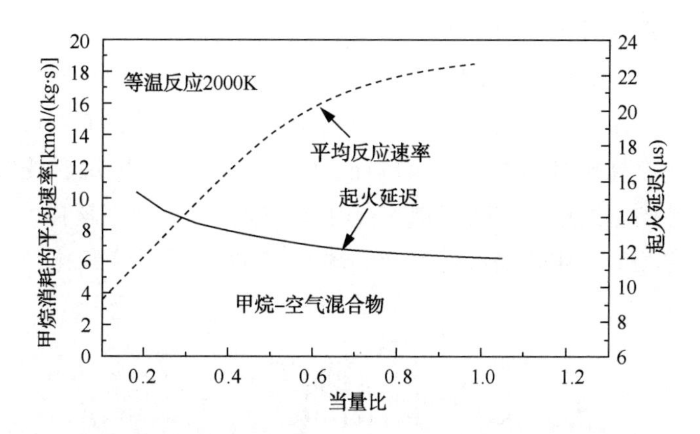

图 6.9　等温条件下甲烷—空气混合物的平均反应速率和起火延迟随当量比的变化

针对氢气氧化燃烧过程中的重要的基元反应，引入相对全面详细具有代表性的方程，氧化反应的反应历程可以按照计算进行，最终生成终端产物。这个方程和计算可以针对不同的初始物组成、温度和压力，实现从最初的反应物到产物的转化。各种步骤的反应速率常数 k 如下式所示：

$$k=AT^{B}\exp^{[-E/(RT)]}$$

其中 A、B 和 E 是常数，R 是统一的气体常数。基于反应速率和绝对温度的指数关系，可以得到温度提高时，反应速率快速增加。每个反应步骤的活化能越高，任何温度下反应速率就会越慢。

高温条件下，完成燃烧过程或者趋近平衡状态的时间会大大缩短。如果时间足够长，产物的浓度会和高温条件下最终的理想产物浓度一样。

在燃烧更加复杂的常规燃料时，如正己烷，可以得到化学过程更加详细和全面的信息。动力学模型表明，在相同操作条件下，增加稀释组分(如 CO_2)的浓度可以降低反应速率，同样会增加达到反应速率加速的时间、点火时间以及完成燃烧达到近平衡状态的时间。在达到最终的平衡状态时，反应过程中各种物质的浓度变化十分明显。与甲烷燃烧总反应速率公式建立的反应过程相比，这个公式建立的反应过程更具有代表性，根据这个公式模拟的过程更加真实。

值得注意的是，燃料氧化燃烧的初始时间占总反应时间相当大的比例，因为点火延迟时间占总反应时间的比例高，这主要与较低的点火温度和低浓度的加速反应的活性自由基密切相关。通过化学计量的空气和甲烷的绝热氧化过程可以得到，温度的作用是十分明显的。同时，通过在整个燃烧过程中对一些中间产物进行突然急冷，可以在末端观测到此产物。例如，在燃料浓度的全部范围内，在产物中可以观测到比预期值高的 CO 浓度和低的 CO_2浓度，这个现象与实际燃料系统降低尾气组分密切相关。这个明显反映出调整反应温度、时间、初始反应混合物组成的重要作用。

对于均匀的燃料—空气混合物，自燃需要的时间和温度往往是对数关系。也就是说，在燃烧池允许的停留时间内，高温可以实现点火后迅速反应和燃料完全燃烧。此外，在等温条件下达到点火的时间和贫燃混合物的当量比呈线性关系。当混合物燃料浓度更低或稀释组分浓度增加时，需要的点火时间增加。

对于甲烷/氢气的氧化反应，在比较宽范围的起始混合物温度和压力条件下，通过使用相对全面的动力学方程，可以得到完整的反应历程。图 6.10 展示了大量的主反应步骤，可以弥补氢气在空气中燃烧相对简单的反应机理。同样图 6.11 为甲烷燃烧氧化过程中所涉及的复杂反应路径示意图。大量的中间产物和自由基生成，并且被消耗掉。同时也涉及在富燃条件下，低浓度的 C_2 和 C_3 化合物可能生成。图 6.12 展示了甲烷氧化过程中所涉及的重要反应步骤。

R1.	$H + O_2 \rightleftharpoons O + OH$
R2.	$H_2 + O \rightleftharpoons OH + H$
R3.	$H_2 + OH \rightleftharpoons H_2O + H$
R4.	$H_2O + O \rightleftharpoons OH + OH$
R5.	$H + H + M \rightleftharpoons H_2 + M$
R6.	$H + OH + M \rightleftharpoons H_2O + M$
R7.	$O + O + M \rightleftharpoons O_2 + M$
R8.	$H + O_2 + M \rightleftharpoons HO_2 + M$
R9.	$HO_2 + H \rightleftharpoons OH + OH$
R10.	$HO_2 + H \rightleftharpoons H_2 + O_2$
R11.	$HO_2 + H \rightleftharpoons H_2O + O$
R12.	$HO_2 + O \rightleftharpoons OH + O_2$
R13.	$HO_2 + OH \rightleftharpoons H_2O + O_2$
R14.	$HO_2 + HO_2 \rightleftharpoons H_2O_2 + O_2$
R15.	$OH + OH + M \rightleftharpoons H_2O_2 + M$
R16.	$H_2O_2 + H \rightleftharpoons H_2 + HO_2$
R17.	$H_2O_2 + H \rightleftharpoons H_2O + OH$
R18.	$H_2O_2 + O \rightleftharpoons OH + HO_2$
R19.	$H_2O_2 + OH \rightleftharpoons H_2O + HO_2$
R20.	$H + O + M \rightleftharpoons OH + M$
R21.	$H_2 + O_2 \rightleftharpoons OH + OH$
R22.	$NO + N \rightleftharpoons O + N_2$
R23.	$N + O_2 \rightleftharpoons O + NO$
R24.	$N + OH \rightleftharpoons H + NO$
R25.	$O + N_2O \rightleftharpoons N_2 + O_2$
R26.	$N_2 + O + M \rightleftharpoons N_2O + M$
R27.	$N_2O + O \rightleftharpoons NO + NO$
R28.	$N_2O + H \rightleftharpoons N_2 + OH$
R29.	$NO + O + M \rightleftharpoons NO_2 + M$
R30.	$2NO + O_2 \rightleftharpoons NO_2 + NO_2$
R31.	$NO_2 + H \rightleftharpoons NO + OH$
R32.	$NO_2 + O \rightleftharpoons NO + O_2$

图 6.10　氢气在空气中氧化的主要反应步骤

CH_4

$\downarrow HO_2, OH, O_2, H, O, M$

CH_3

$\downarrow O, O_2, OH$

CH_2O

$\downarrow HO_2, OH, O_2, H, O, M, CH_3$

CHO

$\downarrow O, H, OH, M, O_2$

CO

$\downarrow OH, HO_2, O_2, O$

CO_2

图 6.11　甲烷燃烧过程中通过自由基路径生成 CO_2 的反应路径示意图

$$
\begin{array}{lcl}
CH_4 + OH & \rightleftharpoons & CH_3 + H_2O \\
CH_4 + H & \rightleftharpoons & CH_3 + H_2 \\
CH_4 + O & \rightleftharpoons & CH_3 + OH \\
CH_4 + HO_2 & \rightleftharpoons & CH_3 + H_2O_2 \\
CH_4 + O_2 & \rightleftharpoons & CH_3 + HO_2 \\
CH_4 & \rightleftharpoons & CH_3 + H \\
CH_3 + O & \rightleftharpoons & CH_2O + H \\
CH_3 + O & \rightleftharpoons & CHO + H_2 \\
CH_3 + O_2 & \rightleftharpoons & CH_2O + OH \\
CH_2O + OH & \rightleftharpoons & CHO + H_2O \\
CH_2O + H & \rightleftharpoons & CHO + H_2 \\
CH_2O + O & \rightleftharpoons & CHO + OH \\
CH_2O + O_2 & \rightleftharpoons & CHO + HO_2 \\
CHO + OH & \rightleftharpoons & CO + H_2O \\
CHO + O_2 & \rightleftharpoons & CO + HO_2 \\
CO + OH & \rightleftharpoons & CO_2 + H \\
CO + O_2 & \rightleftharpoons & CO_2 + O \\
H_2 + OH & \rightleftharpoons & H_2O + H \\
H + O_2 & \rightleftharpoons & O + OH \\
H_2 + O & \rightleftharpoons & H + OH \\
H_2O + O & \rightleftharpoons & OH + OH \\
H_2O_2 + O_2 & \rightleftharpoons & HO_2 + HO_2 \\
H_2O_2 + H & \rightleftharpoons & H_2O + OH \\
H_2 + O_2 & \rightleftharpoons & OH + OH \\
H_2 + HO_2 & \rightleftharpoons & H_2O_2 + H \\
HO_2 + H & \rightleftharpoons & OH + OH \\
H + H + M & \rightleftharpoons & H_2 + M \\
O + O + M & \rightleftharpoons & O_2 + M \\
H + OH + M & \rightleftharpoons & H_2O + M \\
OH + OH + M & \rightleftharpoons & H_2O_2 + M \\
H + O_2 + M & \rightleftharpoons & HO_2 + M \\
HO_2 + OH & \rightleftharpoons & H_2O + O_2
\end{array}
$$

图 6.12　甲烷氧化过程中部分反应

6.3　实　　例

（1）实验过程中，反应温度从 800K 提高到 850K，总反应速率是原来的 2 倍，计算总反应速率对应的有效活化能。

答：总反应速率（RR）和反应温度的关系式如下：

$$RR \sim T^{0.5} e^{-E/(RT)}$$

其中 E 是有效活化能。

根据反应温度从 800K 提高至 850K，反应速率是原来的 2 倍，可得：

$$2RR_{800} = RR_{850}$$

$$\ln(RR_{850}/RR_{800}) = \ln 2 = 0.5\ln(850/800) - E/[R(1/850 - 1/800)]$$

$$\ln 2 = 0.03031 + E/(13600R)$$

$$E/R = 9015\text{K}$$

（2）一定化学计量的混合物含有理论的氧气量，可以导致燃料燃烧。实际上，仅仅满足合适的燃料空气比并不能够保证激发燃烧或者完全燃烧。请解释这种现象，同时提供措施保证完全燃烧。

答：这里可能有很多因素，如太低的反应温度和压力、过多的热损失、不充足的反应时间、不充足的点火能量、太多的稀释组分、过多的干扰、燃料和空气混合不充分等。可以对以上因素进行检查并且修正，可以促进燃烧。

图 6.13 展示了不同的当量比条件下，甲烷—空气混合物燃烧过程中最大的温度和自由基及其他物质的最高浓度变化。

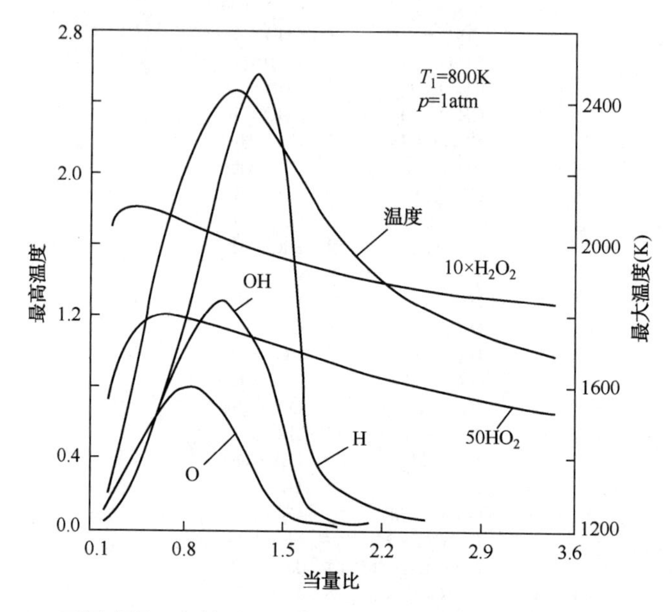

图 6.13　不同当量比条件下，甲烷—空气混合物燃烧过程中最大的温度和自由基及其他物质的最高浓度变化

6.4　燃料燃烧反应建模

为了实现高效控制和优化影响燃烧的过程，提高燃烧效率和能量释放利用效率，在建立可靠的燃料燃烧系统模型方面，付出了大量的努力和工作。

对于具有重要经济意义的燃烧装置，如加热炉、发动机和反应器，在建模的时候，需要考虑以下几个方面。

假设 1：热力学平衡条件在整个过程中都适用，产物生成速率和能量释放速率等相关性质是主要条件的函数，与时间无关。前面章节也表明，这是理想的状态，在大多实际的工艺过程中不一定能达到理想状态。

假设 2：燃料—空气混合物至产物（CO_2、H_2O）的转化假设是完全且不变的，同时释放燃料对应的热值与操作条件无关。例如：

$$\mathrm{d}Q/\mathrm{d}t = HV \times \mathrm{d}M_{燃料}/\mathrm{d}t$$

其中 HV 是燃料的热值，$\mathrm{d}M_{燃料}/\mathrm{d}t$ 是随着时间变化燃料质量的变化速率，代表整体的反应速率。这个公式是近似的，在应用方面受限。同时该公式无法提供燃料过程中关键性质的重要信息，如瞬时组成和最终产物。

假设 3：随着时间的变化，燃料—空气混合物的反应速率是发生变化的，导致在组成上和能量释放速率方面随时发生变化。这代表燃烧过程多个反应链的真实状态。

针对反应系统，建立反应速率、相关时间变化性质、能量释放速率的模型，仅仅通过一步反应或几步反应来描述燃烧系统的详细变化是不充足的。正如图 6.9 所示，需要建立全面的化学动力学方程。这些方程需要考虑大量的反应步骤以及相关的动力学数据。在研究动力学方程时，减少反应步骤和反应细节需要谨慎考虑，尤其是在操作条件变化范围比较窄的工况以及不需要高精确度及大量细节信息的条件下。近些年，一些特有的依赖反应温度、压力、当量比和稀释组成的方程逐渐增加。当然，通过实验对预测结果进行验证同样是必要的。

反应过程中的第 j 步反应表达如下：

$$aA+bB \rightleftharpoons cC+dD$$

净反应速率（RR_j）是正反应速率（RR_{jf}）和逆反应速率（RR_{jb}）的和：

$$RR_j = RR_{jf} - RR_{jb}$$

$$RR_{jf} = K_{jf}(C_A)^a(C_B)^b T_{d_{jf}} e^{-E_{jf}/(RT)}$$

$$RR_{jb} = K_{jb}(C_C)^c(C_D)^d T_{d_{jb}} e^{-E_{jb}/(RT)}$$

其中 K、C、d、dj、E 是每步反应的常数。

需要注意的是，在平衡状态下，对于任何反应 j，正反应速率等于逆反应速率。

$$K_{jf}(C_A)^a(C_B)^b T_{d_{jf}} e^{-E_{jf}/(RT)} = K_{jb}(C_C)^c(C_D)^d T_{d_{jb}} e^{-E_{jb}/(RT)}$$

得到的平衡常数（Kc_{eq}）如下：

$$KC_{eq} = [(C_C)^c \cdot (C_D)^d]/[(C_A)^a \cdot (C_B)^b]$$

$$= (K_{jf} \cdot T_{d_{jf}} \cdot e^{-E_{jf}/(RT)})/(K_{jb} \cdot T_{d_{jb}} \cdot e^{-E_{jb}/(RT)})$$

$$E_b - E_f = \Delta H$$

其中 ΔH 是反应的焓变。

例如，NO 的生成是两个同时反应的总和：

$$N_2 + O \rightleftharpoons NO + N$$

$$O_2 + N \rightleftharpoons NO + O$$

NO 的反应速率如下：

$$\frac{dC_{NO}}{dt} = R_{f1} - R_{b1} + R_{f2} - R_{b2}$$

以此为基础，反应过程中任何参与反应的物质浓度的变化是相对复杂的，而且依赖于燃烧过程中所有的反应步骤及反应过程中的主要浓度。

6.5　与燃料和能源有关的化学反应类型

燃料加工利用所涉及的化学反应过程如下：

（1）氧化反应：燃料分子的失电子反应。

（2）还原过程：燃料分子的得电子反应。

（3）加氢反应：提高燃料分子的 H 含量，往往通过催化剂得到目标产物。

（4）脱氢反应：移除燃料分子的氢原子，通过催化剂作用可以得到不饱和化合物。

（5）裂化反应：大分子断链形成小分子，往往在高温空气条件下发生，其中催化裂化可以在催化剂存在的低温条件下发生。

（6）裂解：在空气条件下燃料分子的热裂化。

（7）异构化：生成具有同样质量和元素，但是原子排布不同的异构体。

（8）环化：通过其他烃类化合物生成环状化合物的过程。

（9）烷基化：生产烷基的过程。

（10）聚合：两个或两个以上的分子形成大分子的过程。

（11）氯化：燃料分子引入氯原子的过程。

通过控制变量参数，可以实现化学变化，主要的关键参数包括反应物类型和组成、反应混合物浓度、温度、停留时间、压力、热量、催化剂。

6.6 问　　题

（1）实际上，在消耗燃料装置的燃烧空间测试得到的温度峰值，往往低于假设的均相绝热动力学平衡燃烧状态下的预测值。列出 5 个可能导致温度差异的主要因素。

（2）对于一个放热的 1 步反应，正反应的活化能是大于、小于还是等于逆反应的活化能？

（3）对于均相燃料—氧气混合物，在可得到的最高反应温度时，无法达到最大的燃料速率，请解释原因。

（4）贫燃的均相燃料—空气混合物的能量释放速率低于具有化学计量比的燃料—空气混合物体系，请简要解释。

（5）解释什么是点火延迟？为什么会发生？对于可燃烧的燃料—空气混合物，如何进行测量？

（6）在氧气过量存在的条件下，为什么烃类燃料燃烧过程中仍会产生 CO，请解释此现象。

6.7 小　　结

燃料燃烧到最终形成产物的过程所伴随的能量释放及燃烧系统性质的相应变化，是复杂的同步化学反应的结果，这些化学反应都是与时间关联的，同时还有大量中间物质参与。整体的效果往往以关键变量的变化速率进行表达，如反应温度、能量释放速率。这些变量和反应温度是指数关系，且这些关系和实验观测的行为一致。另外一个更合适的可替代的方式是对基元反应建立模型。这些基元反应同时发生，涉及最初的反应物以及大量的瞬时中间物和最终产物。原则上，如此复杂的方法可能解释所有的时间维度上的变化，如组成、能量释放速率和性质。

参 考 文 献

Atkins, P. W. , Physical Chemistry, 1978, W. H. Freeman and Co. , Trenton, NJ.

Barnard, J. A. and Bradley, J. N. , Flame and Combustion, 1985, Chapman and Hall, London, UK.

Barnet, H. C. and Hibbard, R. H. , Editors, Basic Considerations in the Combustion of Hydrocarbon Fuels With Air, Report 1300, National Advisory Committee for Aeronautics, Lewis Flight Propulsion Laboratory, Cleveland, OH.

Bartok, W. and Sarofim, A. F. , Editors, Fossil Fuel Combustion, 1991, John Wiley and Sons Inc. , New York, NY.

Borghi, R. and Destriau, M. , Combustion and Flames (Translated from French), 1998, Editions Technip, Paris, France.

Borman, G. L. and Ragland, K. , Combustion Engineering, 1998, Int. Edition, McGraw Hill Inc. , New York, NY.

Chigier, N. , Energy, Combustion and Environment, 1981, McGraw Hill Co. , New York, NY.

Edgerton, A. , Saunders, O. and Spalding, D. B. , The Chemistry and Physics of Combustion, Proceedings of Joint Conference on Combustion, Institution of Mechanical Engineers & ASME, pp. 1-22, 1955, London, UK.

Edwards, J. B. , Combustion, the Formation and Emissions of Trace Species, 1979, Ann Arbor Science Publishers, Ann Arbor, MI.

Glassman, I. , Combustion, 1977, Academic Press, New York, NY.

Griffiths, J. F. and Barnard, J. A. , Flames and Combustion, 1995, Blakie Academic and Professional, Glasgow, UK.

Hanna, M. A. , The Combustion of Diffusion Jet Flames Involving Gaseous Fuels in Atmospheres Containing Some Auxiliary Gaseous Fuels, Ph. D. Thesis, 1983, University of Calgary, Canada.

Harris, R. J. , Gas Explosions in Buildings and Heating Plant, 1983, E. & F. N. Spon Ltd. , New York, NY.

Jessen, P. F. and Melvin, A. , Combustion Fundamentals Relevant to the Burning of Natural Gas, In Progress in Energy and Combustion Science, Chigier, N. , Editor, 1979, Pergamon Press Ltd. , Oxford, UK, pp. 91-108.

Kanury, A. M. , Introduction to Combustion Phenomena, 1982, Gordon and Breach Science Publishers, New York, NY.

Karim, G. A. and Metwalli, M. M. , Kinetic Investigation of the Reforming of Natural Gas for Hydrogen Production, International Journal of Hydrogen Energy, 1979, Vol. 5, pp. 293-304.

Karim, G. A. and Wierzba, I. , Methane-Carbon Dioxide Mixtures as a Fuel, SAE paper No. 921557, in Natural Gas: Fuels and Fueling, SAE SP-927, 1992, pp 81-91.

Kuo, K. K. , Principles of Combustion, 1986, John Wiley & Sons, New York, NY.

Lewis, B. and von Elbe, G. , Combustion, Flames and Explosions of Gases, 3rd Edition, 1987, Academic Press, New York, NY.

Obert, E. F. , Internal Combustion Engines and Air Pollution, 1973, Intext Educational Publishers, New York, NY.

Rogers, G. and Mayhew, Y. , Engineering Thermodynamics-Work and Heat Transfer, 3rd Edition, 1989, Longman Scientific & Technical, Harlow, Essex, UK.

Strehlow, R. A. , Combustion Fundamentals, 1984, McGraw Hill Book Co. , New York, NY.

Taylor, C. F. , The Internal Combustion Engine in Theory and Practice, Vol. 1&2, 1985, MIT Press, Cambridge, MA.

Turns, S. R. , An Introduction to Combustion, 1996, McGraw Hill Book Co. , New York, NY.

第 7 章　燃料燃烧的废气排放

7.1　燃料燃烧的产物

在过去的几十亿年中，我们所居住的星球已经通过准平衡态得到发展，这些准平衡态经历了很长的时间，同时产生大量的变化。但是，在通过开发和利用自然资源使我们生活的各个方面都异常地快速增长和发展的同时，也导致我们无法维持我们赖以生存和享受的生态平衡。这是个严重的问题，而且到目前为止还没有找到合适有效的补救方案。燃料和其他资源的快速消耗，我们对更加舒服的生活、更高的生活标准的日益增长的期望，以及世界人口从未有过的快速增加，正是我们目前所关心的主要问题。这些问题伴随的如全球变暖、温室气体的不断增加、酸雨的产生、臭氧层的破坏等问题也日益严重。毫无疑问的是，当考虑到未来水和食物是否充足时，人类平均寿命的增加也是另外一个担忧。

理想情况下，当过量空气和燃料混合燃烧后，所有的碳都会生成 CO_2，所有的氢都生成水，同时还伴随着未利用的氧气和没发生变化的氮气。在空气过量的条件下，燃烧会产生低温，同时可能导致不完全燃烧，甚至会点火失败。过量的燃料会产生不完全燃烧产物，且部分燃料也未转化；大部分氢会被氧化生成水，部分形成氢气；由于氧气不足，参与反应的燃料中的碳会生成 CO 和 CO_2，伴随大量未利用的氧气。

理论上，对于具有化学计量比的空气—燃料混合物，可以实现将氢转化为水，碳转化成 CO_2，不存在未被消耗的氧气或者未转化的燃料。但实际上，由于操作条件和所用燃料的限制，理想的产物组成往往无法达到，从而产生低浓度的其他化合物；其中某些物质会以产物形式存在，其他是瞬时不稳定的，无法到达尾气排放阶段，但是实际上，这些物质在燃烧过程中有重要的作用。产生这些现象的主要原因有：(1) 燃料和空气混合不均匀；(2) 时间不充足；(3) 过多的热量损失会冷却火焰、反应，如与冷的表面接触或者与更冷的空气混合；(4) 高温下的分解的影响；(5) 氮气和其他元素在高温条件下具有活性；(6) 火焰不会在混合物中蔓延，因为时间不充足，随后温度快速下降。

相应地，燃烧过程中的产物不仅包含 CO_2、H_2O、O_2 和 N_2，还包含 CO 和 H_2、未燃烧的燃料、NO_x、SO_x 及其他部分氧化的产物(图 7.1)。控制燃烧产物的组成以及物质是具有挑战的。但是，保证优化的效率和降低燃烧过程中污染物的排放量是十分有必要的。

由于对温室气体(CO_2)减排的重视以及完全燃烧会产生可能对环境有害的产物，因此这类排放要削减。

这显然不容易。目前大量的研究、资源、独创性以及未来的几代人都需要在创造可再生能源上下工夫，以替代我们目前消耗的含碳类燃料。

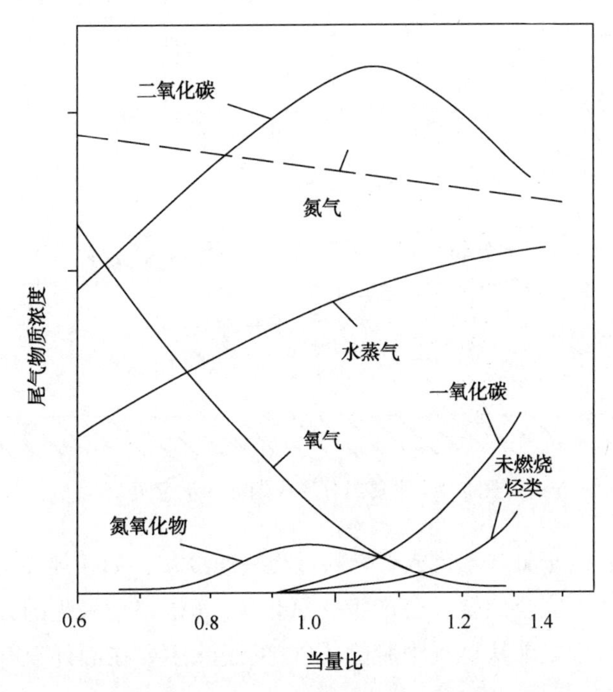

图 7.1　不同当量比条件下尾气组成变化的示意图(不按照比例)

7.2　空气污染控制

截止到 20 世纪上半叶，开采自然资源所带来的环境问题并没有引起重视。最初控制的着眼点仅仅是减少有毒物质和烟气的排放。随后在政府法规政策的驱动下，开始着手控制并且降低未燃烧烃类、一氧化碳、氮氧化合物、硫氧化合物等形成烟雾、酸雨和破坏臭氧层的主要组分。最近，温室气体(如 CO_2)的排放被认为具有潜在的严重的问题，需要加强管控和降低排放。同时也形成共识，即排放是个长期存在的问题，需要严格的控制，且控制不仅是局部的，更是全球化的。

任何能够影响正常大气组成和浓度的物质都被认为是污染物，这些物质的排放需要被控制。燃料燃烧是空气污染的主要污染来源。燃料燃烧所排放的尾气组成和浓度变化范围较大，主要取决于所使用的燃料和机器运行模式。主要污染物有未燃烧烃类、一氧化碳、氮氧化合物、硫氧化物、颗粒/烟、二氧化碳和其他温室气体，以及其他醛类、毒素、破坏臭氧的物质。

在太阳光的照射下，未燃烧的烃类和氮氧化物会形成光化学烟雾，光化学烟雾会对健康和材料形成负面效应(图 7.2)。通过科学和技术方面的进步，以及全球范围内法规等措施的不断加强，烃类化合物和氮氧化合物得到了极大的控制，进而降低光化学烟雾的形成。

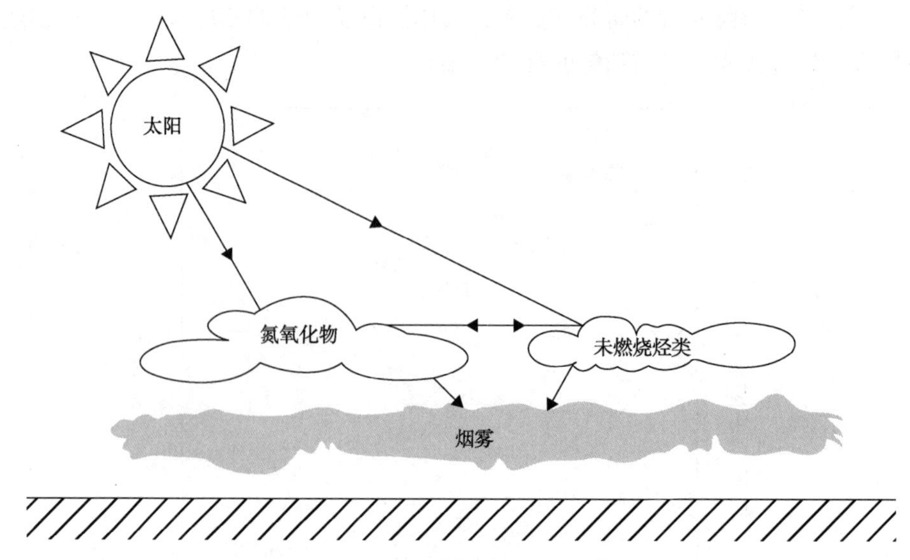

图 7.2　主要组分形成烟雾的示意图

燃料燃烧过程中，由于氧气不足或者燃料过程快速冷却，如接触冷界面、快速膨胀、或者大量氧气供给导致的不完全燃烧，会产生一氧化碳。CO 完全氧化的方法目前已经十分完善，可以在释放到大气中之前从尾气中脱除。CO 的脱除主要在额外氧气存在的条件下借助催化剂实现。

燃料燃烧过程会生成氮氧化物(NO_x)，NO_x 的形成主要来自空气中氮气和氧气的反应，高温条件下可能产生 NO_x。尽管 NO_x 的浓度较小，但是 NO_x 不仅能够形成光化学烟雾，还能够形成酸雨、温室气体及破坏臭氧层的物质。除此之外，NO_x 还是有毒的。NO_x 的形成随温度呈对数增长。贫燃氧气稍微过量的混合物及较长的反应时间有助于 NO_x 反应的发生，形成 NO_x。因此，治理这些氮氧化物的排放主要集中在降低燃烧过程的温度峰值。

硫氧化物同样对健康和物体有负面的影响。硫氧化物主要来自硫的燃烧。硫氧化物是酸雨的主要成因，同时会影响健康。硫氧化物会削弱处理汽车尾气的催化转化器的作用。最近，已经在不断努力对硫氧化物的负面效应进行控制，严格的法规已经实施，先进的和复杂的精制方法可以降低汽油、柴油等液体燃料硫含量至超低浓度。

在非均相的预混扩散类型的燃烧过程中，可能产生燃料富集的混合物区域和不完全燃烧，这样的条件下可能形成浓度大的颗粒和烟雾。燃料中的金属和固体杂质会形成颗粒。对于某些燃料并且主要由于淬火效果，会产生浓度低的醛类化合物或其他不需要的化合物。

对一系列真实的操作工况进行分类，进而验证是否符合尾气排放标准。交通部门提出了不同的行驶工况，并且不断修订。在指定的驾驶模式下，综合地收集具有代表性的尾气，作为车辆真实的平均状态。为了收集用于评估的具有代表性的尾气样品，图 7.3 描述了车辆速度随驾驶时间的变化。

对于交通发动机应用，尾气排放的程度主要取决于以下因素：所用的燃料、发动机应用、发动机设计及相关的车辆、运行工况、尾气处理(如采用催化剂、特定过滤器、尾气循环)。

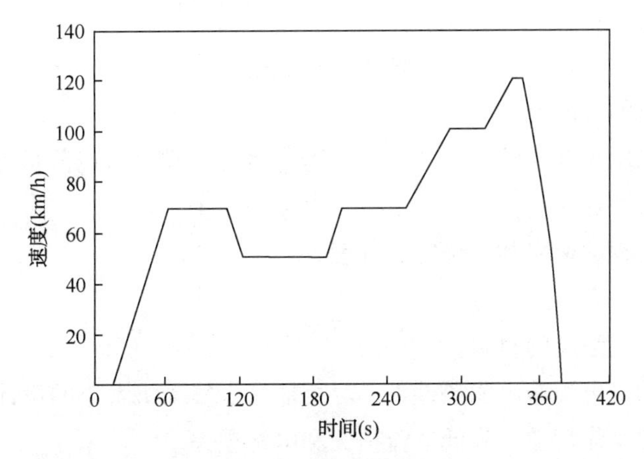

图 7.3　收集的代表平均综合排放尾气样品的行驶工况

控制总排放量的其他因素有车辆的平均数量及大小、车辆分布、一定区域内的车辆使用模式、行驶距离、交通车流、路况、载物量、乘客。

用于控制和降低尾气排放的措施包含燃料的选择和加工方式、适宜的尾气处理、工况优化、燃烧过程控制和优化、适当的尾气循环。

对气体组成进行分析和评估，需要对所引用的浓度的基准进行确认，包括体积或质量、干或湿、稳态或瞬时工况、以产生的电能或供给的能量为基准、画图是以燃料/空气或空气/燃料的质量比还是体积比为参考。同时注意图形关系基于线性标尺还是对数标尺，这是非常重要的。

为了改进发动机性能和降低排放，最近开发的措施有：

(1) 尽可能在贫燃混合物条件下运行。

(2) 尽量更好地控制燃料进入和发动机/装置燃料的分布，与汽化模式相比，采用燃料直接注射方式。

(3) 采用优化的尾气循环模式，降低温度峰值可控制 NO_x 排放，不会严重削弱装置性能。

(4) 采用进一步开发和改进的均质充量压缩点火运行模式，可能实现更好的贫燃混合物运行。

(5) 采用混合物分层燃烧，富燃混合物靠近点火源，剩余的混合物是贫燃装填，整体混合物是贫燃状态。这种方式可以避免化学计量区的高温。

(6) 采用优化的可变气门正时技术，实现尾气有效循环。

(7) 采用替代能源，如压缩天然气和氢气。

(8) 采用优化的尾气涡轮增压技术，如在选定的条件下采用可变形状或尾气旁路通过。

(9) 采用准绝热发动机，降低热量损失，提高整体燃料转化。

(10) 采用高压缩比发动机提高效率，避免不需要的爆震始点。

(11) 采用高质量清洁燃料。

(12) 提高发动机控制，尤其在启动、负荷改变、加速等瞬时状态。

(13) 采用混合操作与混合分级源进行电力生产和存储。

减少尾气排放和温室气体的影响与降低燃烧装置的燃料燃烧密切相关。提高燃烧发动机燃烧效率的主要措施有：

（1）采用适合此发动机的具有合适性质和特点的燃料。

（2）提高发动机的压缩比和膨胀比。

（3）在能够提供所需电能的条件下，最低速率运行发动机可以降低摩擦损失，因此摩擦损失随速率提高显著增加。

（4）提高燃烧过程的速率和燃烧完成程度。

（5）避免爆震。

（6）采用轻质且高强度的材料。

（7）在满足发动机电源输出的条件下，尽可能减少发动机大小的设计。

（8）结合设计和操作特性，降低节流损失和电机损失。

（9）降低发动机摩擦、寄生损耗和辅助的电源需求和使用(空调)。

（10）减少热量向外界释放的损失。

（11）开发有用的尾气能源，如废气余热发电和涡轮增压。

如前所述，氮氧化物是污染物，是酸雨的制造者，还是很强的温室气体，因此 NO_x 的排放应该严格限制。通常认为以下操作因素的变化是减少燃料燃烧过程中 NO_x 排放的手段：

（1）降低燃料温度峰值。

（2）降低或者脱除燃料中的氮，因为燃料中的氮会以 NO_x 形式释放，并非以 N_2 分子释放。

（3）降低过量氧气燃烧。

（4）降低反应的时间。

（5）提高尾气和惰性气体的循环。

（6）在释放到大气中之前，采用催化或者化学的方式处理尾气。

（7）稀释剂的存在或者水的注入可以降低 NO_x 释放，尽管对发动机性能不利。

（8）还原剂(氨气或尿素)的引入可以降低 NO_x 排放，实现 NO_x 向 N_2 和 O_2 的转化。但是氨气具有毒性、腐蚀性，而且价格相对昂贵。

图 7.4 显示了随着柴油机燃料消耗的变化，尾气中污染物浓度的变化情况。

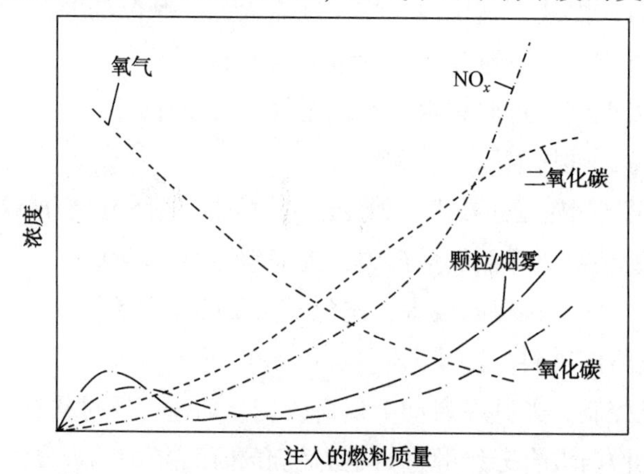

图 7.4　柴油机尾气的典型组成示意图

7.3　催化转化器

一般而言，当对燃烧装置的燃烧参数进行调整时，主要的污染减排措施就可以实施了。这些措施包含尾气循环或者水注入。但是，这种措施减少污染物排放的幅度有限，同时也可能削弱能量或者电能输出，增加油耗率或产生其他负面效应。而且当排放限制十分严峻或严格时，需要采取二次处理方法。这些会增加控制的复杂性，增加操作、投资和维护费用。二次处理方法依赖于尾气处理策略，如在装置之后和排放尾气到大气之前，尾气的催化处理。这种方式仅仅增加装置复杂性，装置性能不会受到影响。

目前主要有两种类型的催化转化器可以用来加工发动机尾气，降低其有害的影响。分别是两效氧化还原类型和三效氧化还原类型。两效催化转化器主要氧化一氧化碳和未转化的烃类。必要情况下，NO_x 通过分离和其他措施脱除。三效催化转化器(三元催化转化器)同时转化一氧化碳、未转化烃类和氮氧化物(图 7.5)。在目前的汽车上，三效转化器是普遍的(图 7.6)。但是这类转化器需要专门的发动机控制系统实现化学计量比的混合，同时也需要采用传感器监测尾气中氧气的浓度。这些转化器的主体框架由氧化铝组成，同时含有铂和铑涂层。金属铂主要协助一氧化碳和未转化烃类的氧化，铑主要用来实现 NO_x 的还原。为了实现有效工作，这类装置需要在化学计量比的混合物工况下运行发动机，但是这种工况会导致发动机运行不灵活，使这类装置无法在不同当量比工况下工作。

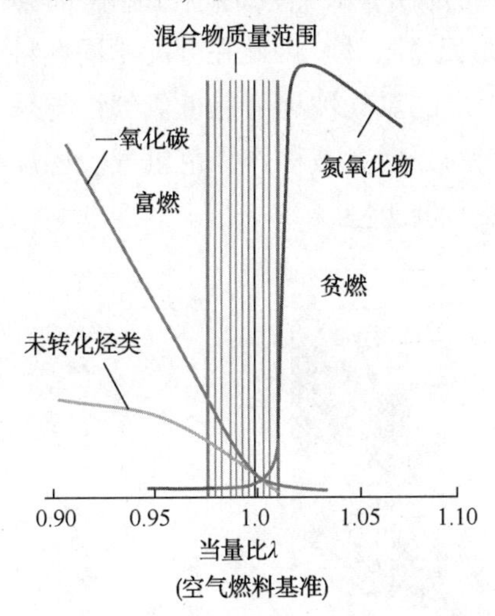

图 7.5　三元转化器工作的混合物范围

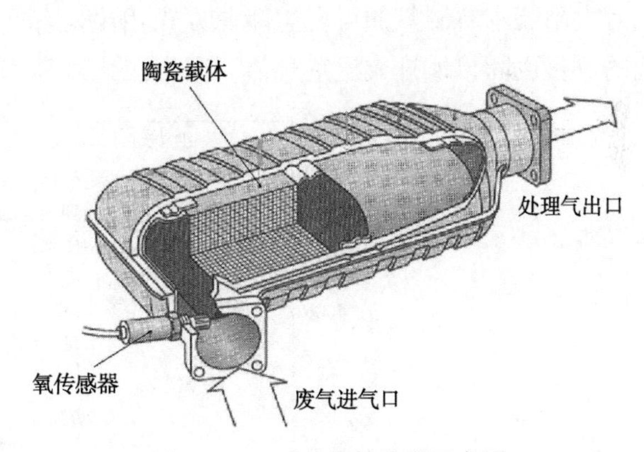

图 7.6　三元催化转化器示意图

7.4　温室气体效应

地球空气状态的变化不是最近的事情，在过去的百万年中，大量不同强度的变化都在发生。但是，越来越多的人认识到大气中温室气体浓度变化的事实，同时这些气体的改变所带来的变暖效应也需要急迫的关注和控制。温室气体主要来自含碳燃料燃烧释放的 CO_2，以及易挥发温室气体的释放，例如故意释放或不经意释放的甲烷气体。这些气体具有温室效应，进入大气的这些气体已经导致我们生存的地球逐年变暖。结果表明，在过去的数百万年中，CO_2 以各种各样物理和化学的方式从大气中脱除，例如以化石燃料储存在地下。但是最近，CO_2 的释放速率远远大于其脱除速率，造成了大气层中 CO_2 浓度的快速积累。

温室气体对一定波长的太阳辐射能(如 CO_2、CH_4 和 NO)是不吸收的。因此，热辐射会穿过地球大气层。这类温室气体还能够有效组织热辐射逃逸，捕捉大气层的部分热量(图 7.7)。随着时间推移，全球平均温度会逐渐增加，导致全球变暖。因此经常讨论的温室效应可以理解为由于太阳光、大气层气体和微粒的复杂综合作用导致的大气层和地表的变暖。

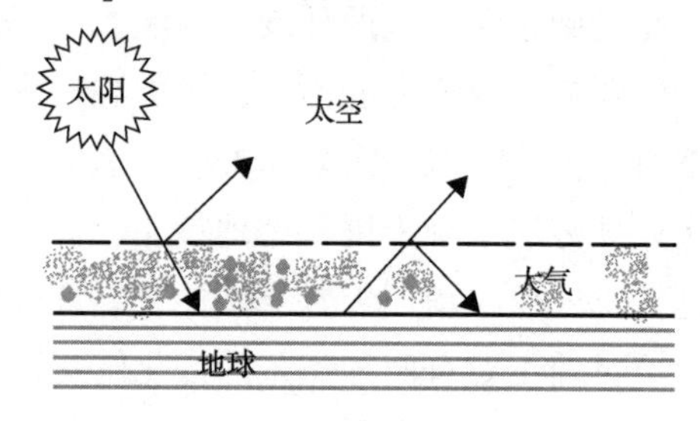

图 7.7　温室效应示意图

最近几十年，常规的人类活动、燃料的燃烧和释放被认为是全球变暖的主要潜在原因(图 7.8 和图 7.9)。开发有效措施控制 CO_2 排放以及降低全球变暖的潜在影响是十分迫切的。其中全球持续变暖已经为相关长期的后果敲响警钟。从图 7.8 中可以看出，20 世纪全球不同地理区域二氧化碳浓度在快速增加，其中北美的国家是 CO_2 释放的最大贡献者。除此之外，每个单元能量释放的 CO_2 的程度与所采用的燃料和加工方式相关(表 7.1)。例如，在氢气的燃烧过程中并没有明显地产生 CO_2，但是在煤的气化或者天然气的重整过程都会产生 CO_2。虽然如此，这个 H_2 燃烧过程还是间接地释放大量温室气体。因此在分配不同燃料释放的温室气体程度时需要注意。基于此，采用此种工艺生产的氢气被称为黑色氢气，与采用风能或者太阳能水解制氢的可再生能源方式相比是有区别的，后者被称作绿色氢气。燃烧液体氢气的过程也间接地排放温室气体，因为液化过程需要大量能量。

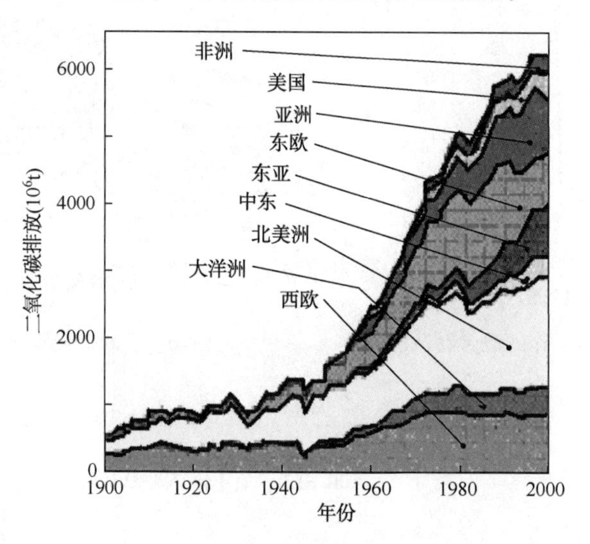

图 7.8　大气中 CO_2 浓度变化以及不同地区的贡献

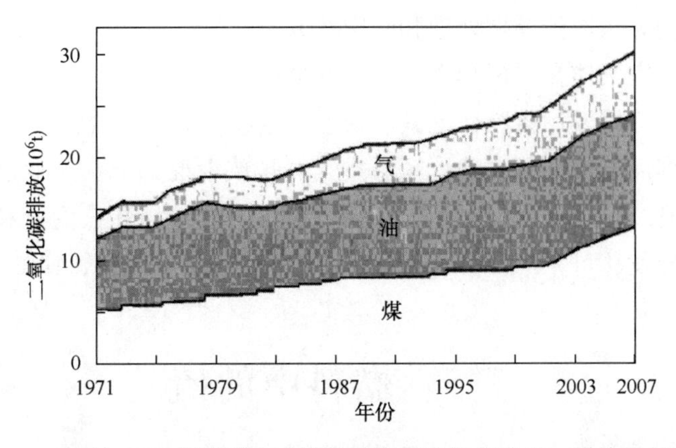

图7.9　1971—2007年全球由于燃料燃烧带来的全球 CO_2 排放量(10^3t)

表7.1　燃料燃烧过程中温室气体 CO_2 的估计值

燃烧过程	CO_2 排放(g/kJ)
汽油燃烧	68
天然气燃烧	54
烧煤	125
氢气燃烧(天然气重整氢气)	72
氢气燃烧(煤气化)	207
液态氢燃烧(天然气得到的氢气)	117
液态氢燃烧(来自煤)	316

大量的各种资源都与观测到的大气中 CO_2 的增加相关。但是，增加的人类活动，主要是增加的含碳材料的燃烧氧化过程和甲烷温室气体的释放，都是很明显的原因。如果实现消耗燃料的总量下降，则会导致总的 CO_2 排放量降低。根据1997年达成的《东京协议》，工业化国家应该承诺在2008—2012年期间实现温室气体排放量降低约5%，低于1990年水平，这仅仅是第一步。但是更急需推出高强度的措施和法规，同时进行全面实施。

CO_2 的排放量当然与所消耗的含碳类燃料相关。例如，每产生1kJ能量，天然气会产生煤燃烧所产生的 CO_2 的一半。但是，与 CO_2 相比，甲烷是更强的温室气体。甲烷的释放有各种途径，如油气工业设施、家畜的释放、有机废物的分解、煤开采、天然气燃烧、天然气泄漏以及植被和天然气的不完全燃烧。

与其他气体相比，绿色气体可以更有效地捕捉太阳能辐射。全球变暖潜值(GWP)是用来估测给定质量的温室气体对全球变暖的贡献程度的方法。GWP是相对量纲，相同质量的 CO_2 的GWP值是1。在100年时间内，甲烷的GWP是 CO_2 的23倍。

用来降低温室气体排放的措施如下：

(1) 提高燃烧过程管控，降低单位能量燃油消耗；

(2) 提高能量利用率，促进燃料经济化利用；

(3) 采用低C/H比的替代能源；

（4）开发有效的方法以长周期处理和利用 CO_2；

（5）降低甲烷温室气体在泄漏和燃烧过程的释放；

（6）降低或者消除尾气污染物，尤其是强温室效应的氮氧化合物。

国际能源署按部门分类估测北美地区温室气体排放情况如下：工业加工，17%；电能发电站，22%；水处理，3%；土地使用和生物质燃烧，10%；居住、商业和其他，10%；化石燃料回收、加工和分发，11%；农业副产品，13%；交通运输燃料，14%。

7.5 燃料中的硫

由于大部分生物含有硫类化合物，因此化石燃料中也含有有机硫化合物。如果不被脱除，硫可能会存在于天然气、煤、汽油和柴油的产品中。硫是空气污染的主要污染物，同时还会与汽车催化转化器的催化剂进行反应，降低转化器的使用效率。

工业、电厂和发动机带来的煤及石油产品的燃烧会释放大量的 SO_2，SO_2 会与空气中的水分和氧气生成硫酸，形成酸雨。硫酸盐的气溶胶颗粒会使人类的身体和环境产生各种负面效应。SO_x 和 NO_x 是酸雨的两个主要成因，会使人产生严重的呼吸问题，尤其是小孩和老人。为了降低温室气体排放，降低对植被的破坏，SO_x 的排放应该被消除。大气中 SO_x 浓度的增加会加速金属的腐蚀，可能破坏石头、砖石建筑、壁画、纤维、皮革和电气元件。

从燃料中脱除硫是具有技术难度的，且费用昂贵。同时，高含硫原油和煤越来越多，低含硫原油越来越少，成本更加昂贵。

最近几年，在很多国家的汽油和柴油中，硫含量得到降低，已经发展到很低的浓度水平。汽油中硫含量已经降低至30mg/L，柴油中硫含量已经降至15mg/L。降低至更低浓度会增加石油炼制复杂性，同样增加投资成本。重质和裂化原料含有高浓度的硫，将硫含量降低至很低浓度是比较困难的。

7.6 燃料带来的金属腐蚀

对于燃料与能源工业，腐蚀可带来巨大的经济损失，是一个持续的挑战。腐蚀不仅仅与所用金属或者钢铁的类型有关，还与所用的燃料的质量相关。除此之外，水分的存在会加速腐蚀，会形成点蚀、开裂和侵蚀等。由燃料带来的腐蚀的主要原因是燃料中的硫和其他元素，如金属钒。通过加工、精炼和添加剂改善燃料质量可以降低腐蚀的发生几率、强度和腐蚀速率，这些处理是十分重要的。涂层、抗腐蚀剂、电化学方法在工业界广泛应用于抑制腐蚀。

氢气会以不同的反应强度与各种工业材料进行作用。这种作用不仅仅形成氧化物或者硫化物，同时也与氢气形成的微小气泡进行反应。这样会产生小的局部断裂，改变表面质地，形成气泡，降低延展性，导致材质变脆。

7.7 实　　例

请参考燃烧方式解释：与汽车的火花点火发动机相比，在加工相同燃料时，燃气涡轮尾气为什么含有较高浓度的 NO_x，较低浓度的 CO？

（1）燃气涡轮一般都是平稳的、部分混合扩散的燃烧，其中主体燃烧都集中在化学计量比附近，且会产生高温。

（2）总体而言，燃气涡轮经常用过量的空气，产生过量的氧气，有助于 NO_x 的生成。

（3）火花点火发动机在均匀的燃料—空气混合条件下工作，同时伴有排气节流和催化转化器，可以降低 NO_x 排放。间歇性燃烧接触时间短，可以在燃烧时间内稍微阻止 NO_x 的形成。

（4）与火花点火发动机相比，燃气涡轮的燃料质量变化很大，可能导致 NO_x 浓度不可控。

（5）陆地用的燃气涡轮一般都在高输出工况下工作很长时间，而汽油发动机很少在满负荷或长时间情况下工作。燃气涡轮燃烧长时间工作特性可能导致 NO_x 的生成，生成速率与温度峰值成对数关系。

7.8 问　　题

（1）对于运输用发动机，控制尾气排放的主要因素是什么？列出目前用于降低排放，同时也能提高发动机性能的关键措施。

（2）在燃料燃烧的实际系统上，为什么要付出大量的努力降低尾气中 NO_x 排放？简要说明扩散性火焰燃烧一定质量燃料会比和过量空气均相预混方式燃烧产生更多的 NO_x。

（3）请在图 7.10 中指出各种曲线代表的气体组成，同时说明原因。①CO；②CO_2；③O_2；④N_2；⑤未转化燃料；⑥NO_x；⑦颗粒。

（4）简要说明当提供过量空气时，为什么发电装置的尾气会产生大量的 CO。

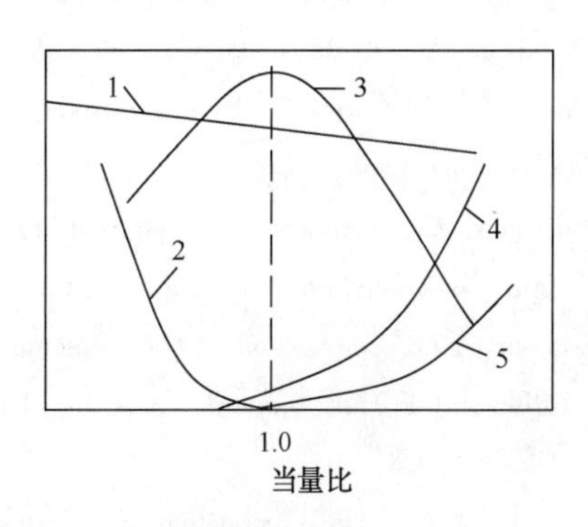

图 7.10　不同当量比条件下各种尾气组分的浓度变化

（5）参考燃烧模型和所采用的燃料，简要对比分析工业燃气涡轮、火花点火发动机、蒸汽发电工况的电厂装置和柴油机的尾气排放特点。

（6）通过降低油耗率可以降低移动发电设备的温室气体和一氧化碳排放，且越来越受到重视和关注。简要说明在车辆设计和驾驶方面用于降低 CO 和温室气体所采取的主要措施。

（7）通过不同程度地逐渐改变冷却或未冷却的尾气

循环，可以影响燃烧过程和控制尾气排放。简要说明这种应用的基本原则。

（8）车辆每百公里消耗 7.5L 汽油，估测每公里 CO_2 的排放量，以异辛烷表示汽油组成。

（9）对于工业锅炉，应从哪些方面进一步降低尾气排放，如何实现？

（10）在实现商业燃料的硫含量足够低的水平方面，已经直接付出了大量努力。列举出不使用高含硫燃料的理由，同时列出降低燃料油硫含量的方法。

（11）实际上，目前运行的汽车都安装了催化转化器，为了得到足够低浓度的污染物，请解释相应的运行工况。

（12）用天然气提高液体燃料有没有生态优势？解释你的观点。

7.9 小　　结

本章列出了燃料燃烧过程中尾气排放的特性，同时描述介绍了用于检测、控制以及降低尾气对环境负面效应的措施。同时也指出了燃料燃烧过程中产生的温室气体导致的全球变暖等问题，且说明了全球变暖也得到了持续关注。

参 考 文 献

Barnard, J. A. and Bradley, J. N., Flame and Combustion, 1985, Chapman and Hall, London, UK.

Barnet, H. C. and Hibbard, R. H., Editors, Basic Considerations in the Combustion of Hydrocarbon Fuels with Air, 1955, Report 1300, National Advisory Committee for Aeronautics, Lewis Flight Propulsion Lab., Cleveland, OH.

Bartok, W. and Sarofim, A. F., Editors, Fossil Fuel Combustion, 1991, John Wiley and Sons Inc., New York.

Borghi, R. and Destriau, M., Combustion and Flames (Translated from French), 1998, Editions Technip, Paris, France.

Borman, G. L. and Ragland, K., Combustion Engineering, Int. Ed., 1998, McGraw Hill Inc., New York.

Bosch, Automotive Handbook, 6th Ed., 2004, Robert Bosch GmbH, Germany, Distributed by Society of Automobile Engineers (SAE), Warrendale, PA.

BP Co., Statistical Review of Word Energy, Yearly.

Chigier, N., Energy, Combustion and Environment, 1981, McGraw Hill Book Co., New York.

Davidson, A., In the Wake of Exxon Valdez, 1990, Douglas and McIntyre Ltd., Vancouver, BC, Canada.

Davis, M. and Cornwell, D. A., Introduction to Environmental Engineering, 2nd Ed., 1991, McGraw Hill Book Co., New York.

Edgerton, A., Saunders, O., and Spalding, D. B., "The Chemistry and Physics of Combustion," Proceedings of the Joint Conference on Combustion, Institution of Mechanical Engineers & ASME, pp. 1-22, 1955, London, UK.

Glassman, I., Combustion, 1977, Academic Press, New York.

Griffiths, J. F. and Barnard, J. A., Flames and Combustion, 1995, Blakie Academic and Professional, Glasgow, UK.

Hanna, M. A., The Combustion of Diffusion Jet Flames Involving Gaseous Fuels in Atmospheres Containing Some Auxiliary Gaseous Fuels, Ph. D. thesis, 1983, University of Calgary, Canada.

Kanury, A. M., Introduction to Combustion Phenomena, 1982, Gordon and Breach Science Publishers, New York.

Karim, G. A. and Metwalli, M. M., "Kinetic Investigation of the Reforming of Natural Gas for Hydrogen Production," Int. J. Hydrogen Energy, 1979, Vol. 5, pp. 293-304.

Keating, E. L., Applied Combustion, 1993, Marcel Dekker Inc., New York.

Kreith, F. and West, R. E., Editors, Handbook of Energy Efficiency, 1997, CRC Press, Boca Raton, FL.

Kuo, K. K., Principles of Combustion, 1986, John Wiley & Sons, New York.

Lefebvre, A., Gas Turbine Combustion, 1983, McGraw Hill Book Co., New York.

Lenz, H. P. and Cozzarini, C., Emissions and Air Quality, 1999, Society of Automobile Engineers (SAE), Warrendale, PA.

Lewis, B. and von Elbe, G., Combustion, Flames and Explosions of Gases, 3rd Ed., 1987, Academic Press, New York.

Odgers, J. and Kretschmer, D., Gas Turbine Fuels and Their Influence on Combustion, 1986, Abacus Press, Cambridge, MA.

Patterson, D. J. and Henein, N. A., Emissions from Combustion Engines and Their Control, 1972, Ann Arbor Science Publishers Inc., Ann Arbor, MI.

Pearson, J. K., Improving Air Quality, 2001, Society of Automobile Engineers (SAE), Warrendale, PA.

Rose, J. W. and Cooper, J. R., Editors, Technical Data on Fuels, 7th Ed., 1977, British National Committee of World Energy Conference, London, UK.

Sorenson, H. A., Energy Conversion Systems, 1983, John Wiley & Sons, New York.

Spalding, D. B., Combustion and Mass Transfer, 1979, Pergamon Press, Oxford, UK.

Springer, G. S. and Patterson, D. J., Engine Emissions, 1973, Plenum Press, New York.

Starkman, E., Editor, Combustion Generated Air Pollution, 1971, Plenum Press, New York.

Strehlow, R. A., Combustion Fundamentals, 1984, McGraw Hill Book Co., New York.

Sutton, G. P. and Ross, D. M., Rocket Propulsion Elements, 4th Ed., 1975, Wiley Interscience Pub. Co., New York.

Taylor, C. F., The Internal Combustion Engine in Theory and Practice, Vols. 1&2, 1985, MIT Press, Cambridge, MA.

Thorndike, E. H., Energy and Environment, 1976, Addison Wesley Publishing Co., Boston, MA.

Thumann, A., Guide to Improving Efficiency of Combustion Systems, 1988, The Fairmont Press Inc., Liburn, GA.

Turns, S. R., An Introduction to Combustion, 1996, McGraw Hill Book Co., New York.

U. S. Department of Energy, National Petroleum Council, Hard Truths about Energy, 2007, Washington, DC.

第 8 章　燃烧和火焰

8.1　燃烧、 火焰和点火过程

不完全燃烧是不利的，其造成的后果有很多，比如：

(1) 增加的排放会加重酸雨、全球变暖、烟雾、材料退化和健康危害等影响；

(2) 降低能量释放、效率和峰值温度；

(3) 对可使用的燃料类型的限制有所增加；

(4) 材料腐蚀和退化的可能性增加；

(5) 限制可以使用的设备类型；

(6) 不得不求助于昂贵的改进添加剂；

(7) 必须使用昂贵的补救措施，如催化转化器；

(8) 增加了润滑和材料兼容性问题；

(9) 增加维护成本和资金成本；

(10) 减少设备的使用寿命。

燃烧可被定义为任何相对较快的放热化学反应，通常涵盖释放热能的快速反应过程。通常，这些反应以有限的各种比例在燃料和氧化剂(通常是空气)之间发生。因此，所有的燃烧过程的产物温度都与时间依赖性的化学反应过程有关。燃料的类型和性质对燃烧过程的速率和过程以及所使用的相关设备的性能具有深远的影响。

火焰是一种反应前沿，在发生化学反应和热能释放的同时快速传播。火焰借由化学反应过程中的能量和活性物质释放从而在燃料—空气混合物中传播。这一过程中热量和质量转移至尚未燃烧的新鲜混合物，温度的升高增强了其反应活性，使反应发生，释放能量。

图 8.1 展示了在均匀燃料—空气混合物内温度和反应物浓度沿着一维层状火焰前缘的典型变化。在这种情况下，火焰传播特性取决于混合物的化学性质以及热量和物质从反应区传递到反应物的传输过程的性质和速率。火焰的这种传播可以是层流的，也可以是湍流的。当流体的颗粒基本上以平行于流体的主体方向的直线移动时，产生层流。当流体流量不断在大小和方向上改变给定流体粒子的流速时，发生湍流。

由于与湍流有关的剧烈传输过程，火焰传播要快得多，并且单位体积燃料可以释放比层流火焰更多的能量。例如，燃气涡轮燃烧器或火花点火式发动机内的火焰一般是湍流，以便在相对有限的紧凑空间内实现大量能量的快速释放。燃料燃烧的一个重要参数是燃烧器单位体积和时间的化学反应可释放的能量最大值。该最大值通常与化学计量混合物相关，而贫或富燃料混合物倾向于产生较少的能量，具有相应较低的传播速率。图 8.2 典型地显示了氢气的火焰传播速率随含氧空气混合物中不同的氧气相对浓度的变化趋势。从图中可以看出，增加混合物中氧气浓度可显著地增加火焰传播速度。

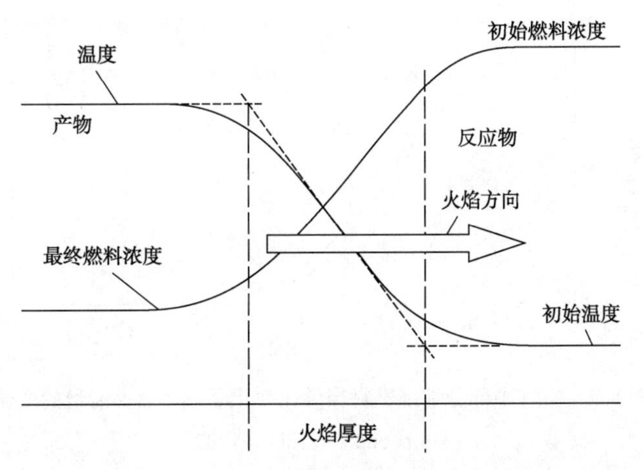

图 8.1　在均匀的燃料—空气混合物中火焰传播情况示意图

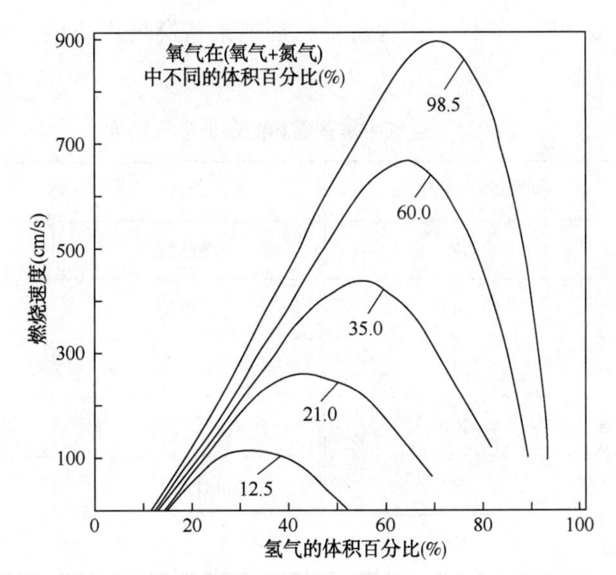

图 8.2　氢气的层流火焰在含氧空气中的变化情况

(Lewis and von Elbe，1987)

类似地，增加稀释剂(如氮气或二氧化碳)与燃料的比例可降低火焰速度。增加二氧化碳比增加氮气对降低火焰传播速度更有效。

点火是通过加速放热反应速率使其超过能量向反应区外部耗散速率的燃烧开始过程。开始点火需要的最低能量取决于所使用的燃料和其他操作条件。能量由外部来源如热源、火花塞提供或通过与足够热的气体的混合。化学计量混合物通常需要最低的点火能量。图 8.3 显示了一些常规燃料在空气中所需的最低点火能量随不同当量比的变化。可以看出，比化学计量比稍多的混合物，需要最低的能量。

术语“着火温度”通常涉及可以开始持续燃烧的混合物的最低温度。通常在实际的燃烧系统(如炉、燃气涡轮燃烧器或汽车发动机)中，使用高得多的点火能量和温度来确保在出现不利的局部条件(如在低温下启动，或使用过稀或过浓的混合物)下仍能点火并持续燃烧。

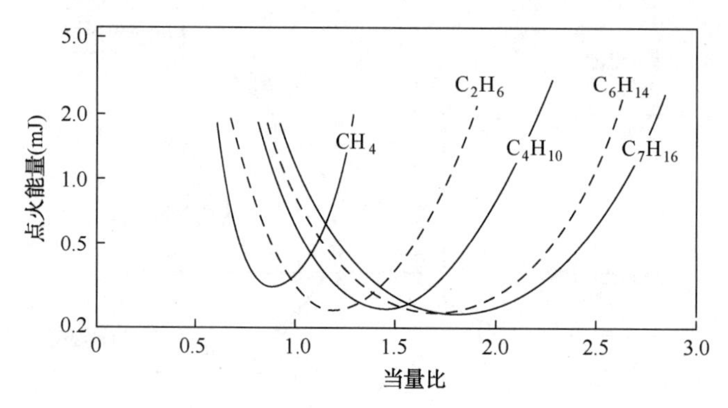

图 8.3　空气中部分常规燃料当量比变化时最小点火能量的变化

(Lewis and von Elbe，1987)

表 8.1 中列出了大气压力下多种与空气混合的常见燃料的最低点火温度值。氧气中相应的温度值比空气中的低一些。同样，在含有稀释剂或某些燃烧产物的空气中，需要较高的温度以确保快速点火。

表 8.1　空气中某些燃料的最低点火温度

燃料	最低点火温度(K)	燃料	最低点火温度(K)
甲烷	86	正己烷	247
乙烷	143	正庚烷	269
丙烷	171	正辛烷	286
正丁烷	201	正十二烷	347
异丁烷	192	正十六烷	399
正戊烷	225		

数据来源：Zabetakis，M.，Flammability Characteristics of Combustible Gases and Vapors，United States Department of the Interior Bureau of Mines，Bulletin 627，Washington，DC，1965。

自燃是由放热化学反应过程加速产生的自发热现象引发的，不需要点火源提供外部能量。自燃特性对火花点火发动机和压燃式发动机应用的燃料的安全性和适用性来说是极其重要的。火花点火式发动机的燃料需要非常高的自燃阻力，以抵抗部分气缸混合气发生不期望的不受控制的压缩点火的趋势。但是，用于柴油发动机的燃料需要具有非常低的自燃温度，因为它们的燃烧仅在压缩点火之后进行。一般来说，较重的长链烃类比轻质燃料更容易且快速地发生自燃。化学计量混合物通常比贫或富燃料—空气混合物更容易自燃。增加初始混合物温度和(或)压力倾向于降低自燃温度。氧气中的燃料也比空气中的更容易自燃。表 8.2 中列出了一些常见燃料在空气中的典型的最低自燃温度。对于烃类燃料，随着碳原子数量的增加，自燃温度越低。另外，异构体具有比其相应的直链化合物更高的点火温度。

表8.2　部分燃料在空气和氧气中的自燃温度

燃料	空气中自燃温度(K)	氧气中自燃温度(K)
甲烷	810	—
乙烷	788	779
丙烷	739	—
正丁烷	678	556
异丁烷	735	592
正戊烷	531	531
正己烷	496	198
正庚烷	496	482
正辛烷	493	481
正十二烷	477	—
正十六烷	478	—

8.2　扩散火焰与预混火焰

火焰主要分为两大类。燃料和空气未预先混合的为扩散火焰，两者预先混合的为预混合类型(图8.4)。在扩散火焰中，燃料和氧化剂要么最初是分开的，要么是未完全预混的。氧化反应和随后的火焰传播受到相互扩散过程和燃料与空气混合程度的控制。通常，在扩散火焰中，这些混合过程控制燃料燃烧速率和相关的能量释放。这是因为这些物理控制过程比化学反应过程慢得多。在此基础上，系统的空气动力学特性，如湍流的等级和空气夹带率，在决定燃烧特性(如产生的火焰的尺寸和稳定特性)方面比燃料和空气的反应性能更重要。通常，在扩散火焰中，燃料和氧化剂通过分子混合过程和湍流对流扩散一起进入反应区。实际上，与预混合类型相比，扩散火焰具有相对较宽的区域，在该区

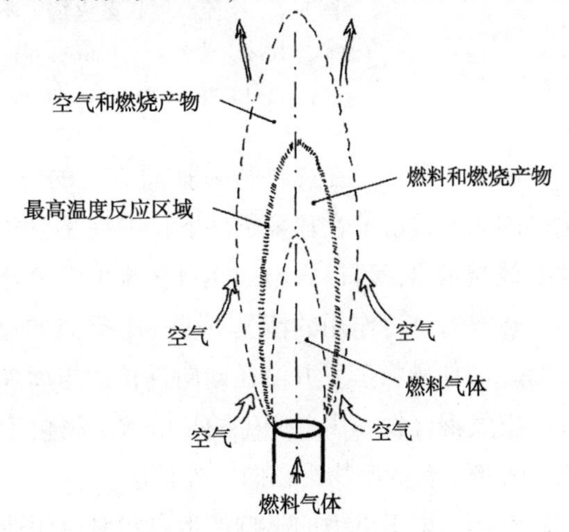

图8.4　燃料喷射扩散火焰

域内局部的组成发生显著变化。因此，扩散火焰被认为比预混火焰类型更稳定并且更能耐受燃料质量和类型的变化。在固体燃料表面和颗粒，液体燃料池表面和液滴，蜡烛和气体燃料射流的燃烧中可以看到扩散型火焰的例子。图 8.5 展示了从燃烧器的孔口排出后在空气中燃烧的气体燃料的湍流射流。

如图 8.5 所示，远离喷嘴的区域的燃料浓度逐渐降低，并通过与从喷嘴周围吸入的空气混合而被稀释。在距孔口一定距离后，燃料排放的起点处形成化学计量混合物包络线。在这个位置之前形成了富燃料的混合物包络线，而在它之外形成了逐渐稀薄的混合物包络线。因此，当燃料射流点燃时，扩散火焰将形成并且更容易地被圈定在化学计量混合物包络线内，即最具反应性能的燃料—空气混合物区域周围。峰值温度值将位于该化学计量火焰包络线的周围。

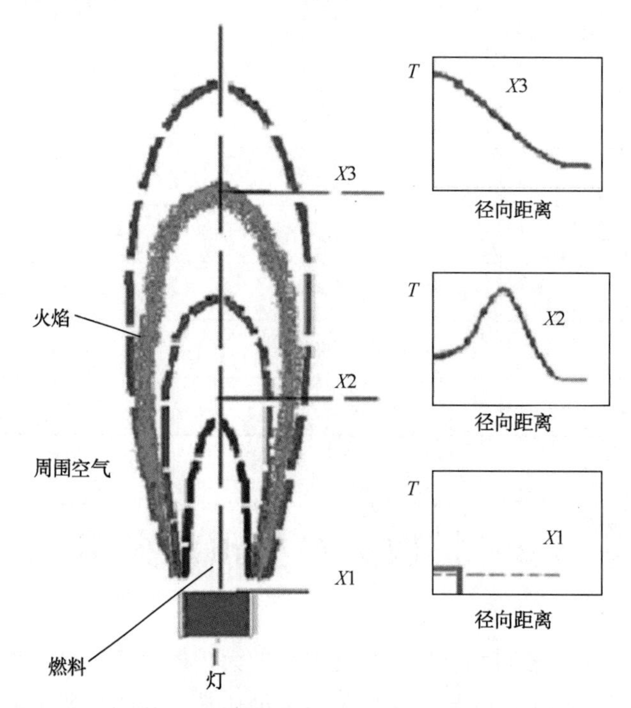

图 8.5　层流喷射扩散火焰中不同火焰高度的温度沿径向的变化

（改编自 Turns，S. R.，An Introduction to Combustion：Concepts and Applications，2nd Edition，McGraw Hill Book Co.，New York，NY，2000）

图 8.5 展示了在燃料喷射轴向方向的三个典型水平面上，温度沿轴向对称的径向的变化。图 8.6 显示了在环境条件下，甲烷在空气中沿射流扩散火焰的局部混合物的轴向和径向的有效当量比，可以看出，燃料从排出面离开时被夹带的空气稀释，同时向外延伸。

在没有重力作用的情况下，一组类似的过程在空气中燃烧的液体燃料液滴周围发生（图 8.7）。液体燃料蒸发并沿径向向外扩散与周围空气相遇，从而形成大范围的瞬态局部燃料蒸气—空气混合物。由此产生的扩散火焰将位于化学计量壳层周围，燃料蒸气位于内部，空气位于外部。燃烧产物沿径向向外扩散。

然而，由于重力的影响产生自然对流而造成火焰发生剧烈形变，实际上扩散过程的球形特性并不能保持。

尽管如此，在液滴周围形成垂直伸长的扩散火焰，最大温度值出现在火焰表面，火焰表面则对应于化学计量混合物包络线(图 8.8)。

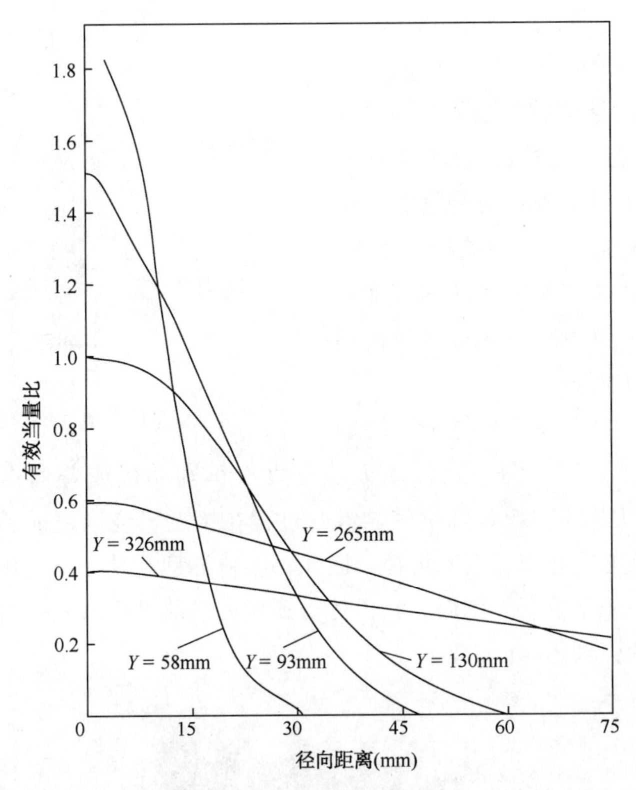

图 8.6　轴对称层流甲烷扩散火焰中有效当量比的径向和轴向变化
(Hanna，1985)

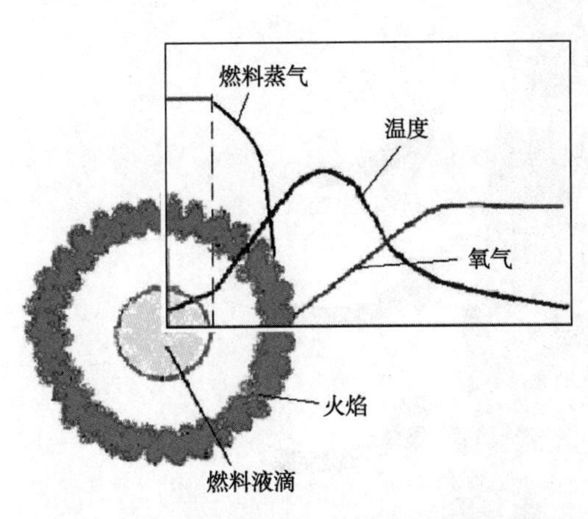

图 8.7　液体燃料液滴周围的扩散燃烧示意图

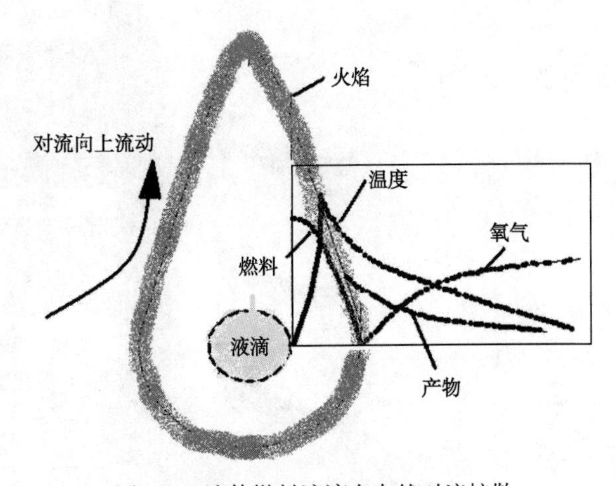

图 8.8　液体燃料液滴在自然对流扩散作用下的对流扩散示意图

典型扩散火焰的另一个实例是普通蜡烛(图 8.9)。其燃烧涉及的物理控制过程决定火焰的特征扩散类型。蜡烛的燃烧速率主要取决于蜡的熔化速率，它通过表面张力作用向灯芯扩散，并随后汽化，产生的燃料蒸气向外扩散，与周围空气相遇并发生反应。如果这些过程中的任何一个过程被打断，火焰可能熄灭。

一些其他常见的扩散非预混式燃烧示例还有如图 8.10 所示的液体燃料表面的燃烧和图 8.11 所示的固体燃料垂直表面(如纸或塑料片)的燃烧。这些例子说明了导致燃料燃烧的众多物理和化学过程之间复杂的相互作用。图 8.10 所示的燃料池火焰是液体燃料表面扩散式燃烧的示意图，包括燃料通过热量传递蒸发并随后在气相内燃烧。

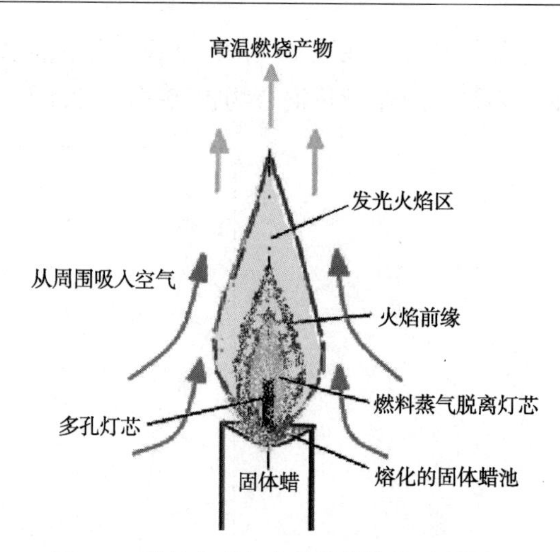

图 8.9　蜡烛在空气中扩散燃烧的示意图

在预混火焰中，在燃烧开始之前，燃料和氧化剂已经混合在一起，例如在常规火花点火汽车发动机或普通本生灯的情况下(图 8.12)。在这种预混火焰中，燃料和空气的混合过程在接近燃烧区之前已经完成。因此，相关化学反应速率的值变得相当显著和可控。因此，燃料类型及其在空气中的相对浓度对于建立局部火焰传播速率非常重要。然而，它仍然受到从火焰前沿区域到新鲜反应物混合物的局部热量和质量传递的强烈影响(图 8.1)。

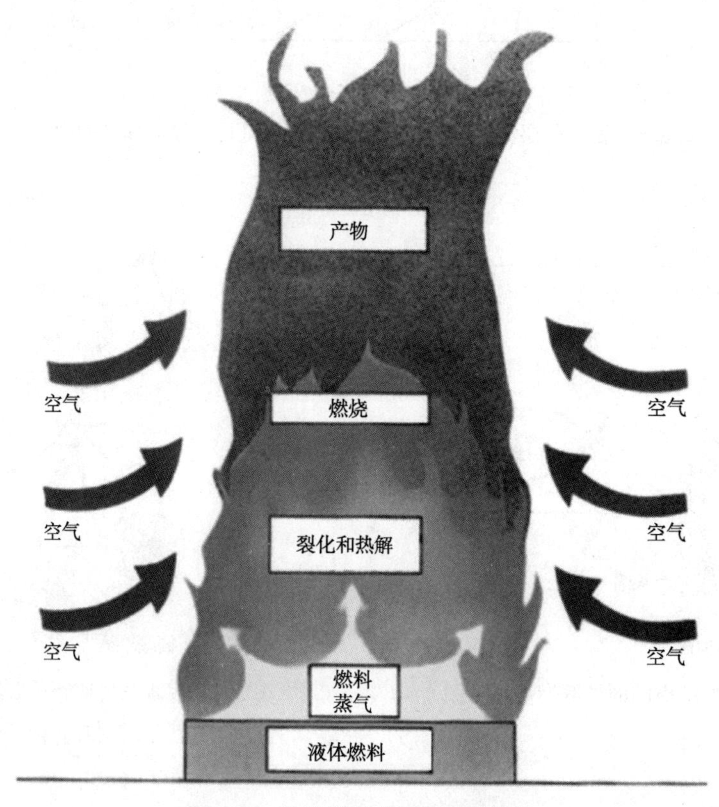

图 8.10　液体燃料表面的扩散燃烧

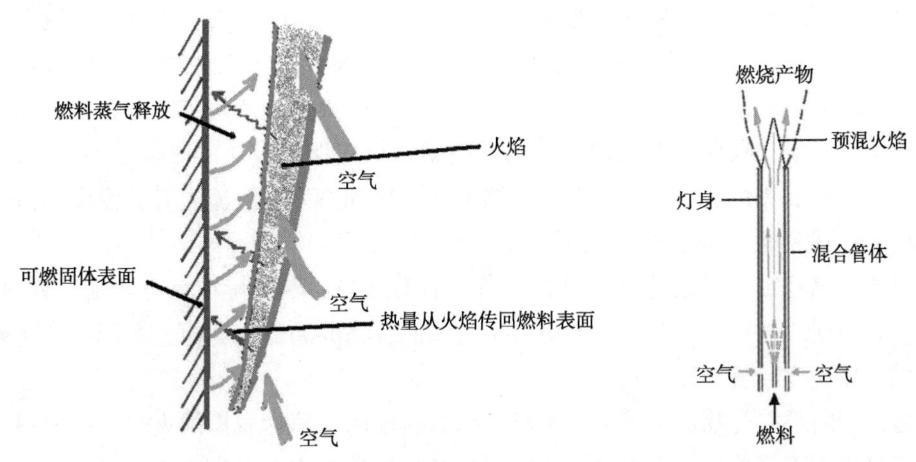

图 8.11　固体燃料垂直表面在空气中的扩散燃烧

图 8.12　燃料和空气在燃烧器(如本生灯)中的预混示意图

有时候，术语“部分预混火焰”用于仅与开始燃烧所需的额外燃料或氧化剂混合的预混合系统。

一般而言，在物理混合过程快速或完成的情况(如低温条件)下，化学过程的作用是显著的。在足够高的温度下，相对于与温度近似线性相关的其他物理过程，与温度呈指数关系的氧化反应进行得非常快。为了简单起见，不再强调后者的贡献。

8.3　燃烧稳定性

在点火之后的固定的燃料—空气混合气体中，火焰将传播，通过燃烧消耗燃料。通常在实际应用中，火焰需要稳定并且在燃烧装置的固定区域内，以便在连续供给燃料—空气混合物的同时，在需要的地方连续进行能量释放。这是在局部流速与火焰传播速率相等且方向相反的区域内实现的。图 8.13展示了简单气体燃料炉内的燃烧过程。随着热量传递至炉壁，强烈混合过程确保了燃料—空气混合物完全且稳定地燃烧。

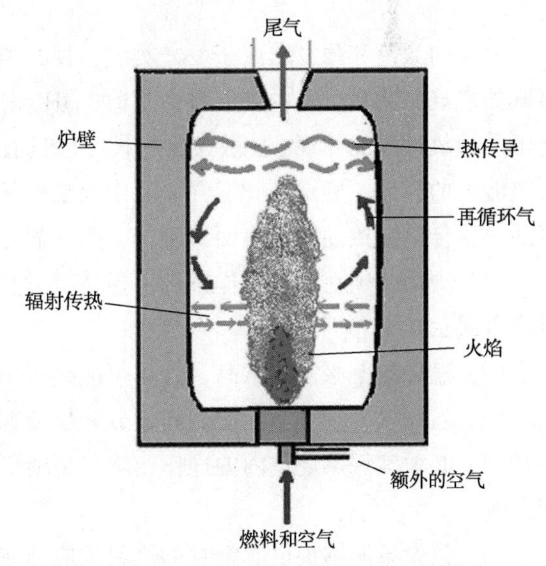

图 8.13　简单气体燃烧炉内的燃烧示意图

由于上游火焰从主燃烧区向后传播，因此在燃烧器的预混区发生火焰回火。预混燃料—空气系统比扩散火焰更容易发生火焰回火。回火可在装置内的自由流中发生，也可在沿着任何固体物体(如火焰稳定器支架和器壁)上的表面边界层内的低速流中发生。因此，主流的回火主要是由逆流造成的。另外，当湍流火焰速度大于局部流速时也会发生回火。贫混合气的燃烧产生低火焰速度，因而更容易增加火焰的不稳定性和回火。另一方面，扩散火焰型燃烧与混合物组成的显著变化有关，化学计量混合物区域对燃烧特性的重要影响也确保了广泛的燃烧速率。因此，与预混合区域相比，扩散燃烧表现出更稳定的火焰特性。局部壁温、湍流边界层厚度和流动特性将影响各种燃烧器表面边界层的火焰回火。

另一个重要的火焰稳定性现象是火焰脱火。当火焰不能按预期保持在燃烧器出口处时，火焰就会脱火。这一现象被定义为脱火，当燃料—空气混合物的局部速度超过在同一位置处混合物内的火焰传播速度时就会发生脱火。

悬举火焰是由于局部混合物流的速度大于局部火焰速度而从喷嘴脱离的火焰。但该混合物流的速度还不足以吹灭火焰。悬举火焰不稳定并且经常导致熄火。在实践中，燃烧系统对各种燃料的操作应该确保火焰的稳定，不发生熄火、回火和悬举等现象。

扩散火焰的长度是各种组合操作条件的总反应速率的总体指示(图 8.14)。对于相同的排放速率，混合和反应时间越长，火焰就越长。在火焰稳定的情况下，层流火焰的长度与燃烧速率呈线性关系，可近似将其看作燃料排放速率。

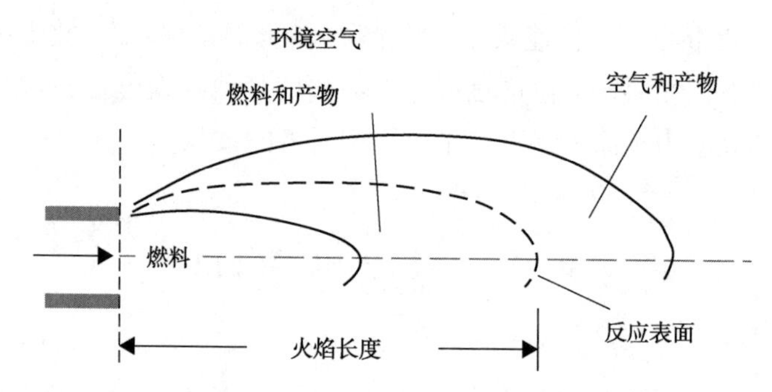

图 8.14 轴对称射流扩散火焰的火焰长度和燃烧区域示意图

火焰的颜色和强度取决于发光类型，发光类型与波长和温度相关。例如，蓝色火焰与高温剧烈燃烧相关联，其中携氧自由基(如 OH)占主导地位，而长橙色火焰具有较低的平均温度也是缺氧过程的体现。扩散火焰的长度也具有实际意义，比如在燃烧器中，其可以显示出传热能力的高低。燃烧炉和燃气涡轮中火焰的长度需要得到有效控制，以确保没有形成因过多的热量传递导致的高温表面。例如，燃气涡轮燃烧器的部分主要要求如下：

(1) 火焰必须在所有工作条件下保持点燃状态，包括瞬态条件期间如开车、停车和快速更换负载；

(2) 燃烧效率必须非常高，且尽可能接近 100%；

(3) 发动机必须能够承受燃料成分和供应速率的较大变化；

(4) 必须确保燃烧室内的操作压降尽可能低，因为它会对系统的功率输出和效率产生不利影响；

(5) 该设备能够提供非常宽的燃料供应速率和很高的操作弹性；

(6) 必须始终确保废气排放尽可能低；

(7) 向器壁和其他燃烧器部件传热的程度必须足够低，以保护器壁的材料免受热损伤；

(8) 设备必须能够简单快捷地开车和停车。

气体射流火焰中的燃烧和随后的能量释放速率取决于燃料、空气和产物之间的物理混合过程的速率，并且部分取决于化学反应的速度。它们的相对贡献可以根据所考虑的情况而变化，但总体来说，混合过程倾向于充分控制以降低化学方面的重要性，因此不太严格地依赖燃烧的燃料类型。在高速下，湍流对于加速混合过程非常重要。在射流的环境中，空气进入燃料射流的夹卷速度以及由于周围流体中的一些燃料燃烧导致的温度升高是其中的重要因素。

在横风情况下，混合过程变得相当复杂，涉及涡流的产生，这些涡流会造成不完全燃烧、火焰熄灭和排放增加。根据风速、稳定性和风向，火焰的稳定性可能会显著下降，例如在开放大气中的气体火焰燃烧(图 8.15)。

图 8.15　丙烷在自然对流和大气横风作用下的湍流射流扩散火焰

8.4　通过燃烧器和喷口的燃烧

在燃烧器内执行把燃料从开口释放到空气中的操作时，主燃区内的流动模式对火焰稳定性非常重要。利用涡流将部分高温燃烧产物再循环并与进入的燃料和空气混合是确保燃烧器内火焰稳定的常用方法。燃油喷射器周围的旋流器经常被用来实现这种流动的再循环和混合。燃烧区气流中设置固体钝体也会引起涡流的产生和各组分的混合，可以辅助稳定火焰(图 8.16)。通过这些措施，燃烧稳定性和强度的控制得到改善。在一些燃烧炉内，火焰的稳定也可利用相对射流作用下的再循环实现。

燃料燃烧系统中的火焰稳定器通常被用在流体内产生速度足够低的区域，以使流体速度低于局部混合物的燃烧速度。在上述火焰稳定器之后，剪切层中的新鲜混合物被来自再循环区域的高温燃烧产物点燃。之后燃烧混合物在剪切层内向下游流动，并进一步点燃附近的新鲜混合物。当充分燃烧后的气体离开剪切层时，部分再循环回尾流区域，从而为高速进入的新鲜混合物提供连续的点火源(图 8.17)。

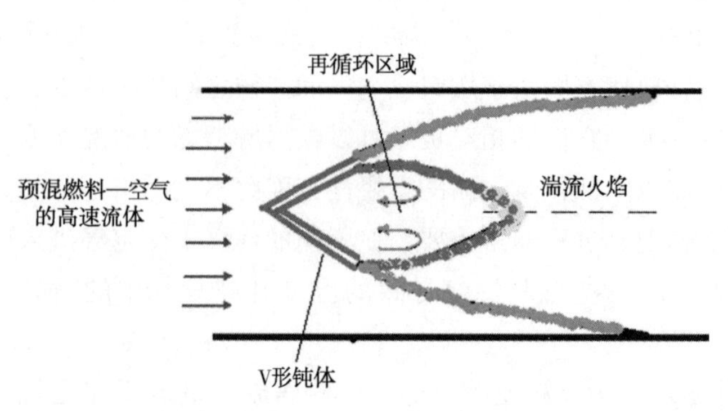

图 8.16　可燃燃料—空气流体在燃烧器内稳定燃烧的示意图

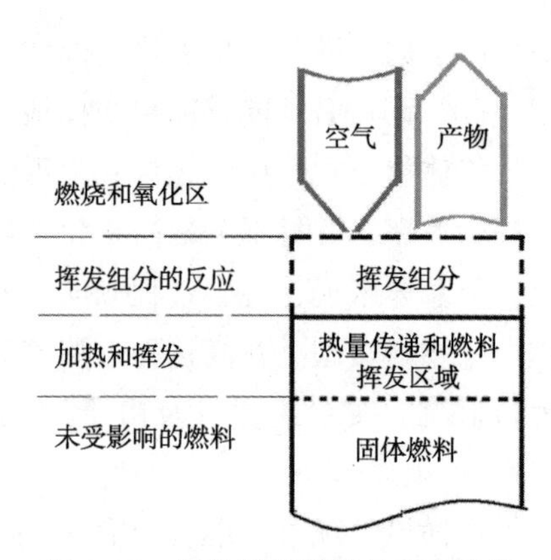

图 8.17　固体燃料燃烧的典型阶段

使用辅助燃料(如天然气)的引导喷射火焰是连续供应能量以及点燃燃料和空气的贫混合物的有效来源和方法。贫混合物的火焰蔓延极限取决于邻接流体中的体积燃料浓度，而适当的邻接流体的体积燃料浓度可使射流火焰足够厚以允许火焰传播，从而使整个周围的流体燃烧。尽管使用的引导火焰尺寸可能很小，但足以提供燃烧周围气流所需的能量。

8.5　固体燃料的燃烧

与燃料蒸气燃烧相比，固体燃料与氧气之间的反应通常非常慢。通常，固体必须从其暴露的表面释放出一些可燃的挥发性物质，这些物质向外扩散，随后与周围空气相遇并充分混合。得到的具有气态的燃料—空气混合物以扩散火焰的形式产生热量和氧化产物。部分释放的热量将转移到固体表面，以促进更多挥发物质的产生，而向外扩散的燃烧产物被新鲜空气所取代，从而加剧燃烧(图 8.17)。因此，那些本身含有较多易挥发性物质的固体燃料比那些产生很少挥发性物质的固体燃料更容易燃烧。固体燃料在干燥的同时，特别是最初，排放的挥发物质通常含有较多的水蒸气，这些水蒸气是由燃料分子分解和其他可燃蒸气释放出来的。在形成剧烈燃烧和高温后，一些较难或不挥发的可燃物质的反应更容易发生，以释放更多的热量和不同的燃烧产物。

由于大多数常见固体燃料的成分含有不可燃固体组分，这些组分最终会转变为灰分，其中大部分为无机物质，其余为未反应掉的炭。

由此产生的扩散火焰的区域内几乎不含有氧气，其中很大一部分热量通过辐射传递，产生与扩散火焰相关的特征性橙色火焰。

图 8.18 给出了固体燃料燃烧器中几种可能的燃烧区域的示意图，燃料在顶部进料，灰分在底部排出。底部连续供应的一次空气在向上行进时得到预热。可以看出，固体燃料在有充足氧气的靠近底部的区域被完全氧化成二氧化碳，并产生高温。然而，由热自然对流推动的热气产物会遇到更多未转化的固体燃料，并在温度降低时逐渐还原为一氧化碳。随后，通过适当地提供额外的二次空气，这些气体可能会在燃烧器顶部完全氧化(图 8.19)。

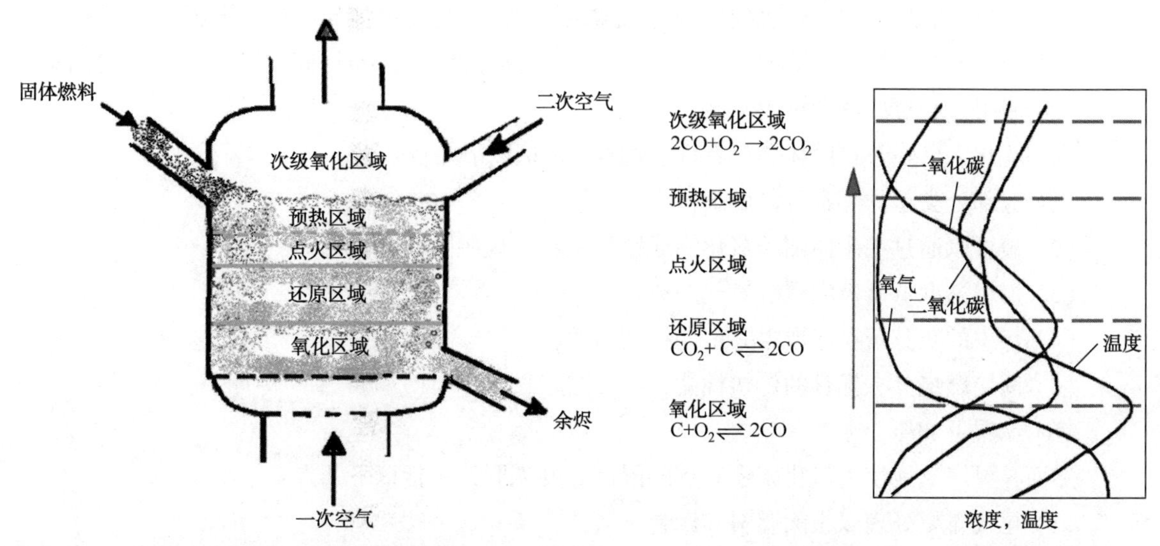

图 8.18　固体燃料燃烧器中几种可能的燃烧区域的示意图
（燃料和一次空气在顶部进料，灰分在底部排出）

图 8.19　固体燃料反应器的不同区域内温度和物质浓度的变化趋势

8.6　固体燃料在流化床中的燃烧

流化床燃烧是一种燃烧燃料的方法，燃料不断地被送入含有活性或惰性固体颗粒材料(如硅砂或白云石)的床层中，同时空气流向上穿过床，部分提起颗粒使它们处于悬浮状态并表现为湍流。流化床已被用于燃烧低质量难燃燃料，近年来日益受到关注并得到广泛应用，成为一种有效燃烧固体燃料的潜在手段。图 8.20 和图 8.21 展示了典型流化床燃烧器的工作原理和流化速度随床层压差增加的变化情况。

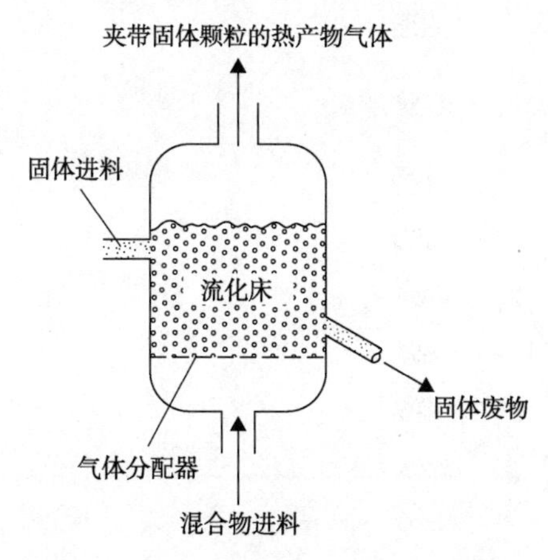

图 8.20　典型流化床反应器的工作原理图

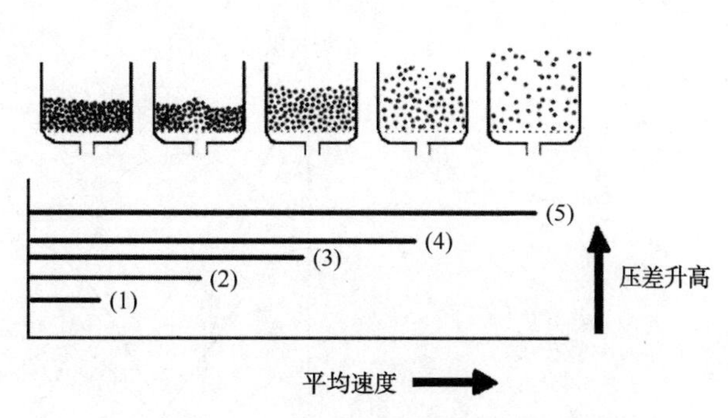

图 8.21　床层流动性程度和颗粒的平均速度随床层压差增加的变化情况

大量的研发成果已有效转化到以粉煤或颗粒状固体燃料(如煤炭、生物质或城市垃圾碎片)为燃料生产热能的流化床应用中。目前仍然需要使这些燃烧器更高效环保，以使它们具有足够的吸引力和更广泛的可用性。

采用流化床燃烧粒状固体燃料有许多优点，包括以下几点：

(1) 大部分类型的煤都可以燃烧；

(2) 硫可以通过在床内加入氧化钙或镁氧化物实现脱除；

(3) 燃烧温度低可极大缓解氮气的氧化；

(4) 煤中的灰分留在床层内并定期得到清除；

(5) 间接燃烧具有优良的传热性能；

(6) 床层可加压。

然而，更广泛地使用流化床还有更多限制需要克服，包括以下几点：

(1) 尾气需要处理以去除燃料和床料飞灰；

(2) 由于开车和停车缓慢，操作弹性差；

(3) 必须从高温尾气中有效提取热量；

(4) 颗粒材料的摩擦增加了排放和成本。

8.7 问　　题

(1)图 8.22 为炉内天然气湍流射流火焰上许多关键变量的径向变化示意图。请从中识别出以下变量：

① 速度；

② 燃料浓度；

③ 氧气浓度；

④ 温度；

⑤ 二氧化碳。

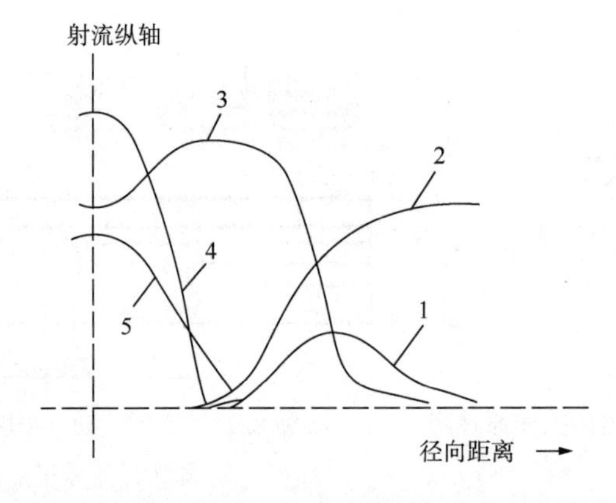

图 8.22　炉内天然气湍流射流火焰上许多关键变量的径向变化示意图

(2) 化学计量混合物中含有燃料发生理想燃烧的理论量空气。然而，实际上不能仅通过提供准确的燃料与空气的比例来确保燃烧的发生或充分燃烧。简要概述这种现象的原因，给出为保证更完全的燃烧可采取的一些措施。

(3) 下列过程中的燃烧速度主要受诸如混合和扩散等物理因素控制，但以下哪种情况除外？

① 炉内木炭的燃烧；

② 天然气在实验室燃烧器中的燃烧；

③ 油井附近的开放燃烧池中废重馏分油的燃烧；

④ 丙烷在自动火花点火发动机中的燃烧；

⑤ 蜡烛的燃烧。

(答案：②，④)

(4) 原则上炉子的燃烧效率可能会通过以下措施得到加强，以下哪种措施除外？

① 轻微预热燃料；

② 减小炉内体积；

③ 降低壁面温度；

④ 成比例地提高燃料和空气的流速；

⑤ 降低液体燃料液滴的平均直径。

简要给出作答理由。

(答案：②，③，④)

8.8　小　　结

燃料消耗装置性能的所有方面都严重依赖于所涉及的燃烧过程的性质、演变和涉及的燃烧过程的完全程度。为确保燃料资源得到充分、可靠、安全、清洁和有效利用，根据所使用的燃料和实际的运行条件，适当和优化控制上述因素是必不可少的。燃烧过程可以分为两大类，一类是受物理控制的扩散燃烧，另一类是受燃料化学性质的影响和控制相对较大而受传输过程类型影响较小的预混式燃烧(图 8.23)。

(a)天然气

(b)丙烷

(c)丙烯

图 8.23　几种气体的湍流扩散火焰颜色随燃料碳氢比的变化

(来源：Baukal，C. E. Jr.，Editor，The John Zink Combustion Handbook，CRC Press，Boca Raton，FL，2001)

参 考 文 献

Annamalai, K. and Puri, I. K., Combustion Science and Engineering, 2007, CRC Press, Boca Raton, FL.

Barnard, J. A. and Bradley, J. N., Flame and Combustion, 1985, Chapman and Hall, London, UK.

Barnet, H. C. and Hibbard, R. H., Editors, Basic Considerations in the Combustion of Hydrocarbon Fuels with Air, Report 1300, National Advisory Committee for Aeronautics, Lewis Flight Propulsion Laboratory, Cleveland, OH.

Bartok, W. and Sarofim, A. F., Editors, Fossil Fuel Combustion, 1991, John Wiley and Sons Inc., New York, NY.

Baukal, C. E., Jr., Editor, Oxygen Enhanced Combustion, 1998, CRC Press, Boca Raton, FL.

Baukal, C. E., Jr., Editor, Industrial Burners Handbook, 2004, CRC Press, Boca Raton, FL.

Borghi, R. and Destriau, M., Combustion and Flames (Translated from French), 1998, Editions Technip, Paris, France.

Borman, G. L. and Ragland, K., Combustion Engineering, Int. Edition, 1998, McGraw Hill Inc., New York, NY.

Brunner, C. R., Handbook of Incineration Systems, 1991, McGraw Hill Inc., New York, NY.

Chigier, N., Energy, Combustion and Environment, 1981, McGraw Hill Co., New York, NY.

Cornforth, J. R., Editor, Combustion Engineering and Gas Utilization, 3rd Edition, 1992, British Gas, E. & F. N. Spon, London, UK.

Edgerton, A., Saunders, O. and Spalding, D. B., The Chemistry and Physics of Combustion, Proceedings of the Joint Conference on Combustion, Institution of Mechanical Engineers & ASME, pp. 1-22, 1955, London, UK.

Edwards, J. B., Combustion, The Formation and Emissions of Trace Species, 1979, Ann Arbor Science Publishers, Ann Arbor, MI.

Fristrom, R. M. and Westenberg, A. A., Flame Structure, 1965, McGraw Hill Book Co., New York, NY.

Fryling, G. R., Combustion Engineering, 1967, Combustion Engineering Inc., Norwalk, CT.

Gilchrist, J. D., Furnaces, 1963, Pergamon Press, Oxford, UK.

Glassman, I., Combustion, 1977, Academic Press, New York, NY.

Griffiths, J. F. and Barnard, J. A., Flames and Combustion, 1995, Blakie Academic and Professional, Glascow, UK.

Hanna, M. A., Ph. D Thesis of University of Calgary, Mechanical Engineering, 1985.

Jessen, P. F. and Melvin, A., "Combustion Fundamentals Relevant to the Burning of Natural Gas," In Progress in Energy and Combustion Science, N. Chigier, Editor, 1979, pp. 91-108.

Kanury, A. M., Introduction to Combustion Phenomena, 1982, Gordon and Breach Science Publishers, New York, NY.

Keating, E. L., Applied Combustion, 1993, Marcel Dekker Inc., New York, NY.

Kit, B. and Evered, D. S., Rocket Propellant Handbook, 1960, Macmillan Co., New York, NY.

Kuo, K. K., Principles of Combustion, 1986, John Wiley & Sons, New York, NY.

Lefebvre, A., Gas Turbine Combustion, 1983, McGraw Hill Book Co., New York, NY.

Lewis, B. and von Elbe, G., Combustion, Flames and Explosions of Gases, 3rd Edition, 1987, Academic Press, New York, NY.

North American, Combustion Handbook, Vol. 1, 3rd Edition, 1986, North American Manufacturing Co., Cleveland, OH.

Odgers, J. and Kretschmer, D., Gas Turbine Fuels and Their Influence on Combustion, 1986, Abacus Press,

Cambridge, MA.

Reiche, R. R. , Combustion Technology Manual, 2nd Edition, 1974, Industrial Heating Equipment Association, American Gas Association, New York, NY.

Spalding, D. B. , Combustion and Mass Transfer, 1979, Pergamon Press, Oxford, UK.

Strahle, W. C. , An Introduction to Combustion, 1993, Gorgon and Breach Science Publishers, Longhorne, PA.

Strehlow, R. A. , Combustion Fundamentals, 1984, McGraw Hill Book Co. , New York, NY.

Thring, M. W. , The Science of Flames and Furnaces, 2nd Edition, 1962, Chapman and Hall, London, UK.

Tillman, D. A. , The Combustion of Solid Fuels and Wastes, 1991, Academic Press, New York, NY.

Turns, S. R. , An Introduction to Combustion: Concepts and Applications, 1996, McGraw Hill Book Co. , New York, NY.

第9章　与燃料设备和处理有关的火灾和安全

9.1　燃料火灾

与生产、运输、储存和使用燃料有关的最重要的问题之一是如何防范火灾和爆炸风险的发生。有大量的关于风险防控的信息包括确保各级燃料安全运行和处理的准则，还包括来自各级政府、行业、专业和贸易协会的众多规则、法规、规范、良好实践和指导等。此外，公开文献中有详细的案例研究报告，这些案例研究涉及巨大的生命财产损失并提供了重要的经验教训。这些都需要所有在能源和燃料行业工作的人员加以研究和熟记。

火灾通常被定义为不受控制的燃烧和火焰传播，而爆炸是一种快速释放物理或化学能量释放过程产生的压力的过程。一般来说，火灾分为以下4类：

(1) 常见的易燃材料(如木材、纺织品、纸张等)引起的火灾，可通过淬火或冷却熄灭，通常采用水。

(2) 易燃液体燃料(如汽油、机油、油脂等)引起的火灾，这类火灾可以通过使用泡沫、二氧化碳或干化学品熄灭。

(3) 涉及需要非导电灭火剂(如二氧化碳)的电气设备，如电动机、发电机、变压器和开关等引起的火灾。

(4) 易燃金属(如镁和粉末铝等)引起的火灾，需要使用泡沫或适当的干化学品熄灭。

9.2　燃料的可燃极限

非常贫乏或富含空气的燃料混合物只能在适度的高温下燃烧。相关的反应速率相对非常慢。只有混合物中的燃料浓度在化学计量值附近很窄的范围内时，其反应速率才足以允许持续燃烧。因此，无阻碍的火焰传播存在两个极限：一个在贫(或弱)燃一侧，称为空气中燃料的贫(或低)燃极限；在燃料化学计量浓度另一侧的称为富(或高)燃极限。这些极限值之间的混合物被认为是易燃的。极限值通常以燃料—空气混合物中燃料的体积分数表示。图9.1显示了燃料—氧化剂混合物的可燃和自燃极限区间。

表9.1中列出了环境温度和压力下空气中一些常见燃料的贫/富燃极限值。氢气的可燃范围非常宽。此外，汽油蒸气在空气中的可燃极限值非常低，因此其蒸气泄漏到空气中非常

危险。

从安全防火、燃料高效利用和确保火焰持续传播等方面来看，熟知任何燃料在特定条件下的可燃极限值是非常重要的。火焰反应前沿到周围环境的过多热量损失是对火焰传播的主要限制。

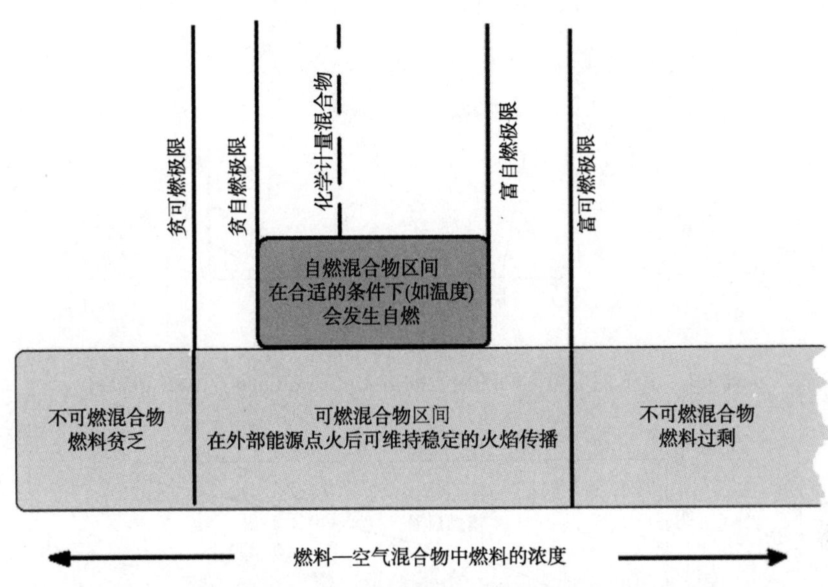

图 9.1　燃料—氧化剂混合物的可燃和自燃极限

表 9.1　燃料在环境温度和压力下在空气中的可燃极限值

燃料	贫燃极限值(%)	富燃极限值(%)
甲烷	5.00	15.00
乙烷	3.12	14.95
丙烷	2.37	9.50
丁烷	1.86	8.41
乙炔	2.50	80.00
苯	1.41	7.45
氢气	4.00	75.00
一氧化碳	12.50	74.20
甲醇	6.72	36.50
乙醇	3.56	18.00
氨	17.10	26.10
汽油	1.30	7.60

任何燃料的可燃极限值取决于主要操作条件。通常，贫燃极限值随温度线性扩大(如每增大 100℃，扩大约 6.8%)。富燃极限值随温度变化的斜率高于贫燃极限值。图 9.2 显示了氢气在空气中的可燃极限随混合物温度的变化情况。从图中可看出，随温度升高，混合物的可燃极限区间显著扩大。

可燃区间随压力升高而扩大，特别在非常高的压力下。然而，在非常低的压力下，尤其在远低于大气压的压力下，可燃混合物的可燃区间可能会显著变窄(图 9.3)。在足够低的压力下，即使是化学计量的混合物也不能燃烧。例如，在高海拔地区，大部分燃料都会遇到这种现象。

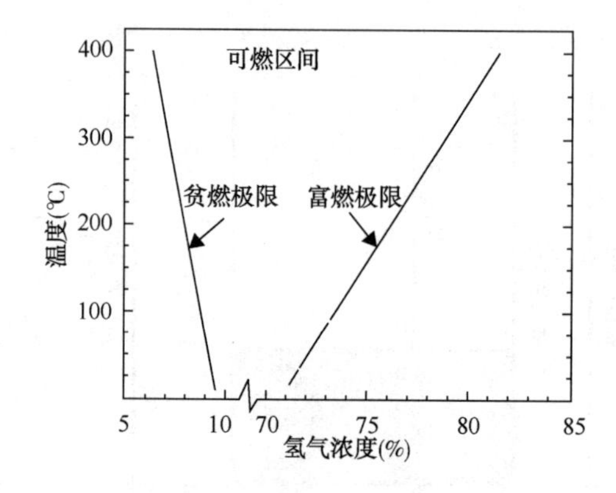

图 9.2　氢气的可燃区间随温度的扩大(Coward and Jones，1952)

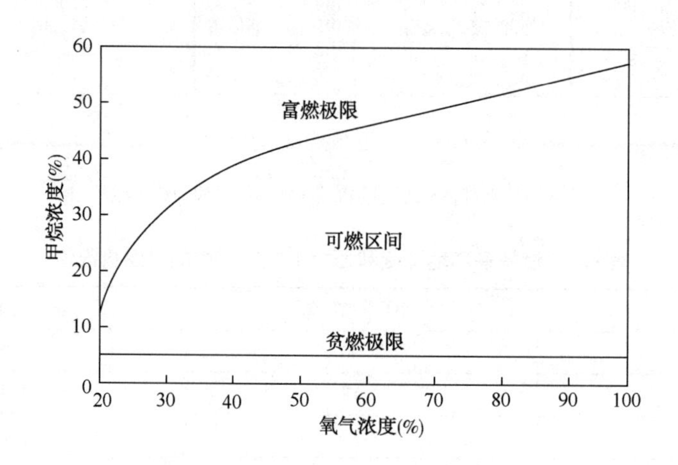

图 9.3　甲烷在富氧空气中的可燃区间随甲烷和氧气浓度增加而快速扩大(Baukal，1998)

混合物内湍流水平的增加可扩大混合物的可燃区间。当热膨胀产物因热浮力效应上升时，向上火焰传播的可燃极限是最宽的，另外，热浮力效应还有助于进一步传播火焰。为了提高安全性并防止火灾的发生，通常引用向上火焰传播的可燃极限值。

通常，管内火焰传播的可燃极限随管径的减小而变窄。即使对化学计量混合物，足够小的管直径也可使其不会发生火焰传播。这种趋势被应用于火焰捕集器，其采用足够窄的通道以大量的热量传递从火焰传递至相邻导热表面，使得火焰熄灭并且不会向更远处传播。

向燃料或空气中引入惰性稀释剂(如氮气、二氧化碳、蒸汽或氦气)将一定程度缩窄可燃极限区间，影响程度取决于燃料种类和稀释剂的浓度(图 9.4)。因此，向火焰引入足够浓度的稀释剂会使火焰熄灭，这在一些消防措施中被采用。另外，引入额外的氧气可以大幅度扩大可燃极限区间，特别是富燃极限值。这种趋势使得燃料在富氧空气中燃烧比仅使用空气时更加危险(图 9.3 和图 9.5)。

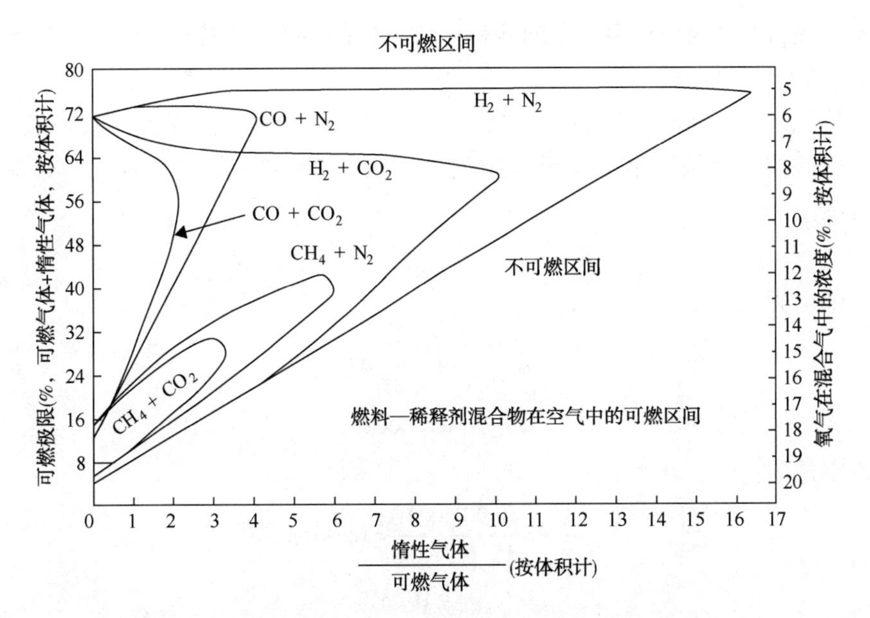

图 9.4　稀释剂存在下不同燃料在大气压力和温度下的可燃极限(Coward and Jones，1952)

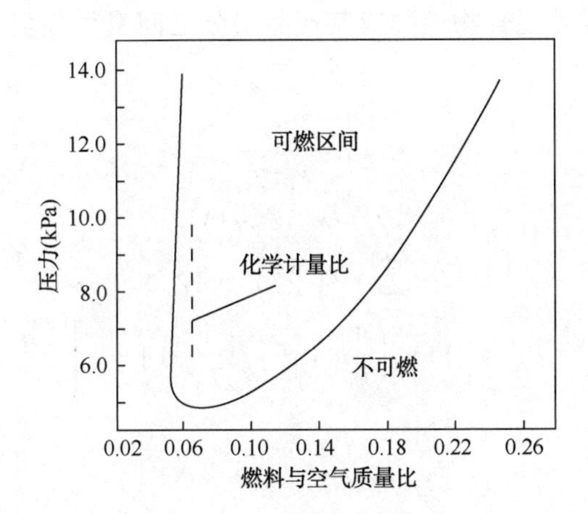

图 9.5　低压条件下的压力变化对可燃混合物可燃极限的影响(Coward and Jones，1952)

已经发现，特别是对于大部分常见燃料，它们的贫燃极限混合物与燃烧时产生相同火焰温度值(约 1580K)的混合物存在近似关系。因此，这一规律可用来估算各种燃料和条件下的可燃极限的近似值，也应用于评估含有燃料蒸气的气氛距达到可燃程度还有多少空间。

公开文献如《燃料和安全手册》等提供了各种燃料及其在不同条件下的可燃极限值。对于不同燃料的混合物在空气中的可燃极限，可按简单的 Le Chatelier 规则，根据混合燃料中各成分的可燃极限值进行估算。这得基于以下假设，即极限混合物混合后也是极限混合物(例如，将甲烷与空气的体积比为 5.0%的贫燃极限混合物按任意比例与含有乙烷体积分数为 3.12%的贫燃极限混合物混合，形成的新的混合物也是贫燃极限混合物)。在此基础上，Le Chatelier 关于空气中燃料混合物可燃性的规则变为：

$$\frac{1.0}{L_{\text{mix}}}=\frac{y_1}{L_1}+\frac{y_2}{L_2}+\frac{y_3}{L_3}+\cdots$$

其中 y 是燃料混合物中燃料组分的体积分数，L 是相同燃料组分的相应可燃极限值，L_{mix} 是燃料混合物的可燃极限值。

例如，体积组成为 90%甲烷和 10%氢气的燃料混合物在空气中的贫燃极限值和富燃极限值是多少？甲烷的贫燃极限值和富燃极限值分别为 5.0%和 15.0%，氢气的相应值分别为 4.0%和 75.0%。

答：

贫燃极限值为：

$$\frac{1}{L_{mix,L}}=\frac{0.90}{5.0}+\frac{0.10}{4.0}=0.205$$

$$L_{mix,L}=4.88\%$$

富燃极限值为：

$$\frac{1}{L_{mix,R}}=\frac{0.90}{15.0}+\frac{0.10}{75.0}=0.06133$$

$$L_{mix,R}=16.3\%$$

值得注意的是，Le Chatelier 规则被认为是基于极限混合物混合后仍是极限混合物的假设。这意味着混合不会导致混合物组分或其产品组分之间发生任何化学作用。在此基础上，公式可以导出如下：

$$L=\frac{\gamma_f}{\gamma_f+\gamma_\alpha}$$

$$\gamma_\alpha=\gamma_f(1/L-1)$$

$$L_{mix}=\sum\gamma_f/\left(\sum\gamma_f+\sum\gamma_\alpha\right)$$

$$L_{mix}=\left[1+\gamma_{f1}\left(\frac{1}{L_1}-1\right)+\gamma_{f2}\left(\frac{1}{L_2}-1\right)+\cdots\right]^{-1}$$

由于

$$\gamma_{f1}+\gamma_{f2}+\gamma_{f3}+\gamma_{f4}+\cdots=1$$

所以

$$\frac{1}{L_{mix}}=\frac{\gamma_{f1}}{L_1}+\frac{\gamma_{f2}}{L_2}+\frac{\gamma_{f3}}{L_3}+\cdots$$

极限混合物的固定燃烧火焰温度的假设在使用时是受限的，由于其依赖非测量的计算值，所以导致其与实验结果的一致性较差。当组分的可燃极限值未知或个体值可用但其为不同初始条件下的值时，可采用这样的假设。

众所周知，一些富含不饱和烃类的燃料在燃烧前就会发生一定程度的分解，生成了与初始情况不同的组分。当燃料在冷焰燃烧时也会发生这种现象，例如产生醛类等部分氧化产物。因此，简单的恒定极限火焰温度方法不适用于富燃料混合物，而需要采用更精细的近似方法。

燃料—稀释剂混合物的可燃极限可以采用纯燃料的相应极限按以下关系进行估算：

$$\frac{1.0}{L_{mix}}=\frac{y_f}{L_f}+a(1-y_d)$$

其中 a 是一个非常小的常数，数值取决于所研究的燃料和稀释剂体系。例如，要获得燃料—氮气混合物贫燃极限的近似值，a 可以近似取零值(图 9.6)。

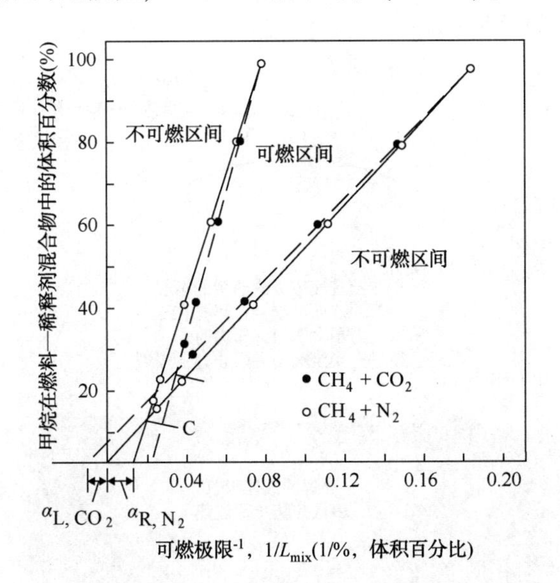

图 9.6　以可燃极限的倒数值表示的甲烷与氮气和二氧化碳的可燃极限值的校正值

(Wierzba，I.，Karim，et al，1996)

9.3　一些保护措施

以下是保护燃油装置免受火灾和爆炸危害的一些基本建议：

(1) 排查并消除任何不需要或不受控制的燃料异常，如燃油泄漏、可燃气体泄漏等；

(2) 将燃料与空气和其他氧化剂隔离；

(3) 将有可能混合的燃料和空气的量控制到最小，使点燃时释放的能量尽可能小和可控；

(4) 将任何产生的燃料和空气的混合物远离相应的贫燃极限和富燃极限；

(5) 排查并消除任何可能的点火源；

(6) 尽可能限制任何火情的蔓延；

(7) 一旦发生火灾，将燃烧区域分离并隔离；

(8) 冷却正在燃烧的燃料；

(9) 减少并切断向反应区域传递的热量；

(10) 添加稀释剂等辅助材料，减缓燃烧区域的反应速率。

图 9.7 给出了一些可用于降低储罐设施在储存液体燃料时可能产生的危害的措施。这些措施包括向容器外壳喷水，同时使用蒸汽释放阀系统以避免由于液体燃料沸腾而造成压力升高。还要采取一些其他措施以避免正在燃烧的燃料在容器底下集聚。

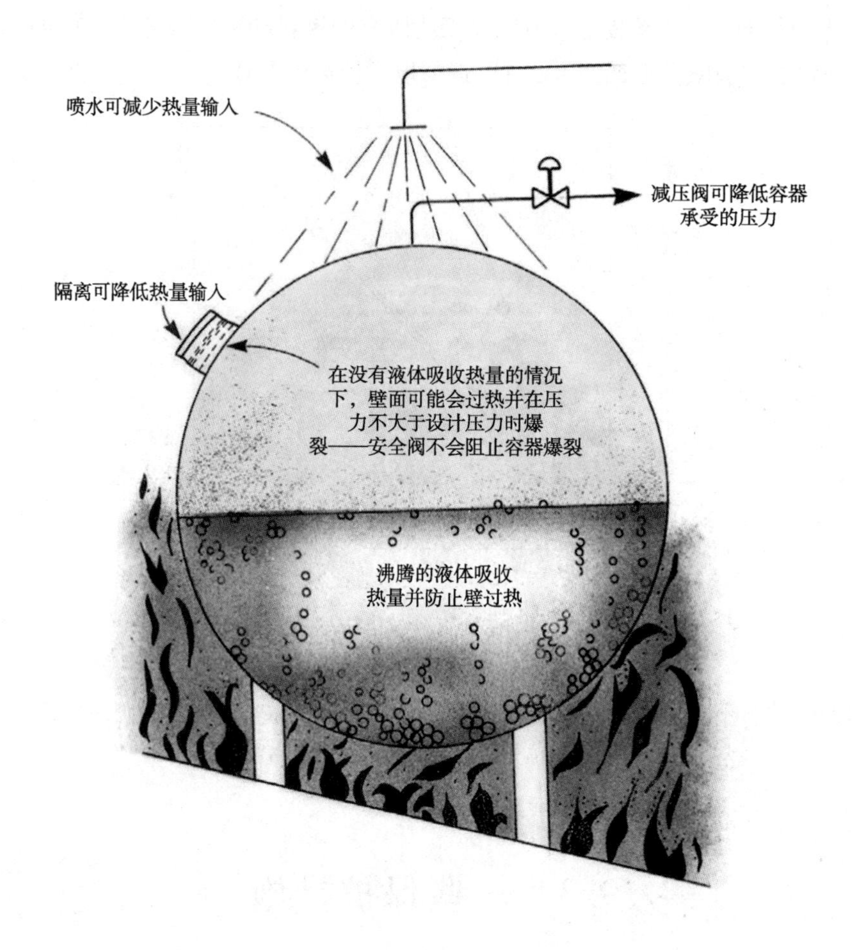

图 9.7　一些用于保护和控制大容量液体燃料箱设施火灾的典型保护措施示意图(Blockley，1992)

9.4　闪　　点

术语“闪点”被广泛用于表征在液体燃料附近的外部火焰存在下，液体燃料表面产生传播的闪燃火焰的相对趋势。闪点的值对应于液体燃料发生火焰闪燃的最低温度。闪点值高的燃料火灾危险性低于闪点值低的燃料。闪点是在一组标准条件下使用标准装置(图 9.8)进行测定的。闪点低于 60℃的液体燃料被认为高度易燃。表 9.2 中列出了一系列液体燃料的闪点值，还给出了相应的最小自燃温度值。可以看出，对于任何燃料，其主要与化学控制的自燃温度与燃料蒸气和空气均匀混合后发生自燃的最低温度有关。另外，闪点值明显低于自燃值，其主要受物理因素的控制，如液体燃料的挥发性和扩散特性。

大气中存在的稀释剂(如二氧化碳和氮气)降低了火焰速度并缩小了可燃混合物的可燃区间。表 9.3 中列出了在大气条件下不支持火焰传播的燃料—稀释剂混合物对应的最高氧气安全浓度。可以看出，二氧化碳在降低火焰速度和缩小可燃区间方面比氮气更有效。

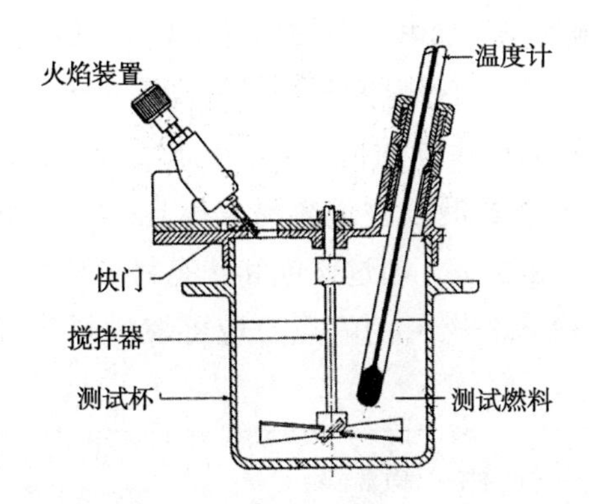

图9.8　液体燃料闪点的测定装置(American Society for Testing Materials, 1979)

表9.2　1atm下纯燃料在空气中的闪点和自燃温度(Bartok and Sarofim, 1991)

物　质	闪点(℃)	自燃温度(℃)
甲烷	-188	537
乙烷	-135	472
丙烷	-104	470
正丁烷	-60	365
正辛烷	10	206
异辛烷	-12	418
正十六烷	135	205
甲醇	11	385
乙醇	12	365
乙炔	气体	305
一氧化碳	气体	609
氢气	气体	400

表9.3　几种燃料用二氧化碳或氮气稀释后的最高氧气安全浓度

可燃物	CO_2为稀释剂(%)	N_2为稀释剂(%)
氢气	5.9	5.0
一氧化碳	5.9	5.6
甲烷	14.6	12.1
乙烷	13.4	11.0
丙烷	14.3	11.4
丁烷和更高碳数的烃类	14.5	12.1
乙烯	11.7	10.0
丙烯	14.1	11.5
环丙烷	13.9	11.7
丁二烯	13.9	10.4
苯	13.9	11.2

图 9.9 显示了在存在外部能源(如电火花或引导火焰)的情况下，一种典型燃料的可燃区间随混合温度的变化。可以看出，可燃区间随温度升高而扩大，尤其是富燃极限边界。由于混合物被过度加热，在没有外部点火源的情况下，可以达到燃料—空气混合物的自燃条件。可以预见，化学计量值附近区域的混合物最容易发生自燃。还可以看出，在足够低的温度下，燃料—空气混合物达到饱和状态，超过该饱和状态将形成燃料雾。雾开始形成时的边界温度随燃料浓度及其类型而变化。燃料的闪点对应可燃燃料蒸气—空气混合物形成的最低温度。

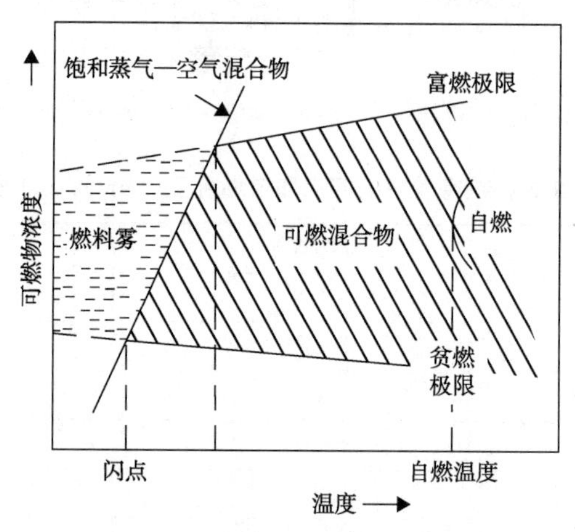

图 9.9　一种燃料—空气混合物的可燃和自燃区间随温度的变化(Zabetakis，1965)

如前所述，点火温度和闪点温度是完全不同的。点火温度对应没有外部点火源时均匀的燃料—空气混合物的自燃温度，其主要是燃料化学性质的函数。而闪点温度对应当形成足够的燃料蒸气—空气混合物并且可以由引导喷射火焰点燃时的最低温度，其数值更多地取决于燃料的物理性质，受化学性质影响较小。

图 9.10 为火灾基本要素的“火灾三角形”示意图。通过消除其中的一种或多种因素来破坏这个三角形会使火灾熄灭。图 9.11 和图 9.12 分别显示了燃料运输和加工设施装置引起的典型火灾和爆炸事例。

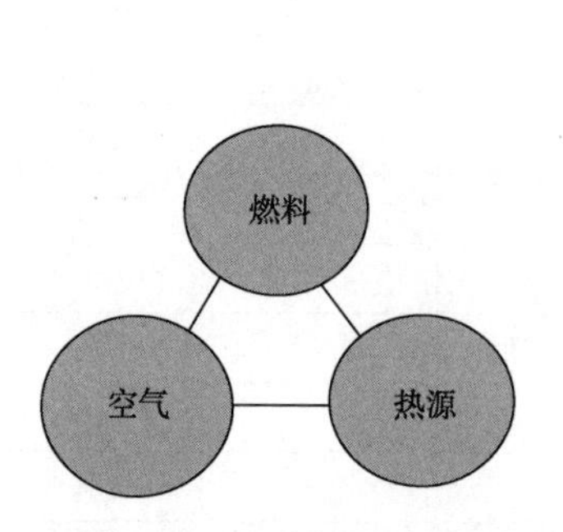

图 9.10　火灾基本要素的“火灾三角形”示意图

图 9.11　燃料储罐火灾(Lyons，1976)

图 9.12　燃料加工化工厂发生爆炸和起火后的场景(Baukal，2001)

9.5　与燃料火灾和安全相关的术语

自点燃：在没有外部点火源的情况下，由于释放的能量超过损失的能量而加速氧化反应速率导致的点燃。

自燃温度：在没有外部火花或火焰的情况下，可燃物在空气中点燃的最低温度。

压缩点火：在快速压缩产生的高温和高压下点燃燃料—空气混合物，如柴油发动机。

爆燃：亚音速火焰或氧化反应在燃烧体系中传播。

爆炸：燃烧反应前沿或火焰的自传播，其以超声速传播并与冲击波的形成有关，同时冲击波加剧了反应过程和速率。

火灾：不受控的燃烧和火焰传播。

可燃极限：可以维持来自点火源的火焰传播的燃料—空气混合物。贫(或低)燃极限指的是可燃混合物中燃料的最低浓度，而富(或高)燃极限指的是可燃混合物中燃料的最高浓度。

闪点：在规定的测试条件下，在标准装置内采用小型射流火焰时，液体燃料蒸气将被点燃的最低温度。闪点较高的燃料的火灾危险性低于闪点较低的燃料。

点火能量：确保燃料—空气混合物被点燃所需的最小能量。其数值将随燃料类型和操作条件的变化而变化。

提前点火：燃烧装置中，在火花正确产生之前，不期望的、过早的、不受控的点火。

淬火距离：在一定条件下火焰并非因过热而传播的最大距离，比如通过狭缝或边界的淬火。

自发燃烧：在无外部能量源提供高温的情况下，可燃物质经缓慢氧化后自发燃烧。

9.6　实　　例

在大气温度和压力下，一些空气泄漏到含有气体燃料混合物的储罐中。最终混合物的体积组成是 4.5% CH_4，2.1% C_2H_6，3.0% H_2，15.0% O_2和 75.4% N_2。判断：

① 最初的燃料—气体混合物的组成(浓度为 φ，体积分数)，假设原混合物中无氧但含有部分氮气；

② 储罐内混合气体的当量比；

③ 在大气温度和压力下，储罐内物质是否可燃。

分析：可以假设原燃料混合物遵循 Le Chatelier 规则，既适用于燃油的贫燃极限，也适用于富燃极限。CH_4采用的贫燃极限值和富燃极限值分别为 5.0%和 15.0%，C_2H_6分别为 3.0%和 12.4%，H_2分别为 4.0%和 75.0%，N_2 是惰性的。

答：

① 设有 100mol 组成如下的混合物，即 4.5% CH_4，2.1% C_2H_6，3.0% H_2，15.0% O_2和 75.4% N_2。由于燃料中没有氧气，用氧气浓度(体积分数，下同)来计算其中的空气浓度：

$$\varphi_{空}=15.0\%/0.21=71.43\%$$

剩余的 28.57%为燃料。因此，燃料中的 N_2浓度为：

$$\varphi_{N_2}=75.4\%-71.43\%\times0.79=75.4\%-56.43\%=18.97\%$$

燃料的组成为：

$$\varphi_{CH_4}=\frac{4.5\times100\%}{4.5+2.1+3.0+18.97}=15.75\%$$

$$\varphi_{C_2H_6}=\frac{2.1\times100\%}{28.57}=7.35\%$$

$$\varphi_{H_2}=\frac{3.0\times100\%}{28.57}=10.50\%$$

$$\varphi_{N_2}=\frac{18.97\times100\%}{28.57}=66.40\%$$

② 混合气体实际体积比为：

$$\frac{n_{空气}}{n_{燃料}}=\frac{71.43}{28.57}=2.500$$

每摩尔该燃料混合物：

$$0.1575CH_4+0.0735C_2H_6+0.105H_2+0.664N_2+a\left(O_2+\frac{79}{21}N_2\right)\rightarrow bCO_2+dH_2O+fN_2$$

碳平衡：$b=0.1575+2\times0.0735=0.3045$。

氢平衡：$d=0.1575\times2+0.0735\times3+0.105=0.6405$。

氮平衡：$f=0.664+79/21a=0.664+3.76a$。

氧平衡：$a=b+d/2=0.3045+0.6405/2=0.6248$。

混合气体化学计量空燃比为：

$$\frac{n_{空气}}{n_{燃料}}=\frac{0.6248}{0.21}=2.975$$

当量比：

$$\phi=2.975/2.5=1.19$$

由于$(n_{空气}/n_{燃料})_{化学计量}$大于$(n_{空气}/n_{燃料})_{实际}$，该混合物中的燃料比化学计量的更多。

③ 进一步计算燃料的可燃极限，并验证实际空燃比是否较小，也就是说，为了安全起见，需要更多的燃料：

$$\frac{1.00}{L_{mix}}=\frac{0.1575}{15}+\frac{0.0735}{12.4}+\frac{0.105}{75}=0.01783$$

$$\frac{1}{L_{N_2}}=0$$

$$L_{mix}=56.1\%$$

$$\left(\frac{n_{空气}}{n_{燃料}}\right)_{R.L.}=\frac{43.9}{56.1}=0.7825$$

$$\left(\frac{n_{空气}}{n_{燃料}}\right)_{stoich}>\left(\frac{n_{空气}}{n_{燃料}}\right)_{mix}>\left(\frac{n_{空气}}{n_{燃料}}\right)_{R.L.}$$

该混合物是可燃的，因为它的空燃比不超过富燃极限的空燃比。

9.7　问　　题

（1）定义可燃极限和燃料在空气中的熄灭距离。指出下面几种因素是否会扩大可燃混合物的可燃区间：① 增加混合物温度；② 增加压力；③ 添加氧气；④ 添加氢气；⑤ 添加二氧化碳；⑥ 相对于重力的火焰传播方向；⑦ 加入蒸汽；⑧ 固定容器或管的尺寸；⑨ 流速。

（2）建议通过以下措施来减少易燃的燃料—空气混合物的火灾危害。指出这些陈述中的每一个是“真”“假”还是“可能”：

① 避免热量从混合物传递到周围环境；

② 促进混合物内的搅拌和流动；

③ 避免产生具有催化活性的表面；

④ 提供额外的空气；

⑤ 提供额外的燃料。

（答案：假，真，真，可能，可能）

（3）如果有关于某种液态烃类溶剂的主要化学和物理性质等信息，为评估其在工业和家庭环境中储存、运输和使用相关的火灾和爆炸的风险，请列出你要考虑的哪些主要理化性质。

（4）在大气温度和压力下，天然气与合成气混合物以2∶1的体积比混合，计算该混合物在空气中的贫燃极限。可以假设 Le Chatelier 方程适用于燃料混合物。在正常温度和压力下，按以下燃料在空气中的贫燃极限计算：CH_4 5.0%，C_2H_6 3.1%，C_3H_8 2.4%，CO 12.5%，H_2 4.0%（体积分数）。假设天然气的体积组成如下：CH_4 87.0%，C_2H_6 6.2%，C_3H_8 6.8%。合成气由67.8%的 H_2 和32.2%的CO（体积比）组成。简要地给出如何计算燃料混合物在大约100℃的温度下的可燃极限值。（答案：4.69%）

（5）分析并解释以下体积组成的燃料—空气混合物在环境条件下是否可燃：CH_4 1.7%，H_2 2%，C_3H_8 1.5%，O_2 19.9%，N_2 74.9%。可采用在环境温度下的纯燃料在空气中的可燃极限值：CH_4 5.0%，H_2 4.0%，C_3H_8 3.2%。（答案：3.97%）

（6）在环境温度和压力下，部分空气进入一个装有燃料—气体混合物的容器内。现容器内混合物试样的体积组成为：CH_4 25.0%，C_2H_6 5.0%，H_2 10.0%，CO 7.0%，O_2 11.1%，N_2 41.9%。请回答：

① 已知初始燃料中不含有氧气，判断初始燃料中是否含有部分氮气；

② 初始燃料的体积组成；

③ 燃料与空气的质量比；

④ 燃料的富燃极限；

⑤ 为了使容器内的混合气体刚好可燃，计算还需额外向其中泄入的空气质量。

可以假定 Le Chatelier 的混合规则适用，并且在大气温度和压力下，以体积计的富燃极限值如下：CH_4 15.0%，H_2 75.0%，C_2H_6 15.0%，CO 74.0%。（答案：4.44%）

（7）在环境条件下，由30%丙烷和70%甲烷（体积分数）组成了二元燃料混合物，向其中加入氮气使其变为不可燃烧状态。估算所需氮气的最小量。甲烷的贫燃极限和富燃极限（体积分数）分别为5.0%和15.0%，丙烷的贫燃极限和复燃极限分别为2.37%和9.5%。假设α_{N_2}为0。（答案：CH_4 0.376，C_3H_8 0.161，N_2 0.463）

（8）在工厂中，氢气是副产品。假设决定使用热电联产火花点火发动机来生产动力和能源，为防范爆炸风险，请简要说明在设计和运行这种设备时需要采取哪些关键措施。

（9）简要解释常见术语"闪点"和"点火温度"之间的差异。请解释为什么甲烷和正庚烷的闪点和点火温度在数值上存在非常大的差异。

（10）简要地列出丙烷储罐填充操作过程中为防止火灾和爆炸危险应考虑的4个程序。

（11）简要概述使用氢气作为燃料时需要特别注意防止爆炸危险的原因。

9.8 小　　结

为保护操作人员、公众和设施免受燃料火灾和爆炸的危险，需要非常小心。这就需要了解关键的相关属性知识，如可燃极限、自燃温度和闪点值。公开文献中给出了多种燃料相关极限值变化的信息，包括稀释剂存在时的情况。

参 考 文 献

American Society for Testing Materials，ASTM，Flash Point by Pensky-Martens Closed Tester，1979，D93-79，Philadelphia，PA.

Bartok，W. and Sarofim，A. F.，Editors，Fossil Fuel Combustion：A Source Book，1991，John Wiley & Sons，Inc，New York，NY.

Baukal，C. E.，Jr.，Editor，Oxygen Enhanced Combustion，1998，CRC Press，Boca Raton，FL.

Baukal，C. E.，Jr.，Editor，The John Zink Combustion Handbook，2001，CRC Press，Boca Raton，FL.

Baukal，C. E.，Jr.，Editor，Industrial Burners Handbook，2004，CRC Press，Boca Raton，FL.

Bennett，G.，Feates，F. S. and Wilder，I.，Hazardous Materials Spills Handbook，1982，McGraw Hill Book Co.，New York.

Blockley, D., Editor, Engineering Safety, 1992, McGraw Hill Book Co., New York, NY.

Bodurtha, F. T., Industrial Explosion Prevention and Protection, 1980, McGraw Hill Book Co., New York, NY.

Bowes, P. C., Self-Heating: Evaluating and Controlling the Hazards, 1984, Elsevier Science Publishing Co. Inc., New York, NY.

Bryan, J. L., Fire Suppression and Detection Systems, 1974, Collier Macmillan Publishers, London, UK.

Cawthorne, N., 100 Catastrophic Disasters, 2003, Arcturus Publishing Ltd, London, UK.

Cervan, E., Oil and Water: The Torry Canyon Disaster, 1968, J. B. Lippincott & Co., Philadelphia, PA.

Coward, H. and Jones, G., Limits of Flammability of Gases and Vapors, 1952, U. S. Bureau of Mines, Bulletin 503.

Davidson, A., In the Wake of Exxon Valdez, 1990, Douglas and McIntyre Ltd., Vancouver, BC, Canada.

Denenno, F., Editor, SFPE Handbook of Fire Protection Engineering, 1988, National Fire Protection Association, Quincy, MA.

Drysdale, D., An Introduction to Fire Dynamics, 1985, John Wiley & Sons, Ltd, New York, NY.

Harris, R. J., Gas Explosions in Buildings and Heating Plant, 1983, E. & F. N. Spon Ltd, New York.

Hord, J., "Is Hydrogen a Safe Fuel," International Journal of Hydrogen Energy, 1978, Vol. 3, pp. 157-176.

Hunter, T. A., Engineering Design for Safety, McGraw Hill Book Co., New York, NY.

Institute of Petroleum, Liquefied Petroleum Gas Safety Code, Part 9-1967, Institute of Petroleum Model Code of Safe Practice, Elsevier Publishing Co., London, UK.

Karim, G. A. and Wierzba, I., Methane-Carbon Dioxide Mixtures as a Fuel, SAE paper No. 921557, in Natural Gas: Fuels and Fueling, SAE SP-927, 1992, pp. 81-91.

Karim, G. A., Wierzba, I. and Soriano, B., "The Limits of Flame Propagation within Homogeneous Streams of Fuel and Air," ASME Transactions—Journal of Energy Resources Technology, 1986, Vol. 108, p. 183.

Lewis, B. and von Elbe, G., Combustion, Flames and Explosions of Gases, 3rd Ed., 1987, Academic Press, New York, NY.

Lyons, P. R., Fire in America, 1976, National Fire Protection Association, Quincy, MA.

Matheson, Guide to Safe Handling of Compressed Gases, 2nd Ed., 1983, Matheson Gas Products Inc., New York, NY.

Rose, J. W. and Cooper, J. R., Editors, Technical Data on Fuels, 7th Ed., 1977, British National Committee of World Energy Conference, London, UK.

Schultz, N., Fire and Flammability Handbook, 1985, Van Nostrand Reinhold Co., New York, NY.

Shell Co., The Petroleum Handbook, 6th Ed., 1983, Elsevier Publishing Co., Inc., New York, NY.

Steere, N. V., Editor, Handbook of Laboratory Safety, 2nd Ed., 1971, CRC Press, Cleveland, OH.

Wierzba, I., Karim, G. A. and Shrestha, O. M., "An Approach for Predicting the Flammability Limits of Fuels/Diluent Mixtures in Air," 1996, Journal of Institute of Energy, Vol. 69, pp. 122-130.

Williams, A. F. and Lom, W. L., Liquefied Petroleum Gases, John Wiley & Sons Inc., New York, NY.

Williamson, S. J., Fundamentals of Air Pollution, 1973, Addison Wesley Publishing Co., Reading, MA.

Zabetakis, M., Flammability Characteristics of Combustible Gases and Vapors, 1965, United States Department of the Interior Bureau of Mines, Bulletin 627, Washington, DC.

Zabetakis, M., Safety with Cryogenic Fluids, 1967, Plenum Press, New York.

Zhou, G., Analytical Studies of Methane Combustion and the Production of Hydrogen and/or Synthesis Gas by the Uncatalized Partial Oxidation of Methane, 2003, PhD Thesis, University of Calgary, Calgary, Canada.

第10章　石　油

10.1　油　气　藏

石油是一种由多种不同类型的复杂烃类化合物组成的混合物。不同来源的石油组成千差万别，有些情况下，相同来源的石油也会因开采速度和时间的变化而不同。但是，通过加工和炼制过程，从石油中获得的产品也具有较好的性质。石油可以在各种规模的高压及适中温度、非均质组成的油藏中发现，其通常与天然气和水伴生。许多世界大型石油矿藏的规模是非常巨大的，通常由碳酸盐岩组成。这些多孔岩石中的孔隙充满了碳氢化合物、水和气体。

通常认为，石油主要是由海洋和陆地动物的尸体沉积物在时间、温度、压力和组分流动的共同作用下经历数百万年形成的。这得益于细菌和矿物质的作用。石油一般会存积于某些岩层中，通常在盐水层之上，且总是与天然气共生。从地下开采出来的石油一般含有硫化物、氧化物、氮化物和各种盐及矿物质。

在细菌和催化作用的辅助下，原始沉积物中的氧逐渐被消除，因此石油主要由碳氢化合物组成。有观点认为，在某些地点的石油可能是由累积的植被沉积物形成的一种馏分，这里的石油能够通过多孔岩石长距离地迁移到另一个地方，同时留下大量的煤。具有高比例轻质馏分油和低含量硫化物的石油被认为比高含硫和高黏度的重油具有更大的需求量和更高的经济价值。根据质量的不同，各原油的可用性和价格也会存在明显差异。

人类已经开发出各种地球物理勘探方法来探明地下岩层的组成和地质条件。其中地震勘探被广泛应用，该方法通过引爆相对较小的爆炸物产生地震波来进行信号探测。由地表下方岩层反射回的冲击波形成一种记录。将声波反射回来的时间以及它们从地下各连续岩层反射回的方位记录在测试区域表面铺设的地震检波器上。由于冲击波穿过任何岩层结构的速度取决于岩石的密度和弹性，因此可以用地震波在反射和折射上的差异表示不同岩石表面的区别。从这些记录的图案中，可以推导出岩石结构的深度和起伏。然而，尽管在地球物理学、地震勘探、计算机数据处理和成像方面取得了很大进展，钻到干井的风险仍无法消除。只有通过直接钻井这一个可靠的方法，才能确定气体或油是否存在于一些适合的地层中。近年来，有所增长的海上深海钻井技术正面临着挑战，与陆地或浅水域相比，其成本极高。水平钻井和定向钻井正得到越来越多的应用，特别是在直井难以到达的地区。

油藏是一个多孔的沉积岩层，上面覆盖着一层液体和气体不能通过的不可渗透的岩层（图10.1）。一个成熟的油藏的形状必须允许油或气积聚，上方的盖层能够防止其进一步向外迁移。由于地层内存在毛细管力，最初存在于孔隙中的一些水不能被逐渐累积的碳氢化合物充分地置换。这种不可移动的水被称为原生水或间隙水。

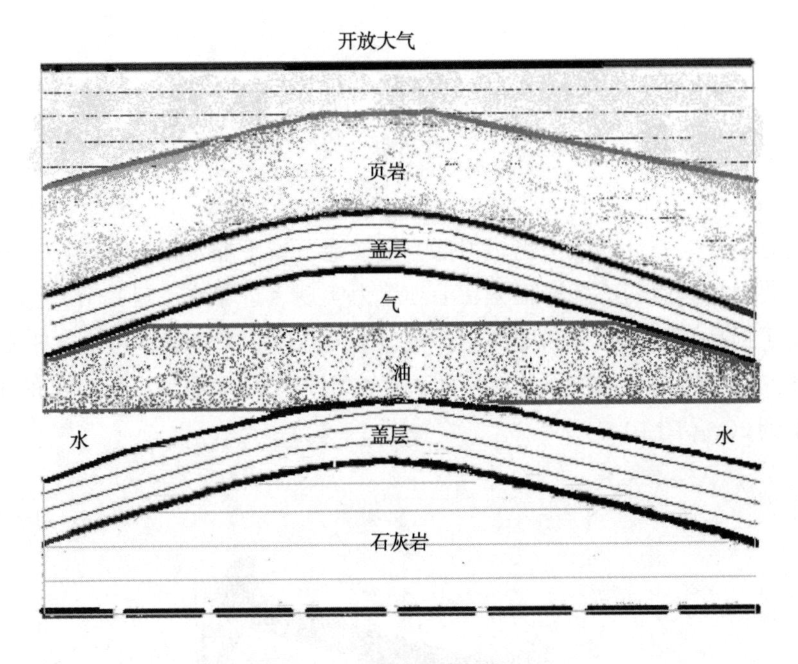

图 10.1 石油油藏结构示意图

孔隙度通常表示为储层岩石中所有孔隙的体积占岩石总体积的比例，一般在 10%~30%。孔隙度越大，可储存的油空间越大。地震数据可以解析地下深处岩石的形貌。对基本上是复杂物质平衡的油藏所进行的数学模拟需要许多相关而且详细的输入信息，如油藏的几何结构、岩石和流体的性质以及相关的测量和钻井记录。建立的油藏地质模型被分解成网格区块。然后为每个网格区块输入储层属性，如孔隙度、渗透率、净产层厚度、含水饱和度和地层体积，从而创建储层及其组成的计算图。

当钻一口新井时，可以通过提取岩心样品以确定关键信息，如孔隙度和渗透率。后一项指标量化了多孔材料在给予压差的情况下输送流体的能力。可渗透地层具有许多相对较大且连通的孔道，这些孔道能够允许流体在施加适度压差的条件下容易流动。

近年来取得的快速进步显示出定向钻井的可控性和准确性大大提高。这对发现更多的油气储量，并使难以到达的油藏能够被开采有极大的帮助，包括通过完全水平的长井。

无论是在勘探、测试还是生产阶段，不受控制的井喷都可能造成灾难性后果，并且代价极其昂贵。在整个作业过程中都要非常小心以确保安全操作。井喷的一些主要后果如下：

（1）由于气体、油、盐水和（或）硫化氢等潜在危险的地层流体的流动而导致的安全风险；

（2）伴随油藏碳氢化合物的损失，设备和材料也有损耗；

（3）具有长期危害的环境污染；

（4）在石油和天然气流失的同时，油藏底部水的流动会产生大片的水；

（5）井喷控制和补救成本高，并且可能造成人员伤亡；

(6) 操作人员和相关人员信誉损失。

当然，墨西哥湾井喷事件已经证明，水下深处井喷导致的相关风险要比陆地上的严重得多。

10.2 采　　油

使用常规方法开采石油的效率仍然很低，会在地下留下非常多的残留油。石油在储层岩石中的位移主要通过克服局部黏滞阻力和毛细管力实现。近年来，已经开发出多种方法并越来越多地应用于提高石油采收率和增加总产量(图 10.13)。下一节将讨论这些方法。

一次采油的生产方法是通过石油储层的天然高压作用开采原油。该方法的采收率通常非常低，一般不到 20%(图 10.2)。

图 10.2　使用外部驱动的泵将石油从地下油藏中抽出

(The Petroleum Resources Communication Foundation, 1985)

二次采油的方法主要是通过注水和(或)注入天然气维持油层压力，以便能够持续从岩层中开采石油，这是因为油层压力随着生产和时间的推移而减少。对于轻质原油，这种方法的采收率可以相当高，但对于稠油油藏仍相对较低。

三次采油的方法涉及热力采油、混相驱采油和化学驱采油等，这些方法通常用于一次采油和二次采油完成之后的某些油藏储层。

10.3　提高采收率的方法

提高原油采收率的方法主要与三次采油的方法有关。这类方法的目的是通过将外部流体注入到储层中来增强资源移动的有效性。这类方法中最常用的手段如下：

（1）混相驱：应用溶剂驱油，如碳氢化合物或二氧化碳。

（2）化学驱：将含有适宜化学添加剂的水注入地层。这种方法包括注入聚合物、碱性驱油剂、表面活性剂，以及使用苛性碱—聚合物—表面活性剂。

（3）热采：蒸汽注入主要用于加热储油层，以降低油的黏度并使其更具流动性。这种方法包括蒸汽吞吐、蒸汽驱采、原位燃烧和蒸汽辅助重力泄油。

任何一种方法的成功应用取决于油藏储层的性质和该方法的经济适用性。热采法往往是最常用的，这种方法对稠油尤其有效(包括油砂)，通过提高油的温度，使油的黏度降低，进而更具流动性。相比之下，混相驱采油法效率通常较低。然而，在一次采油和加强的二次采油方法联合应用后，在有些地方仍然有大约一半的资源可以开采。通常使用的各种各样的注入蒸汽法包括：

（1）蒸汽驱采油，有时称为蒸汽驱动，通过注入井连续注入蒸汽，石油流体通过其他生产井排出。注入的蒸汽有助于降低石油的黏度并提供驱动力。在井和地层周围的热损失非常大且成本昂贵。使用的蒸汽与油的质量比通常在2.0 ~5.0。成功的蒸汽驱动通常不应用于深层或薄层储层，因为蒸汽在通往地层途中的热损失非常大。对于不太深的储层，各个井之间的间隔可以高达几英亩。

（2）循环蒸汽注入或蒸汽吞吐是指蒸汽连续注入储层一至几周。然后关闭蒸汽供应，使井内物质浸泡一段时间，如1周或2周左右，以使注入的蒸汽冷却并冷凝，相应潜伏的冷凝热扩散到储层中。这降低了油的黏度进而可以使其流动，并通过相同的注入井被带到地表。这个过程可以在井的有效寿命中重复。这种方法有时会被形象地描述为“吞吐”法(图10.3)。

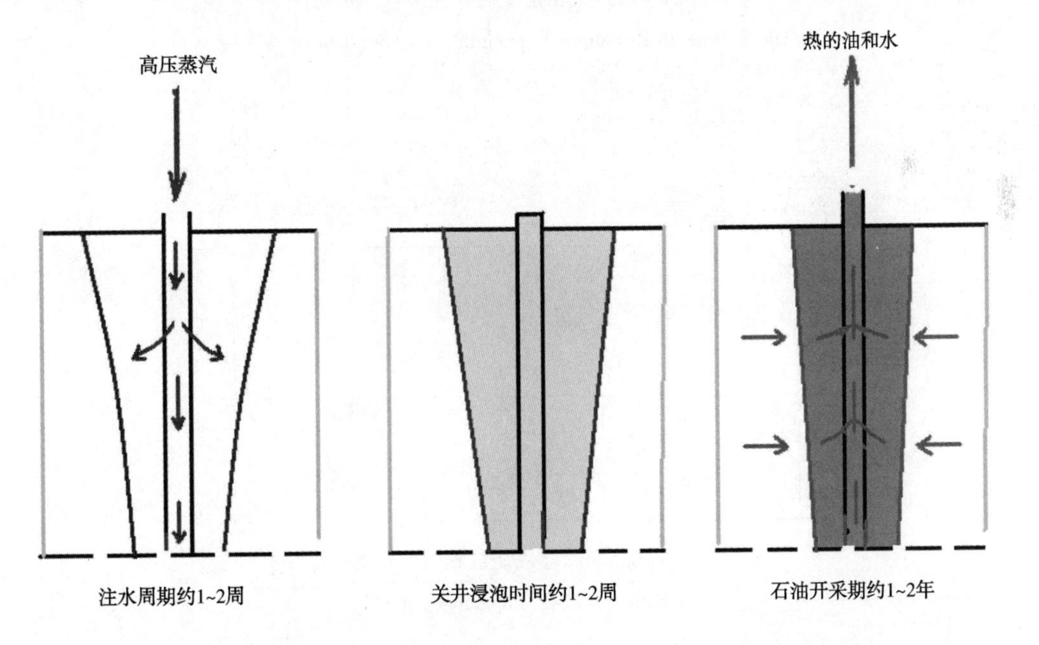

图10.3 热蒸汽注入的“吞吐”方法示意图(Industry Canada，2004)

（3）原位燃烧：通过在压缩空气或间歇注入氧气的情况下启动储层内的地下燃烧可以提高采收率。在原位燃烧过程中会发生许多化学反应。这些反应的3种主要类型是热裂化、低温氧化和高温氧化。这些反应的进程取决于石油的性质、储层的多孔介质、储层含油饱和度以及其他操作参数，如空气流量和注入压力。原位燃烧可以是正向燃烧、反向燃烧和湿式燃烧的一种。在正向燃烧中，燃烧锋面在储层床内以与喷射空气相同的方向移动；而在反向燃烧中，燃烧锋面在储层床内以与喷射空气相反的方向移动。湿式燃烧是对干式正向燃烧的一种改进，除了注入空气之外，还包括同时或替代注入水或蒸汽(图 10.4 和图 10.5)。

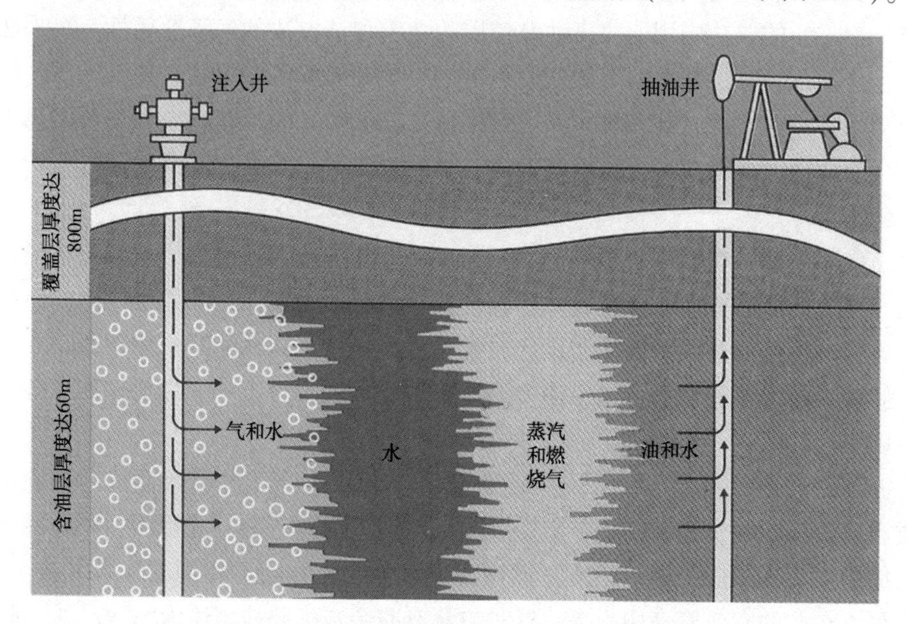

图 10.4　通过火驱法提高石油采收率示意图

(The Petroleum Resources Communication Foundation，1985)

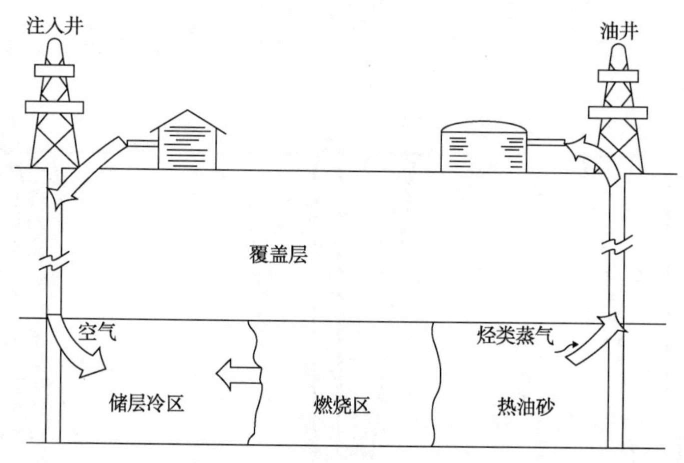

图 10.5　反向燃烧过程的示意图

(Camp，1974；Baughman，1978)

正向燃烧一直是首选的燃烧过程，因为它可以燃烧掉不想回收的石油馏分(图 10.6)。在这个过程中，热裂化反应会产生称为焦炭的重质残余物，沉积在核心基质上。这种残余物也是该过程的主要燃料来源。通过原位燃烧回收石油的主要困难在于控制不受监控的地下深处的燃烧过程。

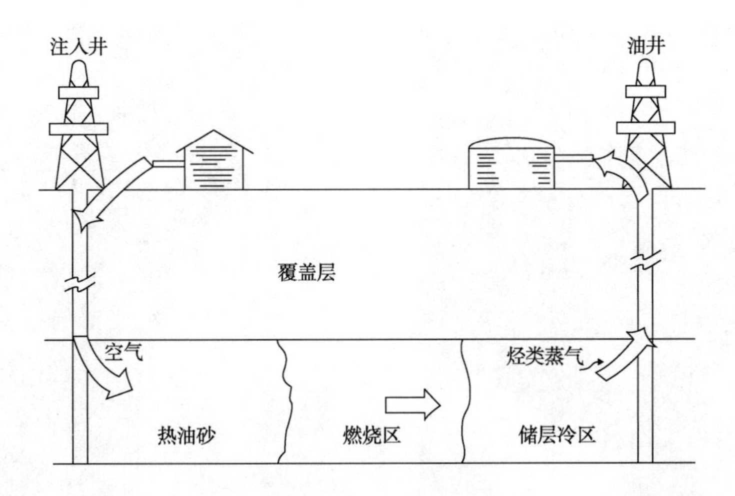

图 10.6 正向燃烧过程的示意图(Camp，1974；Baughman，1978)

10.4 油 砂

油或沥青砂主要由沙子和大约10%或更少的沥青和水组成(图 10.7 至图 10.9)。油砂的质量随地域和深度改变而变化很大。世界某些地区(特别是加拿大西部阿尔伯塔省)的油砂储量非常大。

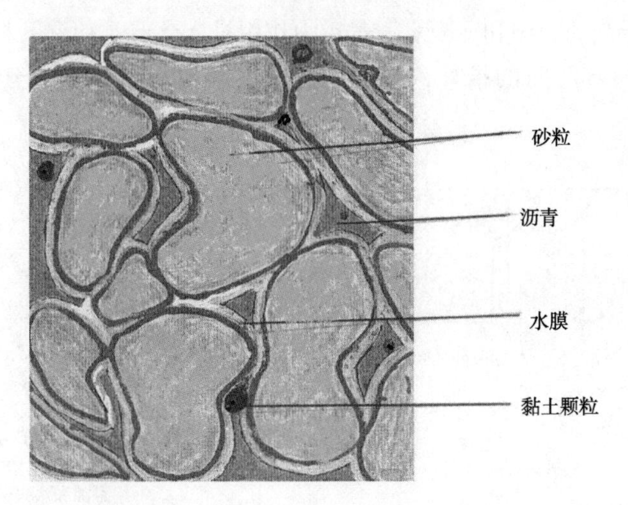

图 10.7 油砂的典型结构显示砂粒被水和沥青包围，其间有一些黏土和矿物颗粒

沥青是一种高度黏稠的流体，它是由分子量极大的烃类物质组成的复杂混合物。它还含有多种元素，如硫元素(质量分数在 4.5%~5.5%)和金属化合物(如钒和镍约400~500mg/L)。

图 10.8 为油砂图，图 10.9 显示了所提取沥青。通常，地表以下约 50m 处的油砂一般通过露天开采收集。地表 100m 以下的油砂沉积物需要通过原位加热方法，采用蒸汽注入来软化沥青、降低黏度并随后用水将其向上泵送。

图 10.8　油砂图(Industry Canada，2004)

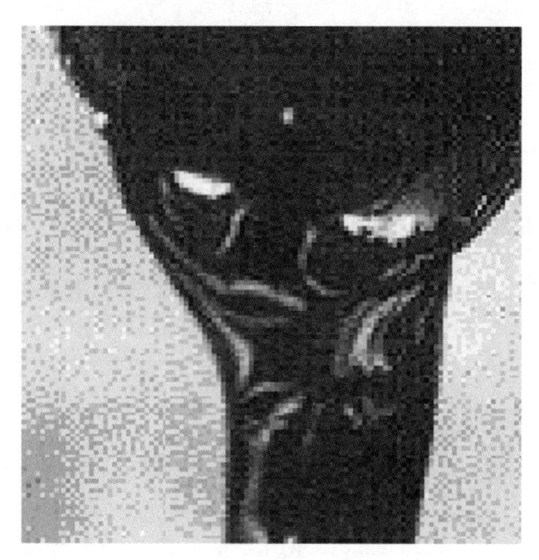

图 10.9　从油砂中提取的高度黏稠的沥青(Industry Canada，2004)

近年来，蒸汽辅助重力泄油(SAGD)工艺越来越多地被用于沥青热采。加拿大近 50%的石油产量是通过这种方式实现的。图 10.10 和图 10.11 分别为 SAGD 工艺的流程示意图和 SAGD 过程的平面示意图。从图中可以看出显示，两个水平钻探的小直径地下长通道上面布有向外的钻孔槽。蒸汽由上部通道连续注入，通过钻孔槽进入周围的地层。蒸汽沿着表面冷凝，并释放凝结的潜热传递给其周围距离最近的油砂。这一过程有利于加热附近的沥青并降低其黏度，使其易于流动。油和冷凝水通过重力作用排入含有类似钻孔槽的下方通道中，然后被抽回到地面。随着时间的推移，开采的区域逐渐向上方和侧向延展，留下的主要为沙子。

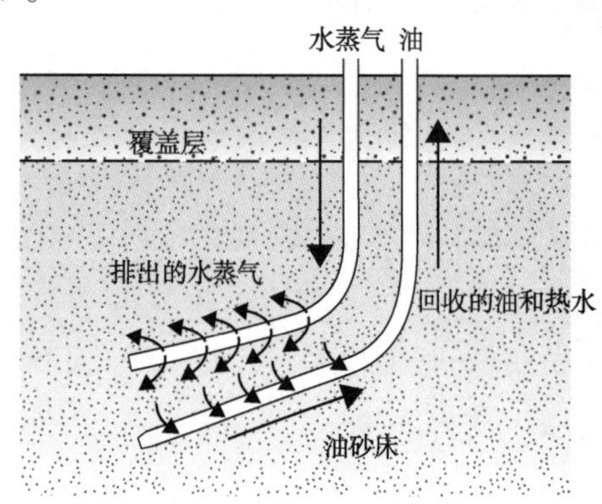

图 10.10　SAGD 工艺的流程示意图

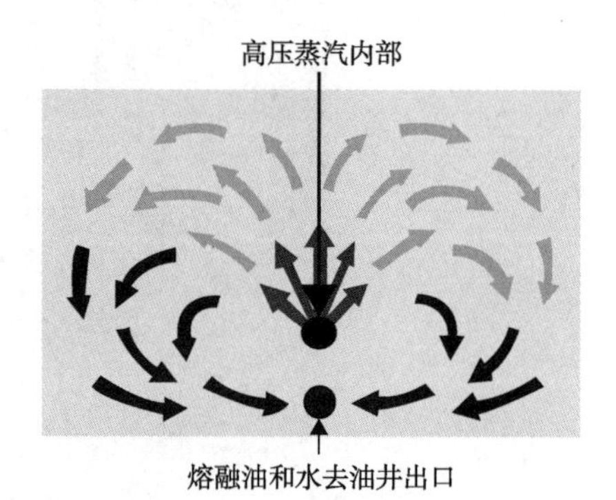

图 10.11　SAGD 过程的平面示意图，显示了入口高压物流和返回到油和水生产井的返回物流

包括燃烧方法在内的其他原位技术也已经尝试过，但仍需进一步研究与开发，以使这些从庞大的油砂矿床中提取沥青的技术实施起来完全可控，而且在商业及环境方面可行。

油砂的提取和加工非常耗能，对环境也会造成严重的影响。在采矿、加工、精炼和随后的输送中，会耗费许多能量。此外，还有一些需要持续关注和努力解决的负面问题。这些问题包括天然气的过度消耗、非常高的用水量和水污染、引发的严重空气污染以及大量的温室气体排放、土壤退化和沥青渗漏情况下的污染和废物处理问题。随着常规石油价格的不断上涨，相关技术和环境的研究工作也在积极推进，以改进油砂沥青的开采和随后的运输及炼制过程。

在采油和早期运输之后油砂加工的初级阶段，沥青必须在加工之前从油砂中移除。这种分离通常是用热水进行的，并且所得到的沥青富集的泡沫被撇去。如前所述，沥青的原始形态是一种由许多不同物质组成的分子量大且复杂的混合物。它是一种非常重质的油，每个分子含有数量非常多的碳原子(比如2000个)，并且氢含量非常低(如H/C不大于1.50)。在加工过程中需要通过消除相对较多的部分碳原子或添加大量的氢原子来破坏这种大分子的结构。这个过程是通过将沥青分子裂解成较小分子的焦化装置完成的，主要通过天然气蒸汽重整产生的氢气，在高温高压、催化剂存在的情况下，通入到加氢裂化装置中，以改善沥青的组成并使其适于在炼厂直接转化为有用的精制石油产品。通常，由于沥青分子量非常高，传统型炼厂不能对其进行轻易处理。来自油砂的部分加工油被称为合成原油。由于油砂沥青的硫和氮含量高于常规原油，因此在合成原油出售之前，必须在反应器中进行质量升级。

沥青具有极高的黏度，这使其难以运输和精炼。沥青的提质是合成原油生产的重要组成部分，合成原油很难提炼和通过管道运输。其升级改质过程包括热转化和催化转化，加氢处理和分馏，以分离出各种产品，如石脑油、瓦斯油和煤油等。这些产品随后可以混合到运往精炼厂的合成原油中。这样的合成原油在性能上与低硫常规原油多少有些相似。

对提取的沥青需要采用特殊的精炼方法。通过加氢处理过程对沥青进行改质生产合成原油，同时会产生一种称为焦炭的固体副产物。在提质和精炼的过程中，需要大量天然气用于制氢。沥青在分离时，需要用常规轻质燃料稀释，使混合物更具流动性。

目前，以油砂生产石油产品的方法在经济上很具有吸引力。然而，减少因其开采过程对环境和资源带来的影响的压力也越来越大，特别是在水污染、过度依赖天然气和温室气体排放方面。生产石油的价格无疑反映了开发和实施必要的补救措施所不断增加的成本。图10.12显示了油砂开采中所用的大型设备。

图10.12　阿尔伯塔省油砂地表采矿中的大型设备

(The Calgary Herald, Calgary, Canada)

10.5 页 岩 油

页岩油是叠层页岩中含有的焦油状物质。当岩石破裂、被压碎和加热时，蒸气会被释放出来，然后可以通过冷凝转化成初始的页岩油，随后可以被精炼(图 10.13)。在一些情况下，油也可以通过成本更高的溶剂的作用脱除。

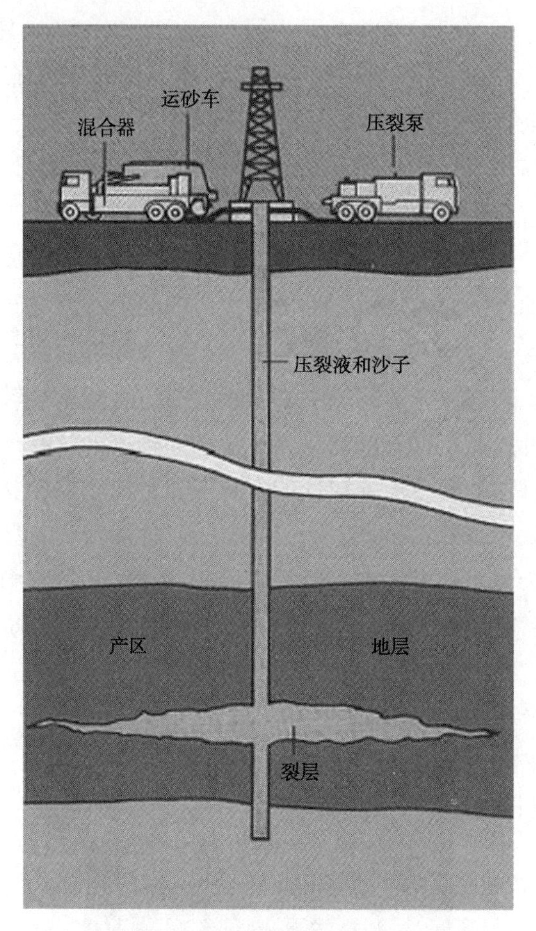

图 10.13 通过注入的流体和沙子的作用使油藏被压裂，以提高资源通过油层的流动性能

(The Petroleum Resources Communication Foundation, 1985)

世界许多地方都有大量的页岩油储量。但是，沉积物中的矿物质通常占总质量的 90%以上。总的来说，从页岩中提取石油的技术比煤液化的技术简单，而且不如油砂生产石油的技术发达。油页岩矿床的商业开采面临严重的问题。其中一些涉及从这些矿床中提取油的高费用和能源成本，以及与页岩油提取过程相关的严重的环境破坏问题。通常，每生产 1bbl 石油，可能需要去除 1t 以上的岩石。因此，一个萃取装置可能不得不处理数百万吨废石。该装置在每天处理产生的近百万吨废石的同时，还可能需要采取必要的补救措施来保护环境。因此，迄今只有很少的石油是通过这种资源生产的。

10.6　问　　题

(1) 解释术语"孔隙度"和"渗透率"用于描述油藏床层时的区别。

(2) 列出一些用于维持和提高生产油井产量的主要方法。解释为什么通过原位燃烧方式提高采收率的热采方法在近年来还没有完全发展到生产应用阶段。

(3) 加拿大油砂越来越多地被认为是加拿大出口的液态化石燃料的主要来源。简要概述需要进一步做出的努力和措施，以便从环境、技术和经济角度考虑，这种资源的开发更能够被接受。

(4) 对比一下广泛开采油砂和页岩油藏所面临的问题。

(5) 几乎没有任何工业应用可以将油砂直接在炉中燃烧用于生产低压蒸气。应该考虑哪些关键性指标来解释这种应用缺乏背后的原因？

10.7　小　　结

石油是一种由很多种不同类型的复杂烃类化合物组成的混合物。不同来源的石油的组成是不同的，有些情况下，同一来源不同开采速度和时间的石油的组成也是不同的。石油主要是由海洋和陆地动物的尸体沉积物在时间、温度、压力和组分流动的共同作用下经过数百万年形成的。使用常规方法开采油气藏效率仍然很低，将会留下大量未被开采到的石油。近年来，已经开发出各种方法并越来越多地应用于提高石油采收率和提高总产量，这些方法包括维持油藏压力和采用热力和化学措施的方法。以油砂和页岩油形式存在的储量巨大的复杂重质烃类资源具有潜在的利用价值。它们的有效利用需要相关技术的进一步发展，以减少大量能源的消耗和相关不利于环境的影响。

参 考 文 献

Allinson, J. P., Editor, Criteria of Petroleum Products, 1973, John Wiley and Sons, New York.

American Society for Testing Materials, Flash Point by Pensky-Martens Closed Tester, D93-79, 1979, American Society for Testing Materials, Philadelphia, PA.

American Society for Testing Materials, Petroleum Products and Lubricants, Part23, D56-D1660, 1979, American Society for Testing Materials, Philadelphia, PA.

Anderson, L. L. and Tillman, D. A., Editors, Fuels from Waste, 1977, Academic Press, New York.

Australian Minerals and Energy Council, Report of the Working Group on Alternative Fuels, 1987, Australian Government Publishing Service, Canberra, Australia.

Baughman, G. L., Editor, Synthetic Fuels Data Handbook, 2nd Edition, 1978, Cameron Engineers Inc., Denver, CO.

Bradley, H. B., Editor, Petroleum Engineering Handbook, 1987, Society of Petroleum Engineers,

Richardson, TX.

Camp, F. W., The Tar Sands of Alberta, 2nd Edition, 1974, Cameron Engineers Inc., Denver, CO.

Evans, R., Fueling Our Future, 2008, Cambridge University Press, Cambridge, UK.

Foxwell, G. E., The Efficient Use of Fuel, 1958, British Ministry of Technology, H. M. S. O., London, UK.

Hobson, G. D. and Pohl, W., Modern Petroleum Technology, 4th Edition, 1973, John Wiley and Sons, New York.

Industry Canada, Oil Sands Technology Roadmap—In Situ Bitumen Production, 2004, Government of Canada.

Meyers, R. A., Handbook of Synfuels Technology, 1984, McGraw Hill & Co., New York.

The Petroleum Resources Communication Foundation, Our Petroleum Challenge: The New Era, 3rd Edition, 1985, Calgary, Canada.

Probstein, R. F. and Hicks, R. E., Synthetic Fuels, 2006, Dover Publications Inc., Mineola, NY.

Robinson, R. F. and Hicks, R. E., Synthetic Fuels, 1976, McGraw Hill & Co., New York.

Shell Co., The Petroleum Handbook, 6th Edition, 1983, Elsevier Publishing Co., Inc., New York.

Simone, D. D., The Direct Use of Coal, 1979, Grand River Books, Detroit, MI.

Smoot, L. D. and Smith, P. J., Coal Combustion and Gasification, 1985, Plenum Press, New York.

Tillman, D. A., The Combustion of Solid Fuels and Wastes, 1991, Academic Press, New York.

第 11 章　石油炼制

11.1　石油炼制的需求

在油藏中发现可开采的石油仅仅是一系列后续工序的开始，其他工序还包括开采、运输、精炼和销售精炼产品。原油的直接燃烧会带来巨大的经济浪费和环境破坏。通过炼制技术将石油组分分离出来，并改性为组成更加均匀的可用组分(图 11.1)。炼制过程涉及许多复杂的物理和化学步骤，以将原油中大量的化合物和杂质转化为有用的理想产物。当前和未来的炼油工业需要满足日益严格的排放法规，并且面临着加工质量日益恶化的原油。因此，炼厂采用了不同的操作单元、处理装置和加工方法。炼厂规模越来越大，工艺越来越复杂。

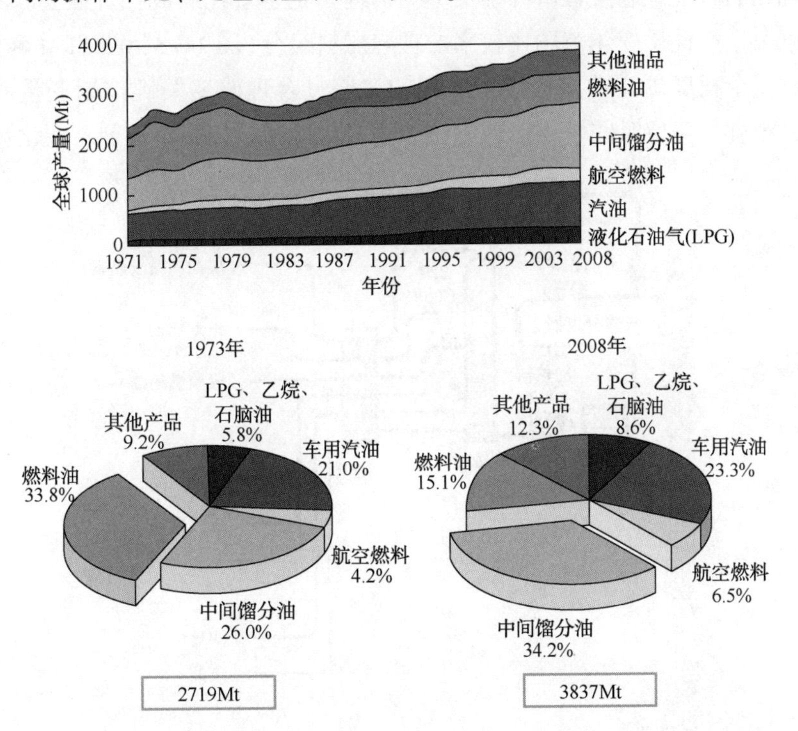

图 11.1　1971—2009 年全球主要石油炼制产品平均产量的变化(以百万吨计)

(International Energy Agency，Key World Energy Statistics，2011，www. iea. org/books，Paris，France)

为了获得更高的效率、降低成本、增强可靠性，同时将不需要的废物排放降至最低，需要提供质量合格的燃料，且应符合当前和未来对不同动力和热力系统的需要。因此对能源工业的炼油部门提出了极大的技术性、经济性和环境性要求。

正如前面所述，原油是由天然存在的性质各异的有机物组成的复杂混合物，这些有机物主要是含有相对少量的硫、氧、氮以及痕量的金属和矿物质的烃类化合物。由于原油组分的性质范围较广，因此必须通过精细的炼制过程加以适当处理。

图 11.2 为简单蒸馏系统示意图，根据有效密度和浮力的作用，可以将产品分成若干馏分段。直馏汽油是通过简单蒸馏直接获得的炼油产品，没有经过专门的化学转化过程。近年来对汽油质量施行日益苛刻的要求，直馏汽油很少被认为是符合要求的燃料。

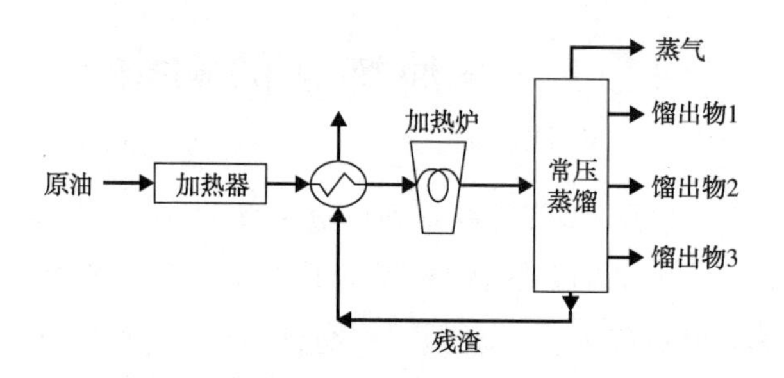

图 11.2　简单蒸馏系统示意图

然而，现在的石油炼制过程由许多关键的物理和化学过程组成，旨在去除不需要的杂质和化合物，以及生产性质变化范围比较窄的理想燃料组分(图 11.3，图 11.4 和图 11.7)。这个过程是通过复杂程度更高的多个过程实现的，通过合理改变关键控制变量的参数(温度、压力、组成、浓度、停留时间、供热或除热、物料再循环、使用添加剂、催化剂)即可。

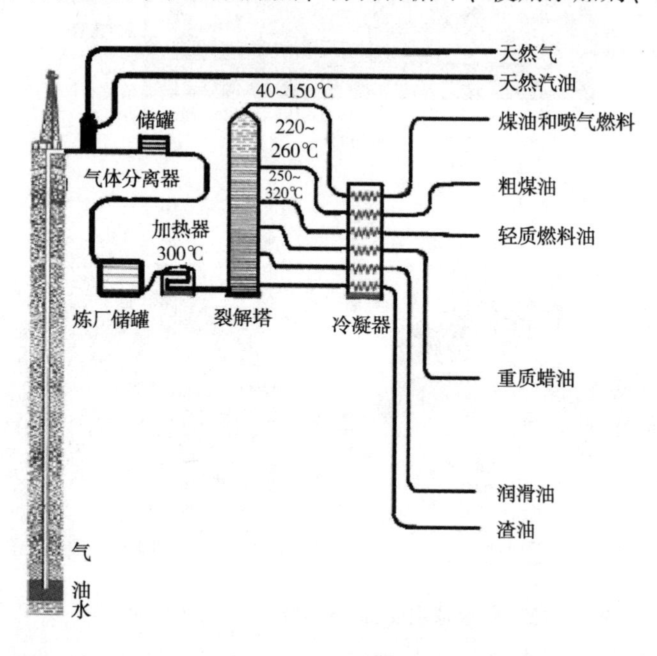

图 11.3　石油炼制初期阶段主要通过蒸馏工艺将原油分离成大量的产品馏分(Obert，1973)

炼油工艺包括分馏、裂化、重整、异构和加氢(图 11.4)，生产包括汽油、柴油、煤油、燃料油和燃气轮机喷气燃料在内的满足人类需要的燃料产品。原油对于任何目标产物的相对转化率只能在相对较小的范围内变化，相对转化率取决于所加工原油的质量和所使用的炼制工艺，图 11.5 给出了石油加工的典型产品种类。

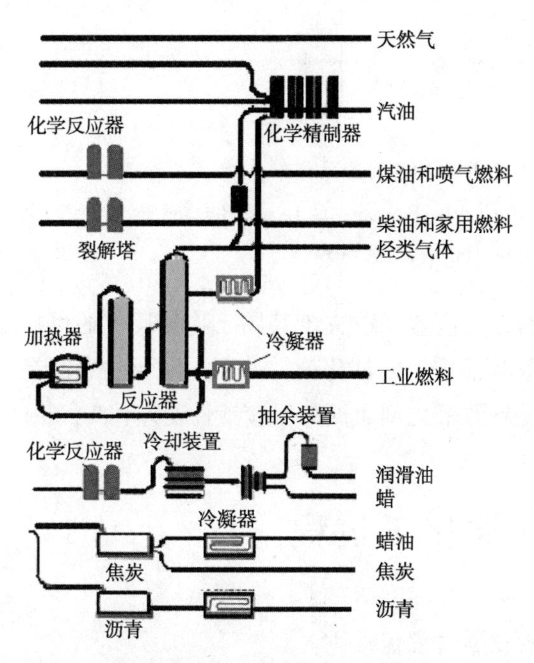

图 11.4　精制目标产品的后期阶段(Obert，1973)

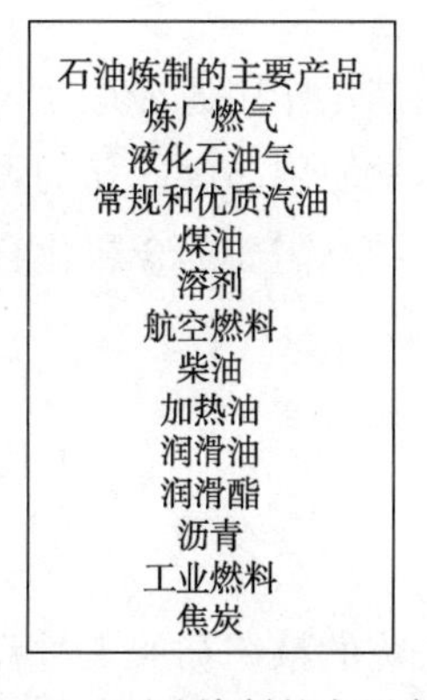
石油炼制的主要产品
炼厂燃气
液化石油气
常规和优质汽油
煤油
溶剂
航空燃料
柴油
加热油
润滑油
润滑酯
沥青
工业燃料
焦炭

图 11.5　石油炼制的主要产品

蒸馏过程中，在分馏塔顶部获得少量轻质和易挥发的组分，而重组分则流向塔底。通过随后的物料再循环等加工过程，某种产品相对于其他产品的相对收率可通过调节增大或降低。当然，通常来说这只能在一定程度内实现。

为了满足燃料产品越来越严格的质量要求，同时不得不加工质量日益变差的原油，石油炼制过程变得越来越复杂和精细。因此，能够在维持盈利状况下生产炼油产品的大型炼油厂的数量正在减少。

如果仅用分馏来生产所需的汽油，则会导致大量的燃料油、煤油、蜡等产品不成比例地积聚。通过采用热裂化和催化裂化等多种工艺，常常可以将原油适当地转化成符合质量要求的汽油。

裂化过程是将诸如大分子的烃类化合物分解成沸点较低的简单化合物。然而，裂化反应涉及分解以及一些重组反应。因此，裂化产物中将含有一些沸点较高、黏度相对较高的化合物，在不同的操作条件下，可通过循环反应以进一步控制裂化。

多数炼厂还建有催化裂化装置，由于催化裂化装置可以生产催化裂化汽油，相比于热裂化生产的汽油，催化裂化汽油在汽油燃料发动机中具有优异的抗爆震性能。催化裂化装置使用诸如二氧化硅、铝和氧化镍等催化剂。催化裂化产品的性质和分布主要取决于催化剂的类型和性质、温度、压力和停留时间。尽管催化裂化操作费用比热裂化更昂贵，但高品质燃料收率的增加使得整个过程通常更具有经济性。图 11.6 显示了由某种原油样品生产的主要石油产品的典型平均分布。

液化石油气和炼厂气，6.6%
汽油，40.0%
煤油和喷气燃料，6.5%
柴油燃料，18.5%
燃料油，16.5%
石油化工原料，6.0%
润滑油、润滑酯和蜡，2.0%
沥青、焦炭和损失等，3.9%

图 11.6　某原油样品生产的主要产品分布

（U. S. Department of Energy and cited by Borman，G. L. and Ragland，K. W.，Combustion Engineering，1995）

催化剂的催化作用通常是在表面进行的，反应效果取决于其用于物料反应的可接触表面积。因此，通常使用高度富孔的颗粒或分散非常均匀的催化剂。然而，需要注意的是，由于原油中存在一些不需要的金属化合物，容易导致催化剂表面的反应活性变差(如中毒)。

11.2　炼油化工过程

烃类化合物的精炼和加工过程中涉及的化学过程包括：

(1) 加氢——涉及燃料氢含量的增加，这一过程通常在相应催化剂存在的条件下进行。

(2) 脱氢——脱氢反应即从燃料分子中除去部分氢的反应，通常借助催化剂生成相应的不饱和化合物。

(3) 裂化——将大分子分解成更简单小分子的过程。催化裂化可以在较低温度下发生，但需要有催化剂存在。

(4) 热解——在没有空气的情况下加热燃料油时所发生的热裂化过程。

(5) 异构化——由具有相同质量和元素、不同原子排列的化合物反应生成异构体的过程。

(6) 环化——生产环状化合物的过程。

(7) 烷基化——生产烷基化合物的过程。

(8) 聚合——两个或多个分子结合形成单个更大分子的过程。

(9) 氧化——燃料分子脱电子的过程。

(10) 还原——燃料分子得电子的过程。

(11) 氯化——燃料分子引入氯的过程。

炼油工艺涉及的基本类型是原油的物理处理和化学处理。蒸馏过程首先通过常压下加热进料，随后在特殊的减压分馏塔分离混合物料。之后是包括催化重整、异构烷基化和聚合反应等一系列的大型化工过程(图 11.7)。炼厂将许多连续操作与回流联合起来，以优化某些理想产品组分的收率。图 11.8 显示了 1970—2004 年美国石油炼制能力随需求的变化。

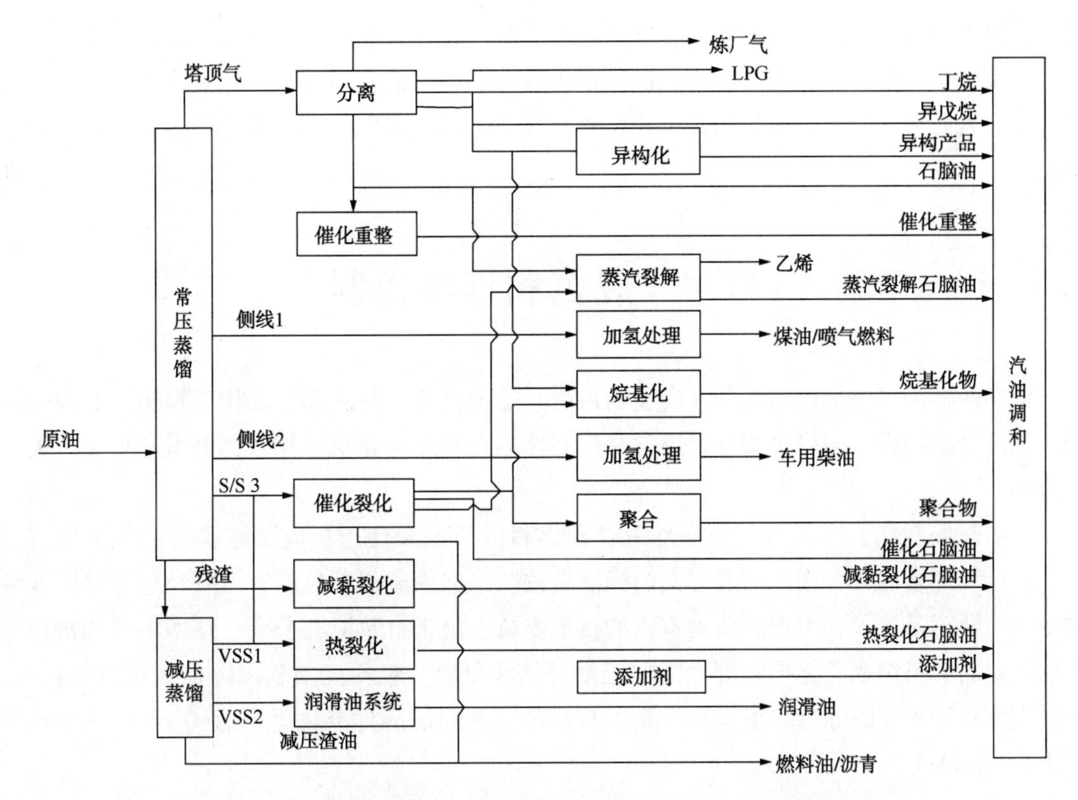

图 11.7　在更精细的炼厂加工原油的示意图(Owen and Coley，1995)

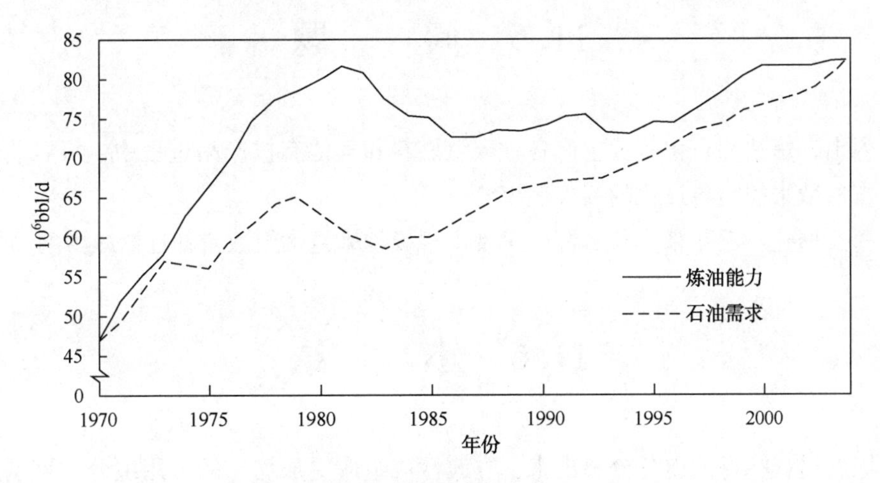

图 11.8　1970—2004 年美国石油炼制能力和需求的变化(U. S. Department of Energy，2007)

11.3　催化剂及其作用

在炼油过程中，催化剂广泛应用于各个阶段并起着极其重要的作用。催化剂是通过加快化学反应速率以使反应更快地达到化学平衡状态来发挥催化作用的。使用合适的催化剂，可以在确保反应以适当的速率进行的同时，降低反应温度。催化剂是一种具有多种多样特性的材料，例如金属、金属氧化物、非金属氧化物、碱、酸和一些有机化合物。大多数催化剂具有加速特定反应的特殊作用。反应的促进作用通常发生在催化剂表面，这就需要催化剂有尽可能大的表面积。因此，催化剂以小颗粒或蜂窝体的形式应用能够为反应物流提供更大的表面积。

11.4 规范和标准控制

标准通常为当前最佳实践的一套技术指南，是设计者、制造商、操作者和用户的操作指令。规范是必须遵守的严格指令，通常是强制性的，例如与建筑、排放、电力和火灾有关的规范。

目前已经制订了许多规范和标准来管控燃料的质量和使用，以及能源行业几乎所有技术、安全和环境的方方面面。各方面的标准是按照严格的流程制订的，需要经过各种专业性技术委员会对其接收和审查。负责审查的技术委员会由来自政府、公众、技术人员和机构等不同部门的成员组成。标准和规范需要定期评估和更新。包括美国和国际标准化组织在内，全世界有各种各样的标准化组织制订和发布标准，例如国际标准化组织(ISO)和美国测试材料协会(ASTM)。

11.5 问　　题

(1) 列出在炼油和石化行业生产各种碳氢燃料和其他有机产品过程中，可以通过改变哪些主要操作参数来控制各过程的反应速率?

(2) 简要概述：近年来为什么炼厂呈现出规模越来越大但数量却逐渐减少的趋势?

11.6 小　　结

通过炼制过程将石油组分分离出来，并改性成组成更加均匀的可用组分。炼制过程涉及许多复杂的物理和化学步骤，以将原油中大量的化合物和杂质转化为汽油、柴油、煤油、燃料油和燃气轮机喷气机燃料等有用的理想产物。石油炼制过程主要包括分馏、裂化、重整、异构化和加氢。原油对于任何目标产物的相对转化率只能在相对较小的范围内变化，相对转化率取决于所加工原油的质量和所采用的炼制工艺。

参 考 文 献

Allinson, J. P., Editor, Criteria of Petroleum Products, 1973, John Wiley and Sons, New York, NY.

ASTM, Petroleum Products and Lubricants, Part23, D56-D1660, 1979, American Society For Testing Materials,

Philadelphia, PA.

ASTM-D93-79, Flash Point by Pensky-Martens Closed Tester, 1979, American Society For Testing Materials, Philadelphia, PA.

Borman, G. L. and Ragland, K., Combustion Engineering, Int. Edition, 1998, McGraw Hill Inc., New York, NY.

BP Co., Statistical Review of World Energy, Yearly.

Bradley, H. B., Editor, Petroleum Engineering Handbook, 1987, Soc. Petroleum Engineers, Richardson, TX.

Brady, G. S. and Clauser, H. R., Materials Handbook, 12th Edition, 1986, McGraw Hill Book Co., New York, NY.

British Petroleum, Gas Making and Natural Gas, 1972, BP Trading Ltd., London, UK.

Garrett, T. K., Automotive Fuels and Fuel Systems, Vol. 1: Gasoline, 1991, Pentech Press, London, UK.

Garrett, T. K., Automotive Fuels and Fuel Systems, Vol. 2: Diesel, 1994, Pentech Press, London, UK.

Hobson, G. D. and Pohl, W., Modern Petroleum Technology, 4th Edition, 1973, John Wiley and Sons, New York, NY.

Katz, D. L., Editor, Handbook of Natural Gas Engineering, 1959, McGraw Hill Co., New York, NY.

Keating, E. L., Applied Combustion, 1993, Marcel Dekker Inc., New York, NY.

Lowery, H. H., Chemistry of Coal Utilization, 1973, John Wiley and Sons, New York, NY.

Meyers, R. A., Handbook of Synfuels Technology, 1984, McGraw Hill Co., New York, NY.

National Petroleum Council, Hard Truths About Energy, July 2007, NPC, Washington, DC.

Obert, E. F., Internal Combustion Engines and Air Pollution, 1973, Intext Educational Publishers, New York, NY.

Odgers, J. and Kretschmer, D., Gas Turbine Fuels and Their Influence on Combustion, 1986, Abacus Press, Cambridge, MA.

Owen, K. and Coley, T., Alternative Fuels Reference Book, 2nd Edition, 1995, Society of Automotive Engineers Inc., Warendale, PA.

Probstein, R. F. and Hicks, R. E., Synthetic Fuels, 2006, Dover Publication Inc., Minneola, NY.

Robinson, R. F. and Hicks, R. E., Synthetic Fuels, 1976, McGraw Hill &Co., New York, NY.

Rose, J. W. and Cooper, J. R., Editors, Technical Data on Fuels, 7th Edition, 1977, British National Committee of World Energy Conference, London, UK.

Schultz, N., Fire and Flammability Handbook, 1985, Van Nostrand Reinhold Co., New York, NY.

Shaha, A. K., Combustion Engineering and Fuel Technology, 1974, Oxford & IBH Publishing Co., New Delhi, India.

Shell Co., The Petroleum Handbook, 6th Edition, 1983, Elsevier Publishing Co. Inc., New York, NY.

Simone, D. D., The Direct Use of Coal, 1979, Grand River Books, Detroit, Michigan.

Smoot, L. D. and Smith, P. J., Coal Combustion and Gasification, 1985, Plenum Press, New York, NY.

Sorenson, H. A., Energy Conversion Systems, 1983, John Wiley & Sons, New York, NY.

Spalding, D. B., Combustion and Mass Transfer, 1979, Pergamon Press, Oxford, UK.

Springer, G. S. and Patterson, D. J., Engine Emissions, 1973, Plenum Press, New York, NY.

Stafford, D., Hawkes, D. L. and Horton, R., Methane Production from Waste Organic Matter, 1981, CRC Press, Boca Raton, FL.

Starkman, E. , Editor, Combustion Generated Air Pollution, 1971, Plenum Press, New York, NY.

Steere, N. V. , Editor, Handbook of Laboratory Safety, 2nd Edition, 1971, CRC Press, Cleveland, OH.

Strahle, W. C. , An Introduction to Combustion, 1993, Gorgon and Breach Science Publishers, Amsterdam, The Netherlands.

Strehlow, R. A. , Combustion Fundamentals, 1984, McGraw Hill Book Co. , New York, NY.

Sutton, G. P. and Ross, D. M. , Rocket Propulsion Elements, 4th Edition, 1975, Wiley Interscience Pub. Co. , New York, NY.

Taylor, C. F. , The Internal Combustion Engine in Theory and Practice, Vol. 1&2, 1985, MIT Press, Cambridge, MA.

The Petroleum Resources Communication Foundation, Our Petroleum Challenge The New Era, 3rd Edition, 1985, Calgary, Canada.

Turns, S. R. , An Introduction to Combustion, 1996, McGraw Hill Book Co. , New York, NY.

U. S. Department of Energy, Hard Truths About Energy, 2007, National Petroleum Council, Washington, DC.

第 12 章　汽　油

12.1　火花点火式汽油发动机

目前大多数汽车发动机，尤其是北美的发动机，都是点火式的。在点火式发动机中，燃料蒸气和空气的均匀混合物在高温和高压下由火花塞点燃，以引发往复式活塞发动机中的湍流燃烧。通过由此产生的湍流火焰的传播，热能释放并推动活塞往复运动产生机械能。图 12.1显示了混合气燃料与空气质量比变化对功率输出和工作效率的典型影响。可以看出，最大输出功率与富油的化学计量混合气相关，而最大效率与贫油燃气相关。目前，为了有效控制这些发动机排出的废气排放物的组成，使用三元催化转化器。这些装置需要在整个过程中使用化学计量混合物，同时通过改变引入的燃料—空气混合物的总质量来控制功率输出。

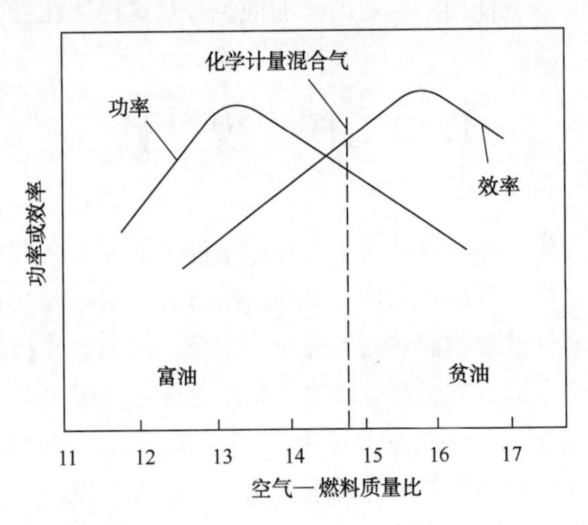

图 12.1　功率输出和工作效率随空气—燃料质量比变化的典型趋势

在这种发动机中使用的燃料通常是液体汽油，需要具有能够确保其在被电火花引燃之前完全汽化并与空气均匀混合的性能和燃烧特性。点火后，湍流火焰传播必须要足够快地完成燃烧过程，然后在活塞作用下迅速膨胀，并且在燃烧火焰到达之前混合物的任何部分都要经过自燃。因此，可以通过诸如最佳点火正时(图 12.2)等措施来控制这些发动机中燃烧过程的进展。所使用的燃料应具有适宜的理化特性，在产生足够高输出功率的同时，也确保燃烧清洁、可靠和高效。

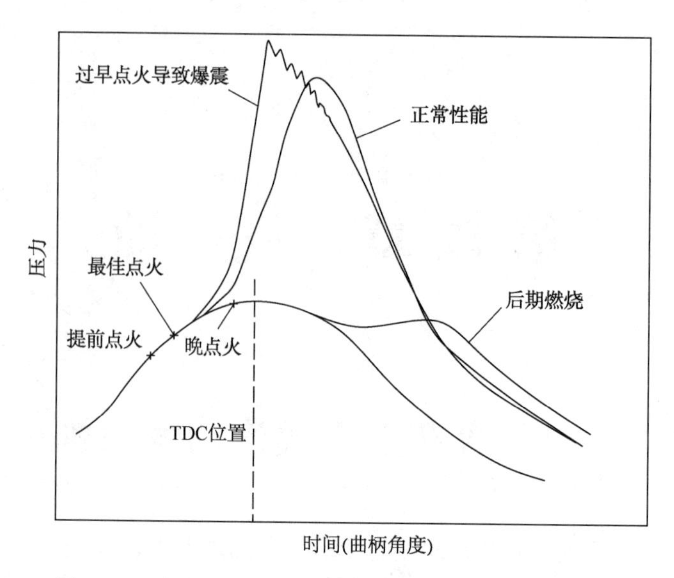

图 12.2　随着点火正时的变化，压力随时间的典型变化

商用汽油是烃类和大量其他有机化合物的复杂混合物，可能在性质上有很大差异，并且不同汽油的密度也有所不同，这取决于它们的原油来源和炼油过程。然而，汽油在能够向公众销售之前必须满足一些特定的标准要求。控制发动机中汽油性能的主要特性是其挥发性和相关的燃烧特性，特别是抵抗自燃和爆震发生的性能。根据地域和季节的情况，所使用的发动机类型及其运行模式，以及使用的合适的添加剂，会对这些特性进行一定程度的调整。

12.2　挥　发　性

汽油必须具有足够的挥发性，以便在所有操作条件下，点火之前能够足够快地汽化以产生均匀的燃油—空气混合物。汽油必须确保发动机能够容易启动及快速地预热和加速，并且在不同气缸之间燃油—空气混合物能够均匀分布。相反，汽油太易挥发会导致部分蒸气直接从燃料箱中流失到环境中，或者在燃料管线中过早地形成一些燃料蒸气，从而阻碍液体燃料的流动并产生气塞。汽油稳定性差会破坏平稳的燃油流，从而导致发动机运转不正常或失效。在此基础上，采用比如在冬季使用比夏季使用更易挥发的汽油，以及广泛使用相匹配的改性添加剂等措施，可以在一定程度上满足这些相互矛盾的要求。

包括汽油在内的液体燃料的挥发性是通过标准经验蒸馏测试评定的，其中液体蒸发量(体积分数)与瞬时燃料温度有关。图 12.3 为用于在大气压力条件下确定液体燃料挥发性的测试设备示意图，图 12.4 显示了所获得的典型挥发曲线。挥发曲线的低温部分表明了控制发动机启动的必要条件和寒冷天气操作的汽化容易程度。高温部分表明加快预热和加速度，要及时提高燃油流量。最高温度部分与更重馏分的含量有关，可以认为表明了曲轴箱油稀释和沉积物形成的趋势。该图还表明了挥发性曲线趋势变化对于汽车驾驶可能相关的主要后果。通常，普通汽油的主要沸程为30~210℃。

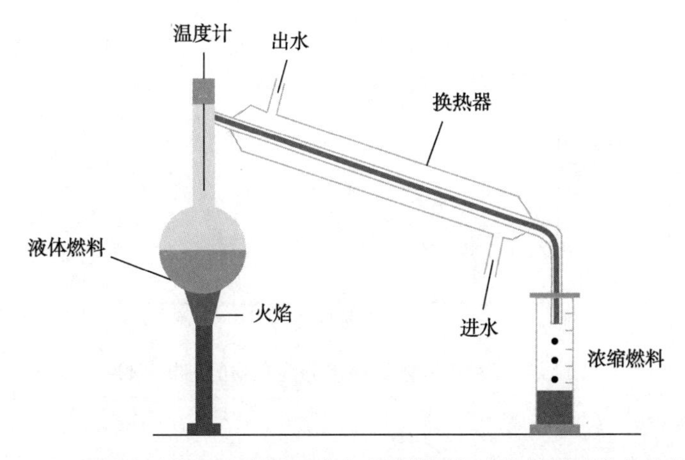

图 12.3　用于在大气压力条件下确定液体燃料挥发性的测试设备示意图

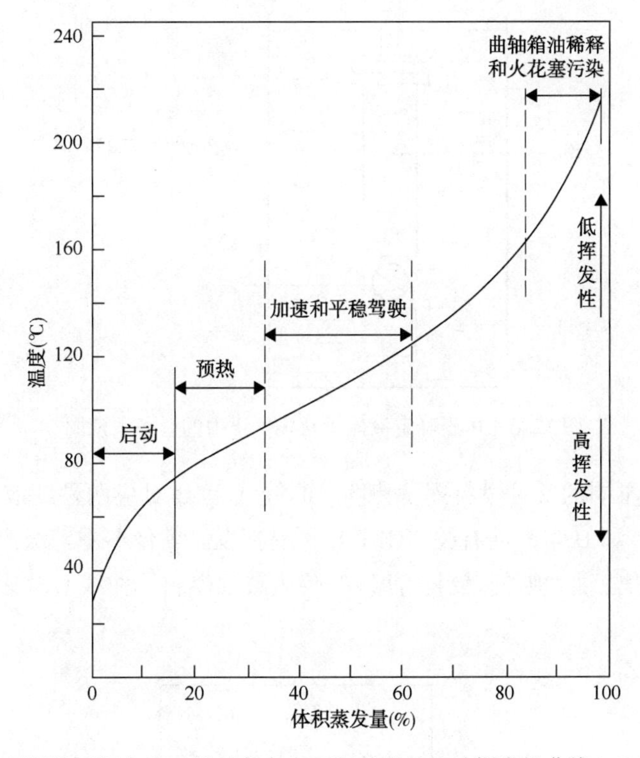

图 12.4　表示挥发区间与发动机性能各方面相关联的汽油挥发性曲线(Allinson，1973)

对于在大气压力条件下的纯不混溶液体燃料混合物，每种组分将具有其独特的恒定沸点。图 12.5 为 4 种不同沸点纯组分混合物的理想蒸馏图，4 种组分均被假定为理想不混溶，且每种组分黏度不受其他组分的行为影响。存在于汽油中的大量种类多样、浓度不同的组分将产生连续的平滑曲线，其通常显示出与商业液体燃料相关的梯度变化。

评估挥发性不太令人满意的方法是通过瑞德蒸气压法的经验方法确定燃料蒸气压随温度的变化。这种方法是将液体燃料样品置于浸入恒温和特定受控条件水浴中的标准封闭的气缸中(图 12.6)。平衡时达到的压力被用作液体燃料挥发性的经验测量值。在相同的液体温度下，具有一定温度的挥发性燃料将产生高压读数，而低压与挥发性较低的液体燃料相关联。

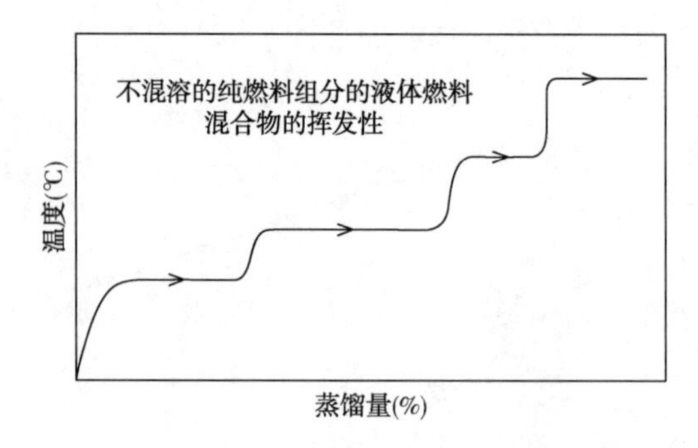

图 12.5　4 种不同沸点纯组分混合物的理想蒸馏图

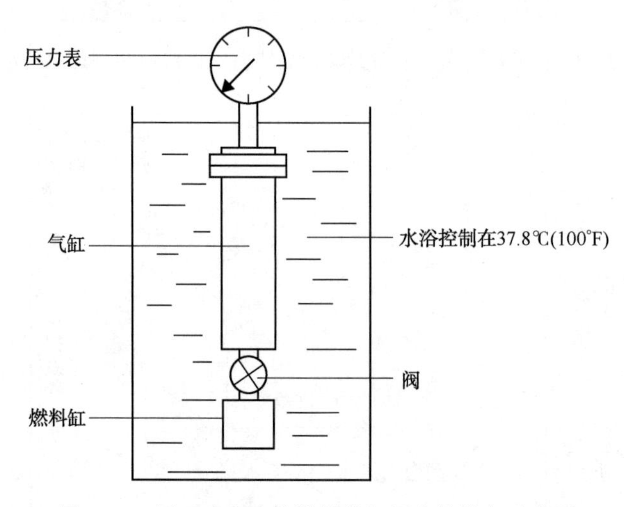

图 12.6　用于确定液体燃料蒸气压力的设备示意图

图 12.7 显示了不同的常见燃料挥发特性。曲线 A 和 B 对应两种纯液体燃料，其中 A 比 B 更易挥发。曲线 C 和 D 与汽油有关，C 比 D 更易挥发，就像冬季等级汽油对夏季等级汽油的情况。曲线 E 代表煤油和喷气燃料，曲线 F 代表柴油燃料，曲线 G 代表重质燃料和加热炉的燃料油。

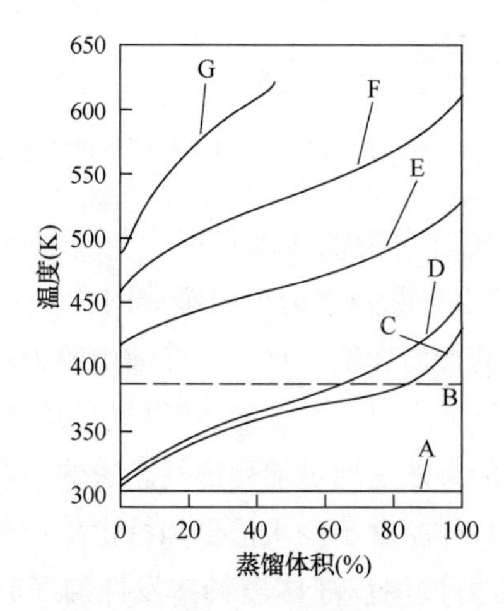

图 12.7　不同燃料的挥发特性举例

许多物理和化学特性可以控制汽油的质量以及其作为点火式发动机燃料的适用性，其中一些已经被采用，另外一些或将在本书中的其他地方讨论。这些特性包括热值、辛烷值、闪点、自燃温度、黏度、硫含量和氮含量等。

12.3 汽油添加剂

向公众出售的所有类型的商业汽油中通常含有各种添加剂，以弥补汽油性质和组成的不足，提高其使用性能，使低品质、更便宜的燃料得以应用，并且能够减少环境污染，增强可靠性并保护设备和发动机部件的使用寿命。这些添加剂通过炼厂燃料供应管线或成品汽油罐被添加到汽油中。通常使用的主要添加剂如下：

(1) 氧化抑制剂可抑制燃料系统的不受控制的氧化和胶质形成，如芳香胺；

(2) 缓蚀剂防止腐蚀，主要是铁的腐蚀，如羧酸；

(3) 金属钝化剂抑制由某些金属催化的氧化反应和胶质形成反应，特别是铜；

(4) 表面活性剂防止沉积物的形成并清除沉积物，特别是对于燃油系统及其喷油器；

(5) 诸如聚丁烯胺之类的沉积物捕获剂能够阻止并除去燃料和发动机部件上的沉积物；

(6) 破乳剂可促进如聚乙二醇衍生物等燃料中的水分离；

(7) 抗爆化合物对于降低爆震倾向至关重要，如大部分废弃的有机锰化合物和禁用的铅烷基添加剂；

(8) 阻冰剂能够防止燃料系统中冰的形成，特别是如乙二醇等燃料中有些许水存在；

(9) 添加色素通常用于识别。

12.4 催 化 剂

通常，主要有两种方式来控制化石燃料火花点火式发动机的尾气排放。这些装置或以化学计量混合物在一种三元催化剂的作用下进行节流控制来操作，或通过火花点火或柴油引燃进行贫燃操作。对于一氧化碳和未燃烧的燃料废气组分，一般不需要使用催化剂来氧化。当氮氧化物的浓度高于允许的限制时，可以使用合适的催化剂来选择性地降低氮氧化物。

通常，选用的三元催化剂由铂、钯和铑等通过特殊方法得到的混合物担载在涂覆了氧化铝惰性涂层的陶瓷基底上制备而成。任何催化剂的有效性取决于许多操作因素，包括温度、气体的停留时间或速度、当量比、热循环以及催化剂发生变质或中毒的程度。

与汽油或柴油燃料的燃烧产物相比，天然气(甲烷、乙烷和丙烷等小分子气体)的燃烧产物通常不易催化氧化。尾气中硫的存在确实对催化剂的作用构成了限制。使用不同的普通气体燃料时，催化剂的氧化效率随排气温度的降低而迅速下降。由于低浓度混合物的废气处于相对低的温度下，因此催化剂的效能降低得非常明显。

12.5 火花点火式发动机爆震

火花点火式发动机中常见的不受控制的燃烧现象称为“爆震”，随之伴有快速的能量释放、朝向发动机内壁的传热以及压力的快速升高，因此一定要避免爆震以确保可接受和安全的发动机操作。火花点火式发动机爆震对功率输出、发动机效率、可用燃料类型以及进一步降低发动机排放等产生了极为严重的限制。如果一台发动机长时间以爆震模式连续运行，则可能会发生严重的机械损伤和热损伤。人们通常在火花点火式发动机的设计、操作和控制中付出大量的努力，以将爆震发生的可能性降低到最小。通常，这意味着对于任何发动机和燃料，设计和运行变量都是确定的，与此同时需要牺牲进一步提高发动机和燃料组合性能的潜力，进而保障发动机的无爆震运行。如果能够找到有效的方法预测发动机在使用某种燃料时在任何工作条件下发生爆震的可能性，那么可以更精确地设计保护措施，同时确保整个过程的最优无爆震性能。

火花点火式发动机的爆震现象是由未燃烧的一部分燃料—空气混合物自燃(图 12.8)引起的，即湍流传播火焰前面的不受控制的快速能量释放引起的。这种自燃是热量和化学反应相互作用的复杂结果，这种相互作用发生在湍流火焰传播过程中火焰尚未到达的混合物“末端气体”区域的早燃氧化反应之间。

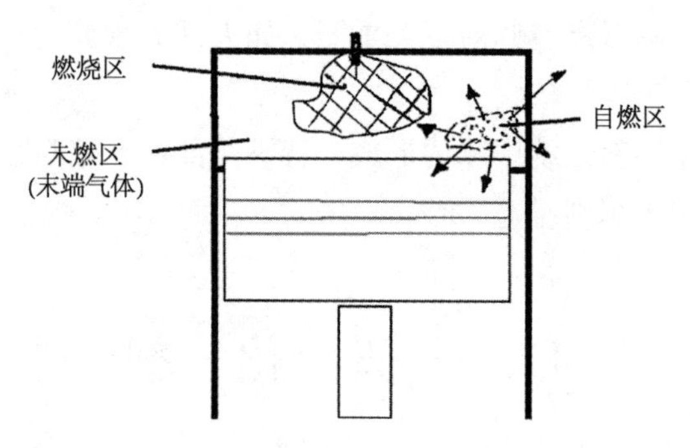

图 12.8　火花点火式发动机燃烧室爆震的示意图

迄今，可靠预测爆震发生的情况并不容易。对包括优化方法在内快速的系统的应用而言，还没有开发出相对简单的快速响应方法。这主要是由于需要详细了解非燃烧混合物的过渡态和其逐渐加速的反应活性。还需要紧密跟踪部分反应混合气体中的预燃反应的程度，并且确定其对燃烧过程和相应的发动机性能的影响。

12.6 发动机爆震的若干特点

火花点火发动机爆震的一些主要特点如下：

(1) 会导致能量释放速率的增加、气缸表面的热量传递和压力升高；

(2) 对改善发动机性能带来严重的障碍;

(3) 限制发动机功率和效率的增加潜力;

(4) 限制了可以使用的燃料类型和废气排放的进一步减少;

(5) 破坏发动机的寿命和润滑。

如果允许发动机在短时间内以爆震模式持续运行，则会导致严重的热损失和机械损坏(图 12.9)。人们通常在发动机的设计、操作、燃料质量的选择和控制上耗费尽可能多的精力，以避免爆震的发生。通常以牺牲实现最佳性能为代价，保守地选择设计和运行参数，以避免爆震的发生。为爆震提供的自动检测和控制措施的适用性和有效性仍然非常有限。

图 12.9 发生爆震的发动机活塞严重受损的例子

(来源：Borden，N. E.，and Cake，W. J.，Fundamentals of Aircraft Engines，Haydon Book Company Inc.，New York，1978)

在发动机中，当外部火花点火之后，整个混合物中产生的湍流火焰前缘的传播需要在未燃烧的气缸装料的任何部分发生自燃之前完成。如果传播的火焰不能及时消耗所有混合物，在混合物内的某个位置发生自燃，然后通常被称为“末端气体”区域的火焰燃烧，则会突然发生快速而强烈的能量释放，这被判定为火花点火式发动机爆震。这种爆震现象的强度可以通过诸如检测气缸压力快速上升(图 12.10)发出的独特噪声、功率输出和效率的快速下降、壁面的过度热损失以及废气排放和温度的变化而获得。爆震产生的强度可能与所检测到的压力上升速率的变化程度有关。爆震强度是自燃释放的净能量的函数，主要控制气缸压力随时间变化的强度。这些参数主要取决于发生自燃的末端气体的质量和此时的气缸容积。

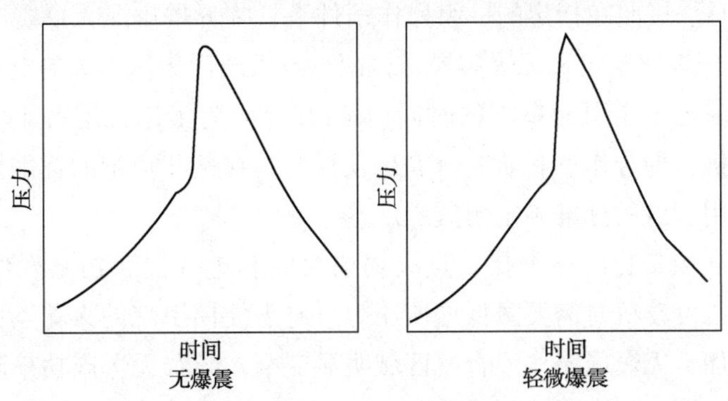

图 12.10 火花点火式发动机在正常工作条件下的压力—时间曲线图

(当压力时间记录上出现高频压力振荡时，表明爆震开始)

(Karim and Klat，1966)

在均匀的燃料—空气混合物中，自燃的发生和与之相关的极快的能量释放有关，通常是预点燃化学反应活性快速增加的结果，主要是由末端气体中温度和压力的逐渐增加以及自由基活性物质浓度的累积引起的。可以采用各种指标定义自燃延迟的结束。这些指标包括可观察到的温度、压力或混合物中某些活性物质浓度的快速变化，这些活性物质有助于整个反应的迅速传播，如 OH 自由基。通常，更容易将点火延迟的终止与相对少量的燃料或氧化剂的消耗，或与氧化放热过程中一小部分能量的释放联系起来。这些判断预自燃有效延迟的方法在使用时，可以表现出基本相似的规律。

12.7　火花点火式发动机爆震的若干危害

以下主要列出了爆震对火花点火式发动机性能及燃料适用性产生的不良后果：

（1）功率和效率严重急剧下降；

（2）特征噪声和发动机运转的不平稳；

（3）机械损伤；

（4）向发动机壁和零部件的快速、过度传热；

（5）增加不必要的气体排放；

（6）增加积炭；

（7）润滑剂的恶化及其导致的问题；

（8）在点火火花通过之前不受控的提前点火；

（9）增加了发动机的循环变化、燃烧的不规则性和运行的不平稳。

12.8　可操作的爆震极限

爆震可以通过多种方法实验性地确定，包括观测高频燃烧时压力震荡并结合爆震造成的独特噪声(图 12.10)。按照在指定的一组操作条件下，临界爆震或无爆震时有效的最高压缩比的当量比和(或)压缩比来定义无爆震操作极限。点火时间表示点火的电火花通过发动机冲程的瞬时时间。有时也采用引起爆震的时间(图 12.2)。为了进行燃料比较，通常需要用标准的特殊研究发动机，即合作燃料研究(CFR)发动机，在某些指定的标准操作条件下，确定爆震极限，同时使用一致的标准确定爆震强度。

通过充分地降低当量比、压缩比、点火提前时间和进气混合物温度可以避免爆震的发生。应用于涡轮增压发动机时需要降低增压压力。对于使用甲烷的火花点火式发动机，随着发动机压缩比的增加，无爆震工作混合气区域明显变窄，导致无爆震功率降低和混合气控制越来越受限(图 12.11)。当使用过高的压缩比时，可能会发生不需要火花引燃的均质充量压缩点火(HCCI)。受进气温度升高的影响，无爆震操作范围极为有限。

所用燃料的化学性质对于避免爆震至关重要。燃料的混合可能导致抗爆性大大降低，在某些情况下，可能会比相同条件下单一使用某种燃料组分时更差。例如，少量液态烃类蒸气(如汽油、正己烷)的存在。图12.12显示了一些燃料的无爆震当量比随着压缩比的增加而下降的情况。从图中可以看出，甲烷具有优良的抗爆性。

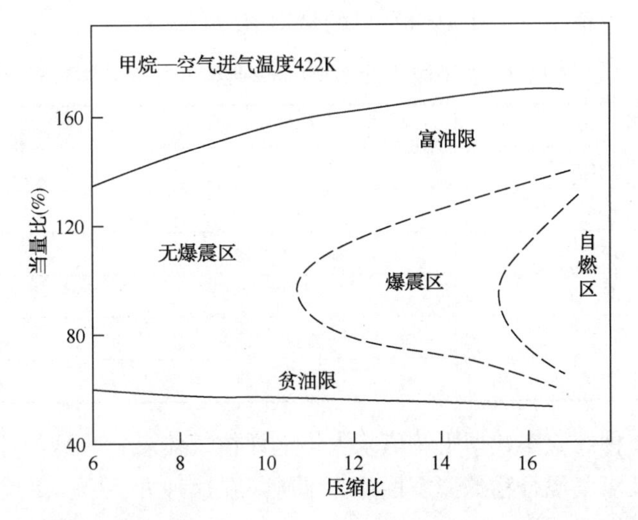

图12.11 甲烷燃料火花点火式发动机的贫油和富油混合气操作极限随着149℃受热的进气混合物压缩比的变化而发生的典型变化(Karim and Klat，1966)

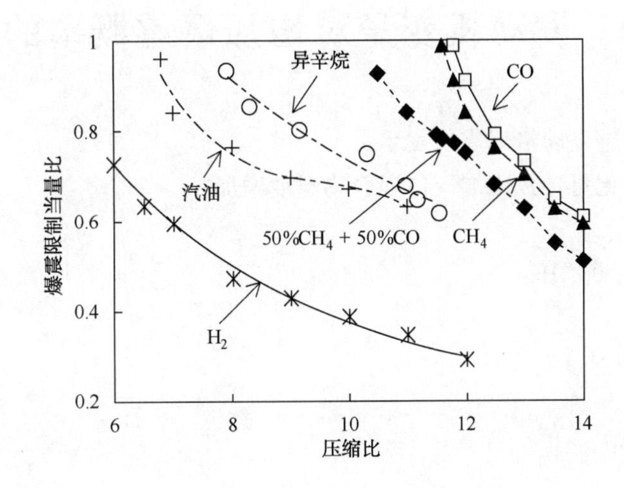

图12.12 节气门全开时，可变压缩比测试发动机中的多种燃料的爆震限制当量比与压缩比的变化(Li and Karim，2006)

12.9 辛 烷 值

辛烷值是火花点火式发动机中汽油和其他液体燃料抗爆性能的经验指标。在特定的标准条件下，通过比较测试燃料与能够产生完全相同爆震趋势及强度的异辛烷(2，2，4-三甲基戊烷)和正庚烷的混合物来确定。待测燃料的辛烷值即这种等效标准燃料混合物中异辛烷的浓度百分比(以液体体积为基准)。

辛烷值主要有两种类型，即研究法辛烷值和马达法辛烷值，这两种方法分别与不同的发动机运行条件有关(表12.1)，分别代表实际发动机相对缓和与相对苛刻的操作条件。商业燃料中经常引用的辛烷值是这两个测量结果的平均值。

表12.1 美国测试和材料学会辛烷值方法汽油评级

实　验	研究法	马达法
美国测试和材料协会指定	F1(D2699)	F2(D2700)
发动机转速(r/min)	600	900
进气温度(℃)	随压力变化	38
混合物温度(℃)	未指明	149
冷却温度(℃)	100	100
点火提前(°)	13(上止点前)	随压缩比变化

有时也会使用1种经验参数即甲烷值来大体上评估气体燃料。这个评估方法以比照测试燃料与相应的甲烷及氢气混合物的爆震性能为基础。在这种方法中，甲烷的指数评级为100，氢气评级为0。

12.10 发动机变量对增加爆震概率的影响

以下情况能够促进发动机爆震的发生。

(1) 下列因素变化可导致末端气体混合物温度增加：

① 压缩比增加；

② 涡轮增压和机械增压；

③ 入口温度升高；

④ 发动机冷却液温度升高；

⑤ 工件过热；

⑥ 负载/功率输出增加；

⑦ 变脏的气缸和室壁上的降低传热的沉积物；

⑧ 提前点火正时，加大了末端气体压缩；

⑨ 上一周期热残余气体的增加。

(2) 通过以下方式增加可燃混合气浓度有助于增加爆震倾向：

① 增加压缩比；

② 打开油门/增加指令和发动机负荷；

③ 机械增压/涡轮增压；

④ 增加进气压力；

⑤ 提前点火正时。

(3) 通过以下方式增加火焰到达之前的末端气体反应时间，导致自燃延迟的加长：

① 燃烧室形状可以使火焰行程距离增加；

② 火花塞位置偏离燃烧室的中心；

③ 增加发动机气缸尺寸；

④ 增加所用火花塞数；

⑤ 减少混合物湍流；

⑥ 使用燃料—空气比而不是化学计量比来降低火焰速度；

⑦ 降低发动机转速。

(4) 从以下几方面增加末端气体的反应活性：

① 降低燃料辛烷值；

② 用化学计量的燃料/空气比；

③ 空气湿度比变化；

④ 沉积物和润滑剂的影响。

考虑到从火花塞开始的传播火焰与传播火焰区域内的自燃反应活动之间存在一种竞争，这种竞争对消耗气缸中全部的燃料—空气混合物是有利的。如果传播火焰不能及时消耗混合物，就会产生爆震。产生的爆震强度取决于自燃的混合物的质量。

12.11 爆震控制

通过增加相当于湍流火焰消耗整个混合物所需的时间的自燃反应时间，可获得一些控制措施进而减少爆震。一些可行的最优措施如下：

(1) 降低压缩比；

(2) 使用辛烷值更高的燃料；

(3) 降低进气混合物温度；

(4) 延迟点火正时；

(5) 提高发动机转速；

(6) 使用带有冷却水套的气缸；

(7) 利用稀释混合操作；

(8) 降低进气压力；

(9) 增加湍流；

(10) 重新优化定位火花塞；

(11) 使用较小尺寸的气缸；

(12) 增加冷却的废气再循环装置；

(13) 确保燃烧室表面洁净。

当然，这些措施的实施往往会导致发动机的效率、功率输出和废气排放的损失。

图 12.11 给出的进气混合物加热时相应的运行爆震极限，不仅显示了早期较强烈和较宽的爆震混合气区域，而且还显示了在没有火花、高压缩比情况下自燃掉整个混合气体的外

貌。这是 HCCI 发动机的一个例子。

12.12　三元催化转化器

如本章前面所述，三元催化转化器已经开发用于火花点火式汽油车发动机，以同时去除燃烧产生的 3 种主要污染物，即那些未燃烧的碳氢化合物、一氧化碳和氮氧化物。这种装置可将氮氧化物还原成无害的氮气，同时将烃和一氧化碳氧化成二氧化碳和水蒸气。这种装置的催化活性组分是铂、铑或者钯。

应该注意的是，如果尾气中的氧太多，那么氮氧化物的还原将是不完全的；而如果尾气中没有足够的氧气，那么一氧化碳和未燃烧的碳氢化合物将不能充分氧化。基于此，折衷方案是所需的操作混合物基本为化学计量值。然而，饱和烃(特别是甲烷)在这种装置中反应特别慢。

12.13　问　　题

(1) 采用 10%过量空气测试辛烷值为 80 的参比燃料(即体积分数为 80% C_8H_{18}和 20% C_7H_{16}的液体组分)，在 303K 和 87kPa 条件下，计算每千克燃料所需的空气量以及燃料与空气的质量比。液体燃料的密度取 0.75kg/L。(答案：16.61m^3/kg，0.0619，0.619)

(2) 根据图 12.7 给出的不同商用燃料的挥发特性曲线(不按比例)，将图中曲线与所列燃料进行匹配：①煤油；②柴油燃料；③夏季级汽油；④冬季级汽油；⑤异辛烷；⑥正戊烷；⑦沥青。简单说明原因。

(3) 判断以下各项操作和设计变量值的增加是否能降低火花点火式发动机所需燃料的辛烷值最小值，并简要说明原因。①压缩比；②贫液当量比；③点火正时提前；④夹套水温度；⑤气缸直径；⑥进气温度。(答案：否；是；否；是；否；否)

(4) 按照辛烷值及其相应的抗爆震性能对以下可能的火花点火燃料进行降序排列。简单说明原因。①苯；②环己烷；③正癸烷；④氢；⑤甲烷；⑥正己烷。(答案：⑤，①，②，④，⑥，③)

(5) 明确区分燃料的以下特性：①闪点和②自燃点。简单解释为什么丙烷的闪点通常为 169K，但其点火温度为 745K。另外，为什么正辛烷和异辛烷的闪点分别是 263K 和 285K，但它们的点火温度却分别是 479K 和 691K?

(6) 简要讨论用于以汽油为燃料的火花点火式汽车发动机的以下过程的燃料挥发特性的作用：①启动；②预热；③加速；④进气管结冰；⑤尾气排放。讨论使用乙醇等单一组分燃料代替汽油时可能会出现的问题。

(7) 简要列举一些在非常寒冷的环境温度下，汽车所用汽油需要满足的重要特征。

(8) 你认为在火花点火式发动机中发生爆震的 5 个最重要的负面影响是什么？列出相应

的降低其发生率可以采取的措施。

(9) 相同温度下辛烷在空气中的燃烧焓为-3170MJ/kmol,在恒定压力和298K/kg、化学计量混合物的辛烷蒸气和空气条件下,计算净热值和总热值。水的h_{fg}取2258kJ/kg。恒容条件下相应热值又是多少?

12.14 小 结

汽油是由多种化合物组成的液体燃料,主要是碳氢化合物。它需要具备合适的物理和化学性能,以便在火花点火式发动机中表现出最佳特性。挥发特性和避免爆震是一些关键要求。辛烷值是一种用于评估汽油对抗燃料自燃和爆震的标准化的经验方法。通过适当选择操作条件和广泛使用催化剂,可以适当调整汽油的性质。

参 考 文 献

Allinson, J. P., Editor, Criteria of Petroleum Products, 1973, John Wiley and Sons, New York, NY.

ASTM, Petroleum Products and Lubricants, Part23, D56-D1660, 1979, American Society for Testing Materials, Philadelphia, PA.

ASTM-D93-79, Flash point by Pensky-Martens Closed Tester, 1979, American Society for Testing Materials, Philadelphia, PA.

Bauer, H., Gasoline Engine Management, 1999, Robert Bosch GmbH, Germany, Distributed by Soc. Auto Engineers, SAE, Warrendale, PA.

Borman, G. L. and Ragland, K., Combustion Engineering, Int. Edition, 1998, McGraw Hill Inc., New York, NY.

Bosch, Automotive Handbook, 6th Edition, 2004, Robert Bosch GmbH, Germany, Distributed by Soc. Auto Engineers, SAE, Warrendale, PA.

Bradley, H. B., Editor, Petroleum Engineering Handbook, 1987, Soc. Petroleum Engineers, Richardson, TX.

Collucci, J. M. and Gallpoulos, N. E., Future Automotive Fuels, 1976, Plenum Press, New York, NY.

Garrett, T. K., Automotive Fuels and Fuel Systems, Vol. 1: Gasoline, 1991, Pentech Press, London, UK.

Garrett, T. K., Automotive Fuels and Fuel Systems, Vol. 2: Diesel, 1994, Pentech Press, London, UK.

Haywood, J. B., Internal Combustion Engine Fundamentals, 1988, McGraw Hill Book Co., New York, NY.

Hobson, G. D. and Pohl, W., Modern Petroleum Technology, 4th Edition, 1973, John Wiley and Sons, New York, NY.

Karim, G. A. and Klat, S. R., Knock and Autoignition Characteristics of Some Gaseous Fuels and Their Mixtures, March 1966, J. Inst. Fuel, Vol. 39, pp. 109-119.

Karim, G. A. and Wierzba, I., Comparative Studies of Methane and Propane as Fuels for Spark Ignition and Compression Ignition Engines, Vol. 92, pp. 3676-3688, 1984, Transaction of the SAE, Warrendale, PA.

Li, H. and Karim, G. A., Experimental Investigation of the Knock and Combustion Characteristics of CH_4, H_2, CO_2 and Some of Their Mixtures, 2006, J. Energy Power Proc. Inst. Mech. Engineers, Vol. 220, pp. 459-472.

Obert, E. F., Internal Combustion Engines and Air Pollution, 1973, Intext Educational Publishers, New

York, NY.

Odgers, J. and Kretschmer, D., Gas Turbine Fuels and Their Influence on Combustion, 1986, Abacus Press, Cambridge, MA.

Patterson, D. J. and Henein, N. A., Emissions from Combustion Engines and Their Control, 1972, Ann Arbor Science Publishers Inc., Ann Arbor, MI.

Rose, J. W. and Cooper, J. R., Editors, Technical Data on Fuels, 7th Edition, 1977, British National Committee of World Energy Conference, London, UK.

Shell Co., The Petroleum Handbook, 6th Edition, 1983, Elsevier Publishing Co. Inc., New York, NY.

Starkman, E., Editor, Combustion Generated Air Pollution, 1971, Plenum Press, New York, NY.

Taylor, C. F., The Internal Combustion Engine in Theory and Practice, Vols. 1&2, 1985, MIT Press, Cambridge, MA.

Turns, S. R., An Introduction to Combustion, 1996, McGraw Hill Book Co., New York, NY.

第 13 章　柴油和其他液体燃料

13.1　柴油发动机的燃烧过程

柴油发动机利用高压缩比的非节流往复式活塞泵，在压缩冲程结束时将雾化油料喷入气缸的高温高压空气中，通过压燃点火使雾化的油料自燃进行工作。为了理解可用于压燃式柴油发动机的液体燃料具备的具体要求，以下列出了压燃式柴油发动机的主要特征以及它们与汽油电火花点燃式发动机的不同之处。

(1) 柴油发动机依赖于燃料—空气混合物的压缩点火，并且需要足够高的压缩比来影响可靠、可控的自燃；

(2) 柴油发动机涉及非均相混合物引导的多相扩散型燃烧；

(3) 过量的空气被引入，同时使其剧烈湍动，有助于促进油气混合物的雾化、汽化和混合；

(4) 液体燃料通过非常高的喷射压力在压缩结束时喷射进气缸；

(5) 发动机需要坚固的结构来承受快速能量释放引起的高机械负荷和热负荷；

(6) 柴油燃料须具有良好的自燃性，具有高十六烷值和低的、甚至为负值的辛烷值；

(7) 与汽油火花点火发动机相比，柴油发动机速度较低、无节流，在寒冷天气条件下难以独立启动；

(8) 柴油发动机具有卓越的工作生产效率和扭矩特性，且尺寸和功率容量都可以做得非常大；

(9) 柴油发动机非常适合配备高度的涡轮增压；

(10) 柴油发动机的排放物 CO 和未燃烧完全的碳氢化合物含量都很低，但 NO_x 和颗粒物含量较高。

柴油发动机的喷射系统已经在驱动动力学、耗油量和减少废气排放方面取得了持续改进提高。

13.2　柴油发动机的点火延迟

在柴油发动机运行中，尽管温度、压力足够高，也有过量的空气，但喷射进的液体燃料还是不能瞬间点燃。从燃油喷雾喷射到开始点火需要历经一段时间。这段时间被称为点火延迟期(滞燃期)(图 13.1)，这是由于燃料在发生自燃之前需要满足必要的物理和化学条件。在气相化学反应剧烈开始之前，需要一段时间来进行油料的喷射、雾化和蒸发，以及这些过程形成的油料蒸气和空气的混合(图 13.2)。这些过程都需要各自的时间以便达到起火点，并开始释放能量。必须尽可能地缩短点火延迟期，以便通过控制燃料喷射速率来有效控制燃烧过程。过长的延迟期会导致功率输出和效率的降低，同时增加排放，另外，这将导致压力上升很快(图 13.1)。这些结果是由在整个延迟期间连续注入的较大量的燃料的突然自燃引起的。图 13.3 显示了广泛使用的两种主要类型的柴油发动机的原理，二者分别使用直接或间接的液体燃料进行喷射。

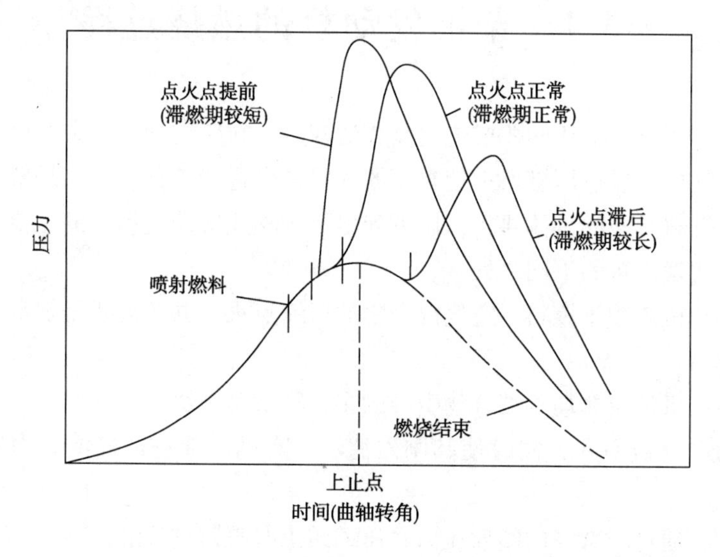

图 13.1　点火延迟期(滞燃期)长短与压力变化的关系

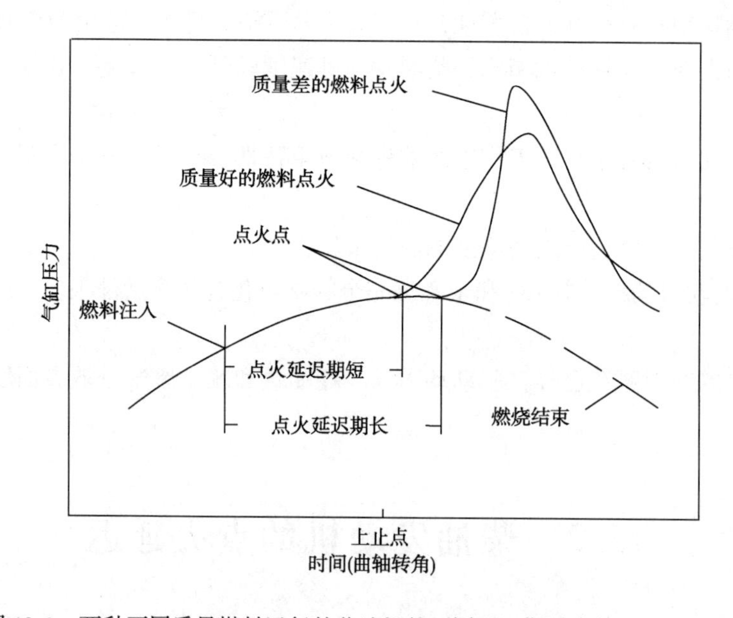

图 13.2　两种不同质量燃料运行的柴油机的不同延迟期对应的压力—时间图

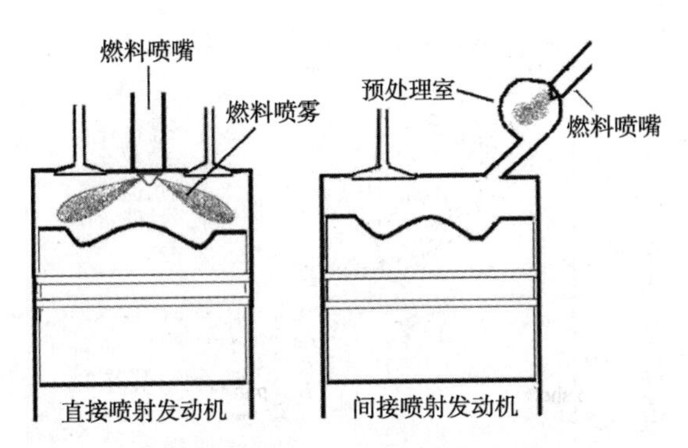

图 13.3　直接喷射柴油发动机和间接喷射柴油发动机

13.3　柴油发动机燃料

一种液体燃料能够用于压燃式柴油发动机的适宜程度，主要取决于它通过经验设计的十六烷值测试确定的等级评定。该等级评定基于在标准的柴油机中和规定操作条件下进行标准测试得出，待测燃料具有与正十六烷和七甲基壬烷混合而成的特定的二元液体燃料混合物相同的点火延迟值。在这个等级评定中，规定正十六烷的十六烷值为 100，而规定七甲基壬烷的十六烷值为 15，即：

十六烷值=正十六烷体积分数(%)+0.15×七甲基壬烷体积分数(%)

在此基础上，根据标准参考燃料混合物的体积相对浓度，给出待测燃料的十六烷值。

可以看出，具有低十六烷值的燃料在发动机设置的可用时间内难以点燃。因此，具有高辛烷值的燃料具有很低的十六烷值，意味着其难以自燃。常见的商用柴油的十六烷值在 45~60。而且，长链正构烃倾向于具有高十六烷值，而芳香族燃料具有较低的反应活性并具有非常低的十六烷值。这是因为直链烃含量越高，与空气反应的活性就越强。通常使用合适的添加剂来提高用于柴油机的燃料的可燃性并因此提高其十六烷值。点火促进剂用于提高十六烷值(图 13.4)。常见的添加剂是硝酸烷基酯和硝酸酯。通常，高十六烷值燃料比低十六烷值燃料对添加剂更敏感。流动促进剂一般为长链聚合物，用于帮助降低柴油燃料的黏度。

在大功率输出正常工作条件下的大多数柴油发动机中，点火延迟时间比主燃烧期时间短。后一阶段被认为是在压力快速上升阶段之后，由之后连续阶段的点火延迟组成(图 13.1 至图 13.5)，伴随着一个压力缓和升高的阶段，最后在膨胀冲程的早期阶段释放一些燃烧能量。缩短滞燃期和避免压力的急剧升高十分重要。减少膨胀期间燃烧能量的持续释放也十分必要，因为它会影响发动机效率、功率输出、废气排放、传热程度和速率以及整体发动机可靠性和持久性。

将一些高活性乙醚注入柴油机的进气口以便在寒冷的天气条件下发动机易于启动，这种做法现今应用不多，因为这是一种相当危险的做法，可能会导致发动机早期压力不受控制地过度快速升高，从而带来潜在危险。其他方法(如电加热)已广泛应用于电热塞辅助点火，电加热会在需要时在燃烧室内开启。

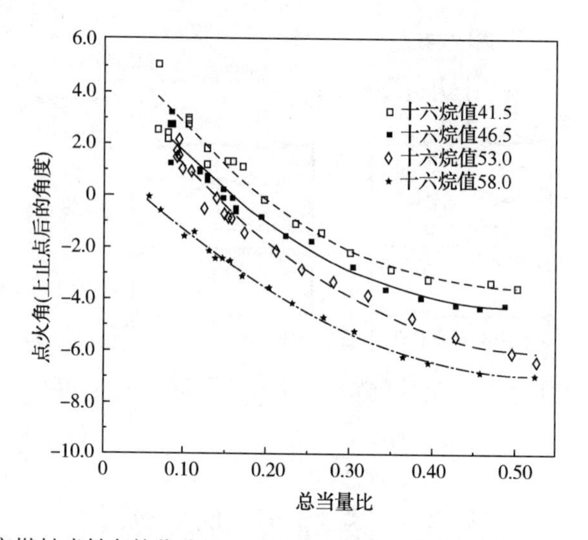

图 13.4　对于固定燃料喷射点的柴油机，不同十六烷值燃料的总当量比—点火角的典型变化

（来自：Gunea，C.，Razavi，M. R. and Karim，G. A.，The Effects of Pilot Fuel Quality on Dual Fuel Engine Delay，SAE paper No. 982453，1998）

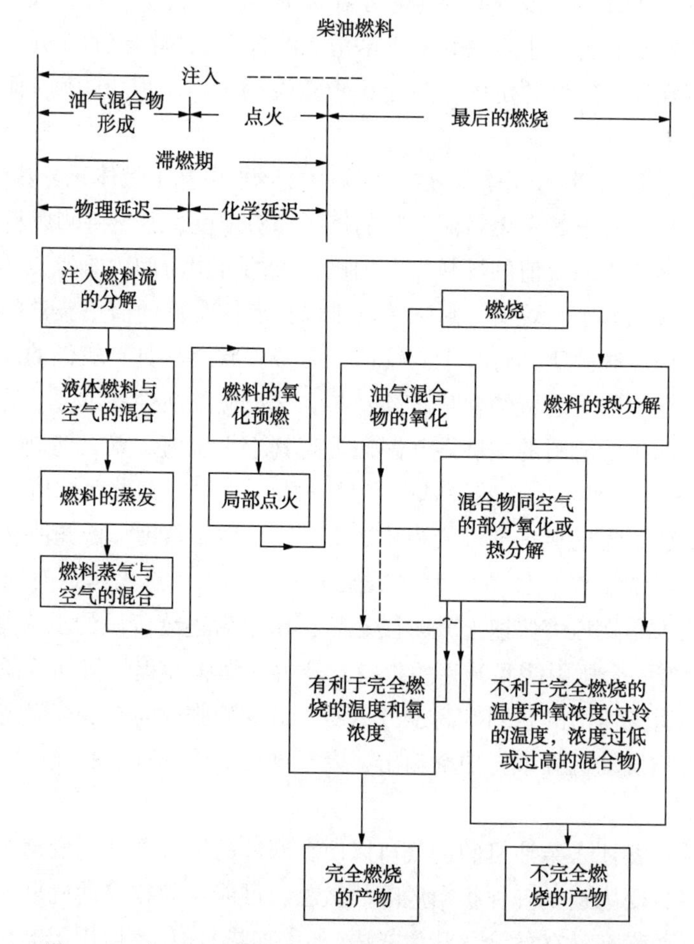

图 13.5　在延迟和燃烧阶段物理和化学过程进行的可能顺序

一种燃料用于柴油机的适合性可由一些通过标准测试测得的性质来确定。这些性质包括十六烷值，密度[通常采用美国石油协会的 API 度，$API=141.5/_{相对密度(15℃下水)}-131.5$]，蒸发性，热值，闪点、浊点、倾点，硫含量和氮含量，残炭，水、沉积物含量和总体组成。

已经进行了大量的研究和开发以改善燃油喷射特性，从而在不损害发动机性能的情况下减少废气排放。这已通过增加共轨系统而实现，该系统采用电子气门驱动系统实现异常高的燃油管路压力。这种布置确保了对燃料喷射的精确控制和非常精细的燃料雾化的产生，有助于所产生的超小直径燃料液滴的快速蒸发以及燃料蒸气与空气的混合。

将柴油燃料中的硫含量降低至超低硫浓度可降低硫氧化物和颗粒物的排放水平。它还能够使用先进的废气后处理方法，以减少氮氧化物和颗粒物的排放。

柴油燃料必须拥有许多重要的性质才能使发动机正常工作。这些性质包括着火性、密度、燃烧热、挥发性、黏度、表面张力、清洁度和无腐蚀性。此外，以下要求与柴油燃料密切相关。

(1) 苯胺点作为一个经验测试项，提供了关于燃料碳氢组成的一些信息，并对柴油燃料的着火性和冒烟倾向提供了评估基础。该测试确定了苯胺、油性液体和柴油燃料彼此完全互溶的最低温度。

(2) 烃燃料的碳氢原子比可以用于经验关联方程中以估计一些燃料性质，例如热值和一些其他燃烧特性。

(3) 燃料的浊点略高于倾点，达到浊点时燃料中含蜡组分结晶，从而给燃料带来混浊的外观。

(4) 水和沉积物是非常不受欢迎的污染物，它们的存在应该被限制在非常小的量。水会腐蚀油箱、燃油处理设备和燃烧器部件。它可能导致不良和不稳定的燃烧。在寒冷的天气条件下更为严重。积聚在水箱中的沉积物可能堵塞燃油管路和阀门，堵塞过滤器和喷嘴，并在系统的各个部分造成过度磨损。

(5) 残炭测试是燃料形成不良沉积物趋势的经验指标。由于大多数轻质燃料油的残炭含量非常低，因此通常可以通过首先蒸馏出较轻的 90%燃料，然后确定剩余的 10%较重燃料的残炭含量来获得有意义的测量结果。

(6) 如前一章所述，蒸馏挥发性测试确定了不同百分比燃料蒸发的温度。通常绘制测试结果以给出蒸馏曲线，如第 12 章所示。蒸馏曲线中有两点十分重要：10%馏出点决定燃料点燃的容易程度；90%馏出点决定燃料在有效燃烧时间内，形成难以燃烧的沉积物之前是否可以完全汽化。

13.4　柴油发动机排放

目前，减少柴油发动机排放的技术包括改进以下内容：具有超低硫含量的燃油品质；燃料输送和喷雾系统以及由此产生的喷雾特性；涡轮增压和对燃烧室的适当优化。

目前和未来的努力大部分都集中在废气处理上。这些措施包括提供氧化催化转化器、颗粒物(PM)捕集器和氧化剂、选择性催化还原 NO_x、采用废气优化控制再循环。

最近已经制定了精细的方法来处理柴油发动机的排放。这些措施包括安装废气颗粒物过滤器以捕集和燃烧或氧化颗粒物，从而周期性地再生或清洁过滤器。柴油颗粒物通常以小于 1μm 的数量级出现，主要由以下两种主要成分组成：未燃尽的炭颗粒(烟灰)，占整个颗粒物的最大部分；可溶有机组分(SOF)，由冷凝成液滴或冷凝在煤烟颗粒上的未燃烧的碳氢化合物组成。

对于含有高浓度氧气的柴油机的废气，根据以下总反应方程式，在催化剂存在以及达到足够高的废气温度下，通过添加还原剂氨气可以除去氮氧化物：

$$aNO_x+bNH_3 \rightarrow (a+b)/2N_2+3b/2H_2O+dO_2$$

b/a 值越大，氮氧化合物去除的比例越大，但未反应的氨气的排放量增加也是不希望发生的。显然，这增加了控制的复杂性以及运营和资本成本。反应器还需要与其他装置配合以在启动期间预热系统。

因此，控制柴油发动机中 NO_x 的排放比电火花点火发动机要困难得多，因为柴油机燃烧属于扩散型燃烧，其中局部化学计量燃烧操作持续占优势，而与总体当量比无关。

向排放气中引入尿素这种方式越来越多地被应用，以减少氮氧化物向大气中排放。由于废气中含有大量未消耗的氧气，因此在这样的条件下，汽车电火花点火式发动机通常使用的三效催化转化器效率往往相对较低。图 13.6 为使用氧化催化剂去除柴油发动机排气中微粒的反应器的示意图。

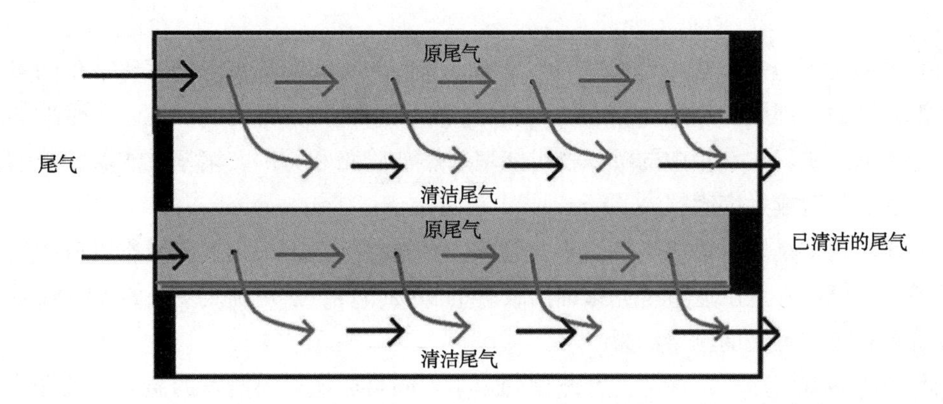

图 13.6　使用氧化催化剂去除柴油发动机排气中微粒的反应器的示意图

13.5　生物柴油燃料

原则上来自可再生资源的生物柴油燃料并不是一个新概念，一些最早研发的柴油发动机就是用的植物油。这些燃料是常规柴油燃料与从植物油或从各种来源获得的动物脂肪产生的脂肪酸甲酯的混合物。它们的使用在世界各地稳步增长，特别是随着传统柴油燃料的需求和成本不断增加以及其在全球的可用性逐渐下降。例如，在欧洲，蔬菜成分可能来源于葡萄籽，而在东亚，可能会使用棕榈油或椰子油。通常只有少量的生物柴油与传统的柴油燃料混合，目前生物柴油的质量分数通常小于 20%。

生物燃料会使颗粒物排放量更低，并改善十六烷值和燃料润滑性，但到目前为止，它们往往供应有限且价格昂贵。各种各样的添加剂被用来减少油品的一些不好的性质，包括黏度增加、低温性能差、氮氧化物排放量增加、轻微的功率损失以及材料相容性差(包括燃料系统部件因磨损增加而受到腐蚀)。

从生物材料中生产生物柴油通常是在催化剂存在的条件下与乙醇进行反应制得。生物柴油和常规石油炼制的柴油混合，如 B10，其由 10%的生物柴油组成，其余为液体常规柴油。

生物燃料一直倡导减少能源依赖，提高农业收入，并有助于减少全球变暖。然而，有些观点表明，这种使用实际上可能会对全球环境造成压力并增加粮食价格。据经合组织称，如果考虑酸化、化肥使用、生物多样性丧失和农药的毒性等因素，乙醇和生物柴油的总体环境影响可能很容易超过汽油和矿物柴油。

13.6　费托合成柴油

费托合成柴油(简称 FTD)是由合成气制成的合成柴油燃料。合成气主要是指氢气和一氧化碳的混合物，通常通过蒸汽催化重整、煤或天然气的部分氧化制得。费托合成产物是不同分子大小的烃的混合物，其裂解产生柴油燃料。费托柴油被认为是比传统柴油燃料更清洁的燃料，质量更好。但是，其生产成本仍然较高。由煤制成的合成气生产的柴油燃料与天然气生产相比，往往会浪费能源，更加昂贵和复杂。费托柴油的相关性能与普通柴油几乎相同。合成柴油的燃烧能量和黏度与普通柴油燃料非常相似。它可以在不修改现有发动机的情况下使用，并且具有相当高的十六烷值。这可能是因为费托柴油含有大量的高分子量的直链烃，反应活性高，着火温度较低且几乎不含硫。然而，与石油炼制和常规液体燃料的生产相比，费托合成柴油的生产过程会产生更多的二氧化碳。

13.7　双燃料发动机

双燃料发动机是柴油机类型的压燃式发动机，它可以消耗有用的气体燃料，特别是天然气，同时保留柴油操作的许多积极特征。这种方法涉及在压缩过程中进气门关闭后的某个时间(图 13.7)，在进气阶段引入气态燃料成分(熏蒸到空气中)或从高压气源直接将气态燃料成分引入气缸。气体燃料—空气混合物然后以常规方式通过柴油喷射点燃。液体燃料点火中心开始快速燃烧。这是由于气体燃料和空气混合物点火和燃烧产生强烈的多重能量，其能够引起低浓度燃料和低热值燃料的燃烧。通过减少柴油喷射量，大部分的能量释放来自气体燃料组分的燃烧。

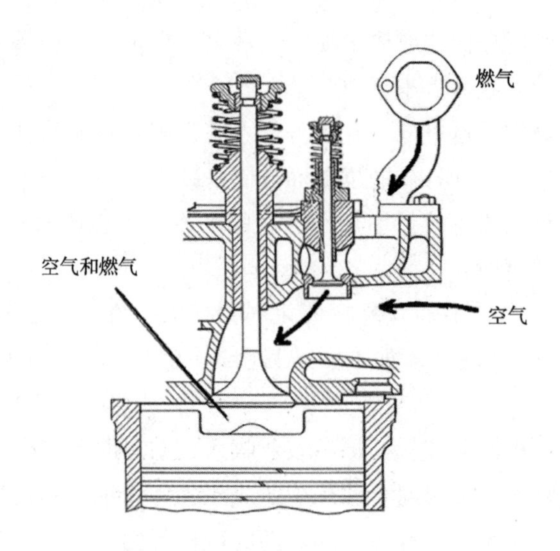

图 13.7　双燃料发动机气缸盖示意图，显示了采用独立气阀对燃气进行熏蒸的情况（Karim，2010）

双燃料发动机代表了对气体燃料采用高压缩比常规柴油操作的多功能方法。与相应的气体电火花点火式发动机相比，这样的操作可以产生优异的效率并降低不希望的排放，同时消耗非常宽范围的气体燃料并且节约更昂贵的液体燃料使用量。

13.8　航空用液体燃料

大多数现代化的大容量飞机都是通过喷气推进来驱动燃气轮机的，这些汽轮机需要具有特殊性能的燃料。大多数小型飞机仍然由活塞式火花点火发动机提供动力。因此，为现代飞机提供动力的有两大类燃料：航空汽油和航空涡轮喷气机燃料。航空汽油是一种具有非常高的辛烷值和主要用于活塞式发动机的较高密度的汽油，而喷气式燃料则分为几类，用于民用和军用喷气推进式燃气轮机发动机。

航空燃料是通过石油炼制得到的一种重要的液体燃料。航空喷气燃料属于煤油，性质介于汽油和柴油之间。煤油用于喷气式发动机的原因主要是它能通过石油炼制广泛制得，而汽油和柴油燃料主要用于道路运输应用中的发动机。不同国家航空燃油的明显规格可能略有不同，从民用飞机到军事应用也可能略有不同。活塞式发动机推进式飞机仍然使用高辛烷值的特殊航空汽油。

由于飞机在飞行中会遇到严酷条件，其燃油必须在全球范围内符合严格的规定。主要要求包括以下内容：

（1）具有必需的性质，在世界各地都可以很好地使用；

（2）低风险，特别是在发生事故时；

（3）热稳定性高，不受温度变化的影响；

（4）单位体积热值和单位质量热值高；

（5）由于在高空使用，要保证蒸气压低；

（6）高比热容，使液体燃料内部不会形成高温点；

（7）润滑性能好；

（8）发动机零件中低炭形成，无污染。

当飞机爬升到环境压力较低的高海拔地区时，一些溶解在燃油中的空气会从溶液中排出，并通过排气系统从燃油箱排出。这种损失是一个重要的问题，因为从油箱中溢出的气体中含有燃料蒸气。一种方法是对罐加压以减少这种燃料蒸气逸出。由于空气动力学加热可能导致燃料潜在变暖，并且燃料需要具有高热稳定性和低静电荷产生倾向。

碳氢比对炭形成的程度有重要影响。沉积在燃烧室壁上的炭不仅阻碍传热，还会影响燃烧过程本身，并可能导致燃烧室壁损坏。煤油型喷气燃料的碳数范围为 C_8—C_{12}。

有几种类型的喷气燃料。常见的一种被命名为 Jet B，它能够供商用飞机在世界寒冷地区使用。航空喷气燃料与其他加工燃料一样，通过提高其能含量、燃烧性能、热稳定性、储存稳定性、润滑性、流动性、挥发性、无腐蚀性、清洁度和安全性等，不断优化用于不同的领域。

喷气燃料的主要要求之一是高闪点以确保更高的安全性，防止在发生事故或发生火灾时在受热表面或热点存在的情况下起火或爆炸。还需要很高的导电性以减少静电积聚，例如，在进行飞行动作和雷暴期间油箱中的液体燃料会发生搅动和晃动。

所需的另一个重要燃料特性是高热稳定性，因为喷气燃料通常用作飞机中的冷却剂。当燃料被加热时，可能会发生分解，形成胶质和颗粒物进而堵塞过滤器，降低热交换效率，并破坏喷射特性、燃料处理能力以及飞机的最终操作和可靠性。含高环烷烃和芳烃的燃料更可能形成含碳颗粒和烟雾。对于军用飞机，燃料在储存期间的稳定性尤为重要，因为军用飞机通常会储存充足的燃料，并在需要时能够立即起飞。抗氧化添加剂被用来改善储存期间燃料的稳定性。

喷气燃料需要在所有操作条件和温度下流动。燃料必须保持液态，并且不能在预期的操作温度范围内冻结。此外，燃料中的任何溶解水，尽管量很少，但必须防止其结冰，一般通过使用特殊添加剂来达到此目的。燃料需要合适的挥发性，以确保其拥有足够高的挥发性支持有效燃烧，但又要保证其挥发性够低以避免燃料在管路中产生气体。黏度也是影响燃料喷雾和燃烧的重要特征。

喷气燃料确实需要也确实含有许多燃料可溶性添加剂，通常浓度非常低，仅为百万分之几，并且有些只是适当添加。它们根据飞机的应用领域进行选择和设计，以适当地改善燃料性质以提高燃料性能和处理。许多用于军事的添加剂与民用应用的添加剂是不同的。

喷气燃料的典型添加剂是系统腐蚀抑制剂、热稳定性改进剂、抗氧化剂、金属钝化剂、润滑性改进剂、泄漏检测剂和灭微生物剂。由于水在低温下结冰并可能引起腐蚀，因此需要添加剂使在固体颗粒和水作用下的喷气燃料变得干净。此外，燃料中的水会导致微生物和真菌的生长，这些微生物和真菌的生长可能会产生酸性化合物，从而产生腐蚀并繁衍出可能堵塞燃料过滤器的生长物，特别是在和平时期使用频率不高的军用飞机中。

13.9 用于锅炉的重质燃料

与用于过程加热或电力应用的蒸汽相关的锅炉燃料被广泛使用，例如，大量生产高效率的电力。这些应用原则上可以使用各种性质的各种燃料，包括质量低的燃料，腐蚀和沉积问题局限于固定锅炉部件，而其他部件（如旋转涡轮的部件）暴露在整个高纯度处理过的蒸汽中。这些单元有可能与其他利用过程联系起来。

13.10 液体和固体推进剂

火箭发动机使用推力作为推进手段。它们是基于牛顿第三运动定律运行的基本简单设备。产生的推力取决于离开系统的流体的动量。火箭发动机可以采用许多非常规形式的燃料。推进剂通常是化学混合物，在火箭式装置内燃烧产生推力。它们可以以多种方式分类，如状态、组分数、点火方式或使用的氧化剂类型。火箭燃料通常以液态或固态形式存在。固体推进剂被归类为均质混合物，通常由燃料和氧化剂组分制成。

使用液体火箭发动机的一个主要优点是它们可以产生比固体燃料高得多的特定推动力。因此强劲的火箭发动机倾向于使用液体燃料，可以通过节流、关闭或重新启动发动机来进行控制。优良的推进剂的主要要求是具有较高的特定推动力。这与燃烧温度直接相关，因为较高的温度可以提供更多的能量以驱动废气更快地通过喷嘴。安全性也非常重要，因为通常涉及有毒和高反应活性、腐蚀性的化合物。

许多不同的液体燃料已被开发，专门用于为不同尺寸和推力的火箭发动机提供推动力。液体推进剂之一是高度精炼的煤油，称为精炼石油（RP1），以液氧为氧化剂。RP1 相对便宜，可以在环境温度下轻松储存。

低温推进剂在正常温度下是气体，通过冷却到足够低的温度而变成液体。最常见的混合物是液态氢燃料，液态氧作为氧化剂。当然，在维护和处理这类系统所涉及的极低温度方面面临许多挑战。它们不能用于需要长期存放的火箭或导弹中。另外，氢气即使在液态时也具有非常低的密度，需要非常大的容器来容纳足够的质量以产生所需的推力。

液体火箭发动机将燃料和氧化剂储存在独立的储罐中，直到它们需要在燃烧室中进行混合。这种设计的复杂性在于，无论所涉及的流体温度如何，都需要用泵、阀和管道系统将推进剂从储罐转移到燃烧室。液体推进剂是低温的或者可自燃的石油。混合系统由固体和液体推进剂一起组成。

还有另一组推进剂，称为自燃燃料。自燃燃料的燃料和氧化剂会在彼此接触时自发燃烧。最常见的自燃燃料是肼，四氧化二氮作为氧化剂。肼也可以通过放热分解作为单一推进剂，而不需要氧化剂。

许多液体推进剂由单独的燃料和氧化剂组成，并且被称为二元推进剂，因为它们在泵入燃烧室之前不混合。

13.11　实　　例

双燃料发动机在压力为 90kPa、温度为 310K 的条件下运行，每小时消耗柴油 0.225kg，天然气 0.123kg，空气 19.53kg。假定柴油燃料为十六烷($C_{16}H_{34}$)，天然气为甲烷，气体均为理想气体。问：过量使用的空气量以及它和空气进气量的总当量比是多少？排放的干燥气体产品的理想组成是什么？

答：找出各组分物质的量。

柴油使用量：

$$M_{C_{16}H_{34}}=12\times16+34\times1=226\text{kg/kmol}$$

$$0.225/226=0.001\text{kmol}$$

甲烷使用量：

$$M_{CH_4}=12+4\times1=16\text{kg/kmol}$$

$$0.123/16=0.0077\text{kmol}$$

空气摩尔质量：

$$M_{air}=0.21\times32+0.79\times28=28.88\text{kg/kmol}$$

根据每小时供应量，总体方程为：

$$0.001C_{16}H_{34}+0.0077CH_4+0.6762(0.21O_2+0.79N_2)\longrightarrow aCO_2+bH_2O+dO_2+fN_2$$

通过求解这组元素质量平衡方程得：

$$d=0.0859\text{kmol}$$

$$0.0859\times28.88/0.21=11.81\text{kg}$$

供应空气为 19.53kg/h，过量空气为 11.81kg。

计量空气为 19.53-11.81=7.72kg。

当量比=计量空气/供应空气=7.72/19.53=0.3953。

干燥 CO_2 的物质的量分数为：

$$0.0237\times100\%/(0.0237+0.0859+0.5342)=0.0237/0.6438=3.68\%$$

干燥 O_2 的物质的量分数为：

$$0.0859\times100\%/0.6438=13.34\%$$

干燥 N_2 的物质的量分数为：

$$0.5342\times100\%/0.660=82.98\%$$

13.12　问　　题

(1) 柴油发动机使用的燃料的适用性是通过许多标准技术规范所规定的性质来确定的。

你认为最重要的 5 个性质是什么？

（2）以下每个操作的设计参数值的增加，会使柴油机型压燃式发动机所需的柴油十六烷值的最小值降低的有哪些？①进气温度；②发动机转速；③气缸直径；④燃料黏度；⑤压缩比；⑥水套温度。

（3）简要对比在发电设备中使用普通液体燃料的十六烷值和辛烷值。为什么认为燃气轮机比活塞式发动机对燃料性质的变化适应性更强？

（4）在柴油发动机中，您认为影响点火延迟的燃料的主要性质是什么？鲁道夫开始了他的一些早期的发动机开发试验，以粉煤作为燃料。但是，他不得不立即转而使用液体燃料。简要概述可能导致他更换燃料类型的原因。

（5）下面的示意图显示了随着燃料供应速率增加，柴油发动机中废气组分浓度的典型变化。将曲线与以下组分进行一一对应。①二氧化碳；②烟尘/微粒；③氮氧化物；④一氧化碳；⑤氧气。

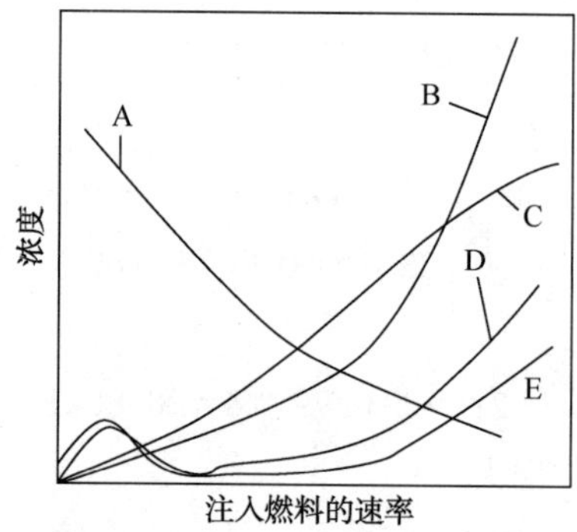

（6）简要概述下列液体燃料用于汽车火花点火装置的相对优点。解释你选择的原理。①甲醇；②煤油；③三甲基戊烷；④正辛烷；⑤苯。

13.13　与液体燃料相关的一些定义

苯胺点：用于表示燃料芳烃含量的标准经验方法。

API 度：表示液体燃料密度的一个经验参数。高 API 度对应低密度液体。

美国测试材料协会（ASTM）：制定燃料性能标准的机构。

桶（bbl）：石油工业中液体体积测量的单位。1bbl 等于 42gal（美），35gal（加）或 0.159m^3。

十六烷值：根据特定操作条件下相关的发火延迟长短来衡量柴油燃料的点火质量。十六烷值越高，点火延迟越短。

浊点：在一定的操作条件下，当燃料温度降低时，石油液体产品由于形成蜡结晶而刚刚出现云雾或者浑浊的温度。

闪点：在规定的测试条件下，在标准装置内使用小型喷射火焰时，液体石油产品的蒸气被点燃的最低温度。高闪点燃料的火灾危险性低于低闪点燃料。

加氢裂化：通常在催化剂存在下，重质馏分烃在氢气和一定压力下，转化为轻质油产品的过程。

加氢：通过向分子中加入氢来将不饱和烃转化为饱和烃。

点火延迟：从柴油发动机的燃油喷射开始到首次检测到点火之间的时间段。

同分异构体：具有相同质量、相同元素的化合物，由于组成物质的分子排列不同，而显示出不同性质。

爆震(敲缸)：一种火花点火发动机中的不良现象，由于在电火花产生的传火焰传播到达之前，可燃混合物过早的、不受控制的自燃导致了能量释放过快。

辛烷值：火花点火发动机中汽油抗爆震性能的经验指标。它是在特定的标准条件下通过比较测试燃料与异辛烷和正庚烷的混合物来确定的，产生相同的爆震趋势的等效混合物中异辛烷的浓度是辛烷值。有两种类型的辛烷值，分别为研究法辛烷值和马达法辛烷值。

倾点：在规定的条件下测试时，液体燃料可以流动的最低温度。燃料的倾点越低，越适合于在低温下使用。

参比燃料：用于火花点火发动机中液体燃料爆震等级评定的正庚烷(辛烷值为0)和异辛烷(辛烷值为100)的混合物。

气阻：燃料不能在管路中顺畅流动的现象。这是由于燃料在管路中不受控制地汽化，产生气泡阻碍燃料的平稳流动。产生气阻的因素包括高环境温度、低环境压力、高挥发性和燃料系统设计。

13.14　小　　结

柴油发动机依赖于对高温高压空气中喷入的雾化液体燃料进行压燃点火。所用的燃料需易于点燃。在燃料喷射之后，点火之前通常要经历一段时间。要使这段点火延迟时间尽量短来控制有效燃烧和发动机的性能。十六烷值被用来衡量柴油燃料的点火质量。

参 考 文 献

Adler, U. , Diesel Fuel Injection, 1994, Robert Bosch GmbH, Germany, Distributed by Society of Automotive Engineers, Warrendale, PA.

Allinson, J. P. , Editor, Criteria of Petroleum Products, 1973, John Wiley and Sons, New York, NY.

ASTM, Petroleum Products and Lubricants, Part 23, D56-D1660, 1979, American Society For Testing Materials, Philadelphia, PA.

ASTM-D93-79, Flash Point by Pensky-Martens Closed Tester, 1979, American Society for Testing Materials, Philadelphia, PA.

Atkins, P. W. , Physical Chemistry, 1978, W. H. Freeman and Co. , Trenton, NJ.

Ayres, R. U. and Mckenna, R. P. , Alternatives to the Internal Combustion Engine, 1972, John Hopkins University Press, Baltimore, MD.

Bartok, W. and Sarofim, A. F. , Editors, Fossil Fuel Combustion, 1991, John Wiley and Sons Inc, New

York, NY.

Bauer, H. , Editor, Diesel Engine Management, 2nd Edition, 1999, Robert Bosch GmbH, Germany, Distributed by Society Auto Engineers, Warrendale, PA.

Borman, G. L. and Ragland, K. , Combustion Engineering, Int. Edition, 1998, McGraw Hill Inc. , New York, NY.

Bosch, Automotive Handbook, 6th Edition, 2004, Robert Bosch GmbH, Germany, Distributed by Society of Auto Engineers, Warrendale, PA.

BP Co. , Statistical Review of Word Energy, Yearly Bradley, H. B. , Editor, Petroleum Engineering Handbook, 1987, Society of Petroleum Engineers, Richardson, TX.

Clark, G. H. , Industrial and Marine Fuels-Reference Book, 1988, Butterworths, London, UK.

Collucci, J. M. and Gallpoulos, N. E. , Future Automotive Fuels, 1976, Plenum Press, New York, NY.

Elliot, M. A. , Combustion of Diesel Fuel, SAE Trans. , July 1949, Vol. 3, pp. 492-501.

El-Wakil, M. M. , Power Plant Technology, 1984, McGraw Hill Book Co. , New York, NY.

Evans, R. , Fueling Our Future, 2008, Cambridge University Press, Cambridge, UK.

Evans, R. L. , Editor, Automotive Engine Alternatives, 1986, Plenum Press, New York, NY.

Garrett, T. K. , Automotive Fuels and Fuel Systems, Vol. 1: Gasoline, 1991, Pentech Press, London, UK.

Garrett, T. K. , Automotive Fuels and Fuel Systems, Vol. 2: Diesel, 1994, Pentech Press, London, UK.

Haywood, J. B. , Internal Combustion Engine Fundamentals, 1988, McGraw Hill Book Co. , New York, NY.

Karim, G. A. , Combustion in Gas-Fueled Compression Ignition Engines of the Dual Fuel Type, In Handbook of Combustion, Lackner, M. et al. Editors, Vol. 3, pp. 213-233, 2010, Wiley-VCH Verlag GmbH & Co. KGaA, Weinheim, Germany.

Karim, G. A. , Methane and Diesel Engines, In Methane Fuel for the Future, McGeer, P. and Durbin, E. , Editors, pp. 113-129, 1982, Plenum Press, New York, NY.

Karim, G. A. and Wierzba, I. , Comparative Studies of Methane and Propane as Fuels for Spark Ignition and Compression Ignition Engines, Transaction of the SAE, 1984, Vol. 92, pp. 3676-3688, 1984.

Kates, E. J. and Luck, W. E. , Diesel and High Compression Gas Engines, 3rd Edition, 1982, American Technical Publishers, Inc. , Alsip, IL.

Lefebvre, A. , Gas Turbine Combustion, 1983, McGraw Hill Book Co. , New York, NY.

Lenz, H. P. and Cozzarini, C. , Emissions and Air Quality, Society of Automotive Engineers, Warrendale, PA.

Mathur, M. L. and Sharma, R. P. , A Course in Internal Combustion Engines, 3rd Edition, 1983, Dhanpat Rai and Sons, New Delhi, India.

Molliere, M. , Expanding Fuel Flexibility of Gas Turbines, Proc. Inst. Mech. Engineers, J. of Power and Energy, 2005, Vol. 219, pp. 109-119.

Obert, E. F. , Internal Combustion Engines and Air Pollution, 1973, Intext Educational Publishers, New York, NY.

Patterson, D. J. and Henein, N. A. , Emissions from Combustion Engines and Their Control, 1972, Ann Arbor Science Publishers Inc. , Ann Arbor, MI.

Robinson, R. F. and Hicks, R. E. , Synthetic Fuels, 1976, McGraw Hill & Co. , New York, NY.

Rose, J. W. and Cooper, J. R. , Editors, Technical Data on Fuels, 7th Edition, 1977, British National Committee of World Energy Conference, London, UK.

Shell Co. , The Petroleum Handbook, 6th Edition, 1983, Elsevier Publishing Co. , Inc. , New York, NY.

Sorenson, H. A. , Energy Conversion Systems, 1983, John Wiley & Sons, New York, NY.

Springer, G. S. and Patterson, D. J. , Engine Emissions, 1973, Plenum Press, New York, NY.

Sutton, G. P. and Ross, D. M. , Rocket Propulsion Elements, 4th Edition, 1975, Wiley Interscience Pub. Co. , New York, NY.

Taylor, C. F. , The Internal Combustion Engine in Theory and Practice, Vol. 1 & 2, 1985, MIT Press, Cambridge, MA.

Turns, S. R. , An Introduction to Combustion, 1996, McGraw Hill Book Co. , New York, NY.

U. S. Department of Energy, National Petroleum Council. Hard Truths about Energy, 2007, Washington, DC.

第 14 章　固体燃料

14.1　固体燃料的燃烧

固体燃料通常指在常温常压下处于固态的燃料。这个类别中有很多种燃料，包括有机燃料和无机燃料。无机固体燃料主要涉及高能金属燃料(如 Al、Fe、Zr 和 Mg)以及一些非金属燃料(如硫)。有机固体燃料可以是天然存在的燃料，如煤炭、木材和泥煤；由天然原料加工而成的燃料，如木炭和焦炭。来自生物资源的天然固体燃料可以起源于化石或非化石资源，如植被和动物的排放物和遗骸。

固体燃料组成如图 14.1 所示，其中并非所有的部分最初都可燃。可燃部分主要是具有碳氢化合物性质的挥发性成分，其中一些非挥发性部分是碳质和聚合物。不可燃部分与水分和无机成分的存在有关，最终在燃烧后出现固体灰分。

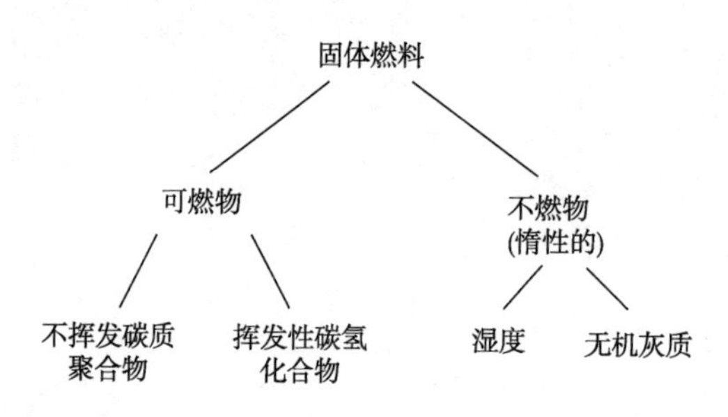

图 14.1　固体燃料组成示意图

14.2　煤　　炭

煤是最丰富的化石燃料，它相对均匀地分布在全世界。煤炭全球储量巨大，远远超过石油或天然气。煤被认为是在地质时期，由埋藏在高压和高温下的积累的植物经过厌氧和有氧腐烂形成的。根据原料和当地条件及其随时间的变化，有机物的分解速度不同。

煤不是一种简单、均质的含碳物质，而是一种化学成分各异的复杂物质。煤的性质对其开采至关重要，并且差别很大。这使得对燃煤设备的设计和运行难以统一。有很多描述煤炭质量的分类。主要涉及煤炭所含挥发物的含量，这也间接表明了煤炭形成的地质时期和成因。

通常通过露天采矿或深度地下开采完成煤炭开采，但同时也伴随着环境和安全问题的加重。大部分煤炭用于在炼厂中生产蒸汽，这些炼厂使用不同形式的朗肯循环来生产电力，通常是在相对较大的固定生产单元中。然而，越来越多的措施用于处理煤燃烧产生废气中的不理想组分，如硫和氮的氧化物、灰分和微粒，这些物质会造成环境污染，消耗臭氧层，引起酸雨。最近，人们越来越关注有效处理二氧化碳排放的问题，二氧化碳是煤燃烧产物的主要组成部分，它对于温室气体排放增加和全球气候变暖作用显著。这严重限制了煤炭作为能源的广泛开采前景。

特殊加工的煤也作为一种主要原材料用来制备多种钢铁制造需要的化学制品和焦炭。然而，美国使用煤炭，如家庭取暖，其燃烧不能像大型发电站应用那样进行优化，出于环境原因，其使用在全球范围内日益受到限制。

煤的能量和燃烧特性主要取决于其成分，而这取决于许多因素，包括其原始植被来源，相关无机物以及导致其形成的过程。一般来说，煤作为“结块”或“易燃的”固体燃料燃烧。粘结煤在加热时倾向于熔合在一起，形成无孔的半焦炭浆状物质，而易燃煤在加热时倾向于碎裂。

碳具有高热值，是煤炭的主要组成部分。它代表干质量，超过60%为褐煤，超过80%为无烟煤。氢仅占5%或更少。煤中还存在一些不同量的氧。氧含量越高，煤的热值越低。相应的硫含量也随煤的类型而变化，但其平均值通常在1%~2%。

煤的制备、点火和燃烧有不同的方法，取决于关键因素，如等级、成分、热值、孔隙度、结块倾向以及辅助燃料(比如天然气是否与它一起燃烧)。煤通常在被破碎成足够小的碎片或粉碎成与空气混合的细颗粒，并通过燃烧器作为射流引入燃煤锅炉和熔炉后燃烧。

通常建造大容量的燃煤电厂离煤炭资源所在地不太远，以提高效率、经济性，降低运输成本和改善环境。这些工厂通常运行改性朗肯循环类型的热力发动机，或者越来越多的炼厂运行联合燃气涡轮机和朗肯循环，因为它们具有非常出色的工作生产能力和热效率。

煤主要作为固体燃烧，但可以通过化学处理转化为气体燃料或液体燃料。煤的气化产物主要是一氧化碳和氢气。这种气体混合物通常可以在合适的温度和压力下借助催化剂合成为各种液体燃料。进一步加工后的产品可制成燃料，包括柴油和汽油。然而，与石油的直接加工相比，这些制造液体燃料的方法相对昂贵。

在大规模工业设施中、燃烧煤的主要方法包括将煤粉碎成小颗粒，将空气或天然气吹入炉内。另一种越来越多的燃烧方法是使用流化床。如本节前面所述，使用燃煤方法不同会带来各自的优势和局限性。

到目前为止，通过管道以煤浆、水或其他液体形式运输煤炭一般不会成功。这是由于所需的能源量、水污染、目的地分离的成本、运输管道和相关设备的腐蚀和磨损，以及多种环境的限制。

在炼钢中，一般使用焦炭(煤炭的加工产品)和热煤(用来生产热能)。这些用于加热高炉中的铁矿石。在没有空气的气氛中充分加热时，煤炭被软化和液化，制成焦炭。焦炭在冷却后固化成大的多孔轻质块状物，被用来提供碳以作为铁矿石的还原剂，铁矿石主要包含氧化铁。热煤能提供热量，同时作为可渗透的承载层，支持铁矿石，同时允许炉内还原气体的流动。

从煤中生产燃料气包括部分氧化和重整过程，在此过程中，煤与高温高压下的蒸汽反应生成主要由氢气和一氧化碳组成的产物气。这种“煤气”在很长一段时间内被广泛用作主要城镇燃气，广泛应用于家庭和工业。相对便宜的天然气资源的开发和提供适当的供应、运输和配送基础设施，极大地减少了煤气的生产和使用。

14.3 关于煤炭的问题

世界上许多地方都有巨大的煤炭储量，但越来越多的煤炭燃烧设施被否定或煤炭燃烧被完全淘汰。这种趋势的一些促成因素可能如下：

(1) 含有大量碳的煤通过燃烧产生二氧化碳，这是必须削减的温室气体。它们还含有相当高含量的硫、氮和杂质，这些污染物会产生硫和氮的氧化物、灰分和微粒。其中许多需要在煤炭燃烧产物排入大气之前被除去。此外，采煤作业倾向于产生大量甲烷和二氧化碳，这是会破坏当地水资源及其资源质量的温室气体。近年来，对煤矿地表开采的日益依赖，造成水、土壤和空气污染。

(2) 煤的质量、成分和热值差异很大。煤有燃烧问题，由于作为固体燃料，它的燃烧更难以控制。煤气排放也不容易处理或清洁。煤炭的开采、运输、清洁、研磨和粉碎是高能耗密集型工艺，产品和残余物都需要处理。高质量的煤炭越来越难以获得，而且越来越昂贵。

(3) 煤炭的有效加工和开采需要大型工厂，大型工厂通常远离它被需要的地方。因此，电力经常在煤矿附近生产，进而必须长距离运输，造成巨大损失，并且需要大量需要维护和保养的基础设施。

(4) 燃煤电厂受制于较差的燃烧比，需要花很多时间开始和停止，不容易控制。此外，还涉及过度的辐射传热、灰分处理、腐蚀和侵蚀问题。

(5) 煤炭的开采、运输、处理和储存仍然存在显著的安全和长期健康问题。非常严重的火灾和爆炸危险与煤层气和煤粉不受控制地排放到矿井大气中有关，通常是在非常深的地下。

(6) 目前的运输部门不能直接使用煤炭，除非通过电力或使用煤炭的气化或液化产物。用流化床燃烧开采的煤炭作为燃料还需要进一步的开发和改进。再者，一些替代能源的基础设施已经充分开发，并且在目前的相对能源定价中更方便和更具有吸引力。

第10章已经表明，固体燃料的燃烧是通过物理控制的传递过程之间复杂的相互作用发生的，在这里，固体的化学组成的作用就不重点讲述了。燃煤排放量根据煤的等级(碳与挥发物的比值)和燃料组成，使用的燃烧设备及其维护以及一系列其他运行因素而有所不同。图14.2显示了固体燃料(如煤)燃烧过程中发生的物理和化学过程。

可以看出，燃料的燃烧是通过含有可燃成分的挥发物通过热传导进行的，其向外扩散并与必要的空气混合以进行氧化反应。释放的能量促进了进一步的挥发和持续燃烧。因此，固体燃料的挥发物含量对其燃烧的容易性而言是重要的。而且，通过粉碎固体燃料，点火和其他燃烧过程会大大加速。

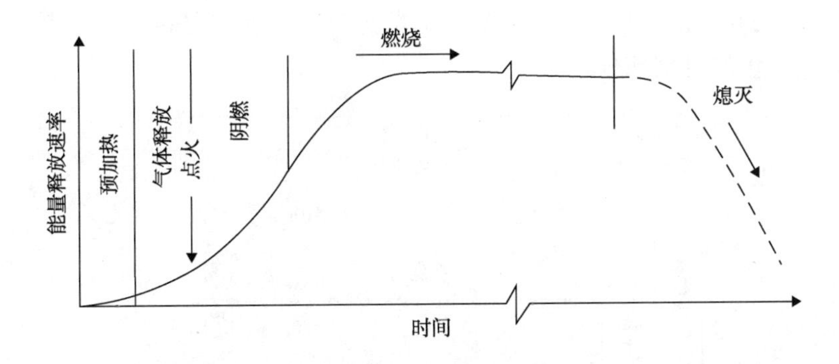

图 14.2　在固体燃料(如煤)燃烧过程中进行的物理和化学过程的典型顺序

(来源：Bryan，J. L.，Fire Suppression and Detection Systems，Glencoe Press，Benziger Bruce and Glenoe，Inc.，Beverly Hills，California，1974)

14.4　煤炭的一些性质

图 14.3 为煤的组成部分示意图。这些组分控制煤的质量和燃烧特性，随着煤种类的变化而显著变化。“近似分析”是煤炭主要成分的质量组成，按照工业标准，其成分如下：

(1) 固有水分(%)：固有水分是煤中水分的浓度，增加水分可以按比例降低煤炭的热值。

(2) 挥发性物质(%)：挥发性物质是在惰性气氛中加热时煤样品的质量损失。挥发物由各种碳氢化合物、焦油等蒸气组成。挥发物含量高的煤(如低级沥青)容易点燃，燃烧很快，并伴有长时间的橙色火焰，需要充足的二次空气供应，以确保在相对短的时间内完全燃烧释放的挥发物。另一方面，挥发物含量低的煤(如无烟煤)很难点燃并且慢燃。它们产生短暂的火焰，需要通过煤层供应充足的一次空气。

(3) 灰分(%)：煤中的灰分主要由矿物质如 Si、Fe、Al 和 Ca 的氧化物组成。它是在加热到高温(如 700 ~750℃)的空气流中加热已知煤样品之后的剩余材料。灰分的存在降低了煤炭的热值和结块，增加了煤炭有效利用的难度。在燃烧之后，产生相当大量的剩余灰分，必须将其除去。

(4) 固定碳(%)(图 14.3)：固定碳是一个术语，其含量是减去煤的水分、挥发性物质和灰分含量后的剩余含量。

(5) 可燃物(%)：可燃物通常以挥发物和固定碳成分为基础。

(6) 煤的等级：这是一种通过比较固定质量的炭与燃料挥发物来对煤的质量进行分类的方法。在此基础上，无烟煤的排名高于烟煤。

(7) 终极分析(化学)：各种元素和构成干煤的灰分的质量分数。

（8）热值：煤的热值可以通过多种方式给出。例如，高热值，当产品中的水分冷凝且这一部分能量被计入；低热值，当产品中所有水分仍然以蒸汽形式存在且在燃烧过程中这部分水分没有从产品中被移除。注意需要找出确认煤炭热值的质量基准。在比较不同煤的热值时，通常采用其质量的可燃部分。

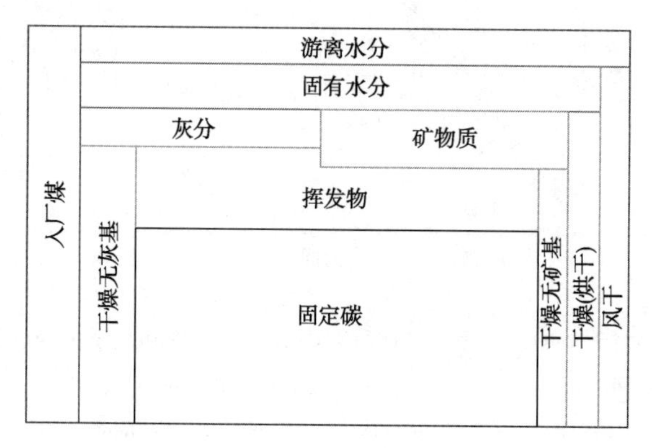

图 14.3　煤的组成部分示意图

（来源：Bryan，J. L.，Fire Suppression and Detection Systems，Glencoe Press，Benziger Bruce and Glenoe，Inc.，Beverly Hills，California，1974）

还有一些与煤炭有关的其他性质，例如，结块和膨胀倾向、灰分熔化温度、颗粒大小和易磨损性。

电力行业中一个重要的问题就是在很冷的天气中操作的问题，包括处理冷冻煤库存和冷凝器、管道破裂以及冷冻的仪器和控制装置。一旦工厂由于过度寒冷而不得不停工，这将变得非常困难，并且需要很长时间才能使其恢复到稳定的高负荷操作状态。

14.5　煤炭的分类

传统的煤炭分类是基于从初始状态到完全炭的特定煤种。煤炭大致分为以下几大类（图 14.4）。

（1）无烟煤硬、脆、色黑，其水分和挥发物含量低，碳含量高。

（2）烟煤是致密紧凑，煤质脆而且呈深黑色。相比较于质量较差的煤，烟煤更能在空气中抗分解。烟煤水分和挥发物含量从高到中不等，并且热值较高。不同品种的煤炭可以在这一类别中进行识别。

（3）次烟煤较难与沥青区分，并且颜色暗淡，显示出一些木质材质。它已经失去了一些水分，但热值仍然较低。

（4）褐煤是煤炭的最低级别，通过泥炭压实和变形得到。它的颜色是深褐色到黑色，有时它被描述为褐色的煤。它由木质材料嵌入到粉碎和部分分解的古代植物中。与高质量的煤相比，褐煤含水量高，热值低。

（5）泥炭是植物物质中长链烷烃转化的最初产物。

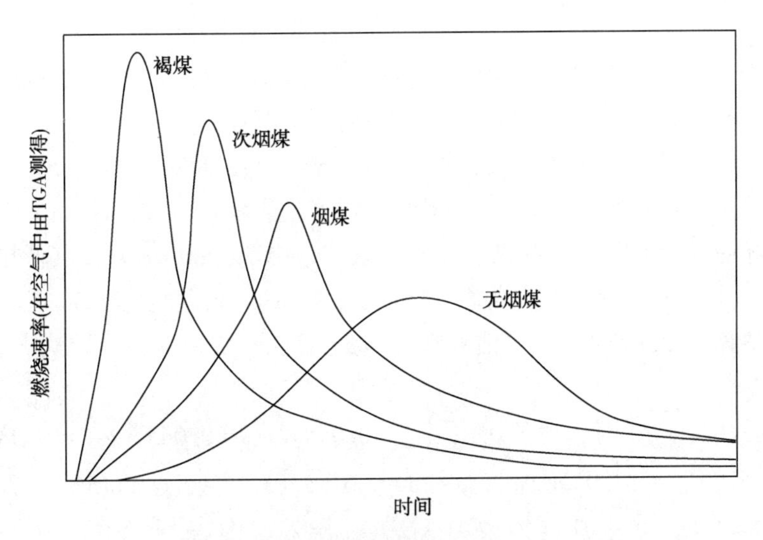

图 14.4　煤的组成示意图(Foxwell，1958)

表 14.1 中列出了不同矿物质含量的煤炭组成范围及其相应的总热值。

表 14.1　不同类型煤的质量组成

燃料	最初水分(%)	碳(%)	氢(%)	氧(%)	挥发物(%)	高热值(MJ/kg)
泥煤	70~90	45~60	3.5~6.8	20~45	45~75	17.44~22.32
褐煤	30~50	60~75	4.5~5.5	17~35	45~60	27.91~30.23
烟煤	1~20	75~92	4.0~5.6	3.0~20	11~50	29.30~37.21
无烟煤	1.5~3.5	92~95	2.9~4.0	2.0~3.0	3.5~10	35.81~37.21

注：显示的成分基于干燥无矿基。

来源：Clark，G. H.，Industrial and Marine Fuels Reference Book，Butterworths，London，UK，1988。

煤中含有两种硫，即有机硫和无机硫。无机硫主要可以通过洗煤来减少含量。有机硫更难除去，因为它与碳分子以化学键的形式连接。减少煤中有机硫的一种方法是用较高浓度的氢氧化钠将其加热，然后洗涤以除去可溶性盐；用稀酸处理以去除任何不溶性化合物。越来越多地将石灰石与煤混合在流化床中进行燃烧以去除煤中的硫。

14.6　实　　例

(1) 在使用时收到的煤含有 30%的水分和 10%的灰分。按质量计，不含水分和灰分的部分组成为 10%的氢和 6%的硫，其余为碳。如果煤的干燥无灰低热值为 17.09MJ，则按收到的质量计算高热值。

答：考虑低热值$(LHV)_{d,af}$ = 17090kJ/kg，1.0kg 煤中含有 10%(质量分数)氢，产生水为：

$$0.10\times\frac{18}{2}=0.90\text{kg}$$

高热值为：

$$(HHV)_{d,af}=17090+0.90\times h_{fg,water}=17090+0.90\times 2442=19288\text{kJ/kg}_{d,af}$$

但是1.0kg不含水分和灰分的煤对应0.6kg煤，所以有：

$$(HHV)_{接收到}=19288\times 0.6=11572\text{kJ/kg}$$

注：得到的水分是液体，所以不会对热值大小产生影响。

（2）某一煤的质量组成：0.80碳，0.055氢，0.065氧和0.08灰。其低热值为21.2MJ/kg。煤被天然气(可以认为是甲烷)燃烧，在压力为1.0bar和温度为288K的条件下，热基础10∶1下的低热值为33.95MJ/m^3。估算在15%过量空气使用下，干燃烧产物的理想体积组成。

答：当$Q_{煤}/Q_{甲烷}=10$时，$w_C=0.8$，$w_H=0.055$，$w_O=0.065$，$w_{灰}=0.08$；$(LHV)_{煤}=21.2\text{MJ/kg}$，$(LHV)_{甲烷}=33.95\text{MJ/m}^3$，$p=1\text{atm}$，$T=288\text{K}$；空气过量15%。考虑1kg煤

$$Q_{煤}=21.2\text{MJ/kg},\ Q_{甲烷}=2.12\text{MJ/kg}$$

则每千克煤对应甲烷的体积为：

$$Q_{甲烷}/(LHV)_{甲烷}=2.12/33.95=0.0621\text{m}^3/\text{kg}$$

为了计算对应的甲烷的物质的量，假设气体在1atm和288K的条件下为理想气体，

$$pV=nRT$$

$$101.325\text{kPa}\times 1.0\text{m}^3=n\times 8.314[\text{kJ/(kmol}\cdot\text{K)}]\times 288\text{K}$$

1m^3甲烷为0.0423×0.0621=0.00263kmol/kg。

对应1kg煤的化学计量方程如下：

$$(C_{\frac{0.80}{12}}H_{\frac{0.055}{1}}O_{\frac{0.065}{16}}+0.00263CH_4)+\lambda(O_2+3.76N_2)\longrightarrow aCO_2+bH_2O+dO_2+eN_2$$

实际使用的为15%过量空气，使得实际反应的方程为：

$$(C_{\frac{0.80}{12}}H_{\frac{0.055}{1}}O_{\frac{0.065}{16}}+0.00263CH_4)+1.15\times 0.0838(O_2+3.76N_2)\longrightarrow aCO_2+bH_2O+dO_2+eN_2$$

根据碳平衡、氢平衡、氧平衡、氮平衡分别求出a、b、d、e，

碳平衡：

$$a=0.80/12+0.00263=0.0693$$

氢平衡：

$$2b=0.055+0.00263\times 4=0.0655$$

$$b=0.0327$$

氧平衡：

$$2a+b+2d=0.065/16+1.15\times 2\times 0.0838=0.1386+0.0327+2d$$

$$d=0.0255$$

氮平衡：

$$e=1.15\times 0.0838\times 3.76=0.3626$$

干燃烧产物为：

$$\varphi_{CO_2}=a/(a+d+e)=15.15\%$$

$$\varphi_{O_2}=5.54\%$$

$$\varphi_{N_2}=79.27\%$$

14.7　流化床中的煤燃烧

正如第 11 章中内容指出，诸多研究和进展涉及高效利用流化床，在其中使用粉末状或粒状的固体燃料(比如煤)来产生热能。我们仍然需要开展进一步的研发工作使得这些加热炉更具吸引力，并被广泛应用，这是有利的。

使用流化床燃烧粉状煤有显著的优势，可以概括如下：

(1) 大部分类型的煤都可以燃烧，硫的去除可以通过床层中的钙或镁的氧化物来进行；

(2) 由于涉及燃烧温度较低，氮氧化物排放问题并不严重，煤中的灰分留在床层上，然后被除去；

(3) 床层间有良好的传热能力，且可以加压。

与此同时，流化床的广泛使用受到限制，可能由于以下原因：

(1) 排气需要处理粉煤灰；

(2) 加热炉调节比很差，启动和关闭需要很多时间；

(3) 必须从热排气中有效地提取热量；

(4) 颗粒床层的材料进入废气导致出现排放、操作问题和成本增加。

14.8　煤的气化

通常，在高温和高压下的煤气化指的是煤与空气、氧气、蒸汽、二氧化碳或这些气体的混合物的反应，以产生用作燃料的可燃气体产物。在煤气化过程中，与氧气、蒸汽、氢气反应产生的气体主要是 CO、H_2、CO_2、蒸汽和一些甲烷，例如，通过水煤气变换反应，即

$$CO+H_2O \rightleftharpoons CO_2+H_2$$

由于一氧化碳与蒸汽反应产生二氧化碳和氢气，该反应使气体的组成转变以有利于氢气和二氧化碳的产生。通常使用氧化锌或氧化铜等催化剂。

煤的气化包含一些顺序过程(图 14.5)。首先，加热和干燥煤以除去水分，并且进一步加热使煤热解，其中煤中最弱键在挥发可燃物和碳的聚合物烧成炭时断裂。挥发物和焦炭继续燃烧，随后由于煤与蒸汽的吸热反应和一氧化碳与蒸汽的轻度放热反应，吸热还原成一氧化碳。再者，氢与碳的反应产生一些甲烷放热。术语“合成气”是指所产生的氢气和一氧化碳的混合物。

一些气化炉用于煤的气化。图 14.6 显示了煤气化炉以及气化阶段和涉及的全部反应。通常，气化剂的选择取决于以下要求和限制：能量生产速率，调节比要求，产品气的热值，温度和压力，允许的气体纯度(如允许的硫和二氧化碳的含量)，允许的气体清洁度(焦油、煤烟、灰分等)，煤炭供应、类型和成本，气化炉最终用途的位置和尺寸限制。

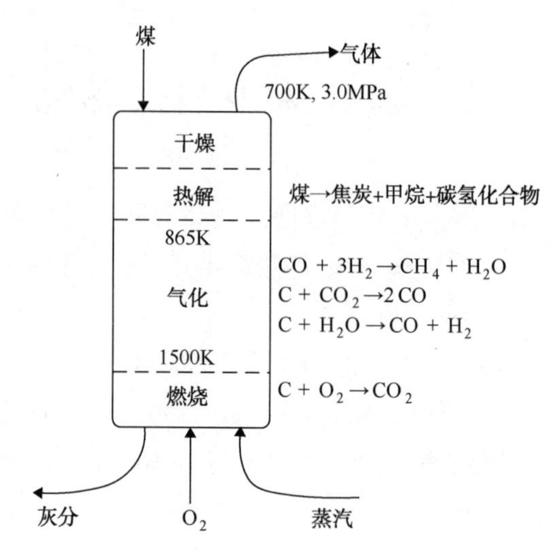

图 14.5　不同类型煤炭燃烧速率随时间变化的一个例子
（来源：Levy，A.，“Coal Combustion，” In Coal Handbook，Marcel Dekker，Inc.，New York，359-375，1981）

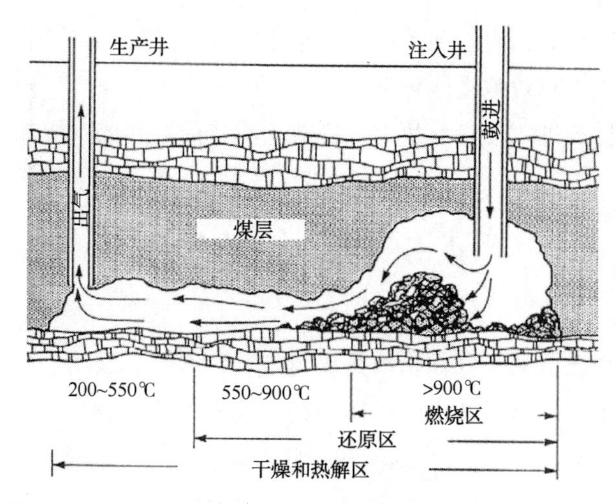

图 14.6　煤气化炉以及气化阶段和涉及的全部反应（Probstein and Hicks，2006）

14.9　煤的地下气化

多年来，人们认为在地下气化煤层并在原地生产可燃气体混合物是非常理想的。通过这种方式，在开采常规方法无法挖掘的煤炭矿藏时，可以从环境和安全角度获得非常显著的优势。气化煤层是通过注入氧气和蒸汽与煤炭在地下反应进行的。通常情况下，通过两个钻孔钻进煤层；蒸汽和氧气被泵入一个井眼，而产品气体则从另一个井眼中抽出。产品气体由一氧化碳、氢气和甲烷以及一些二氧化碳和水蒸气、焦油和硫化氢的复杂混合物组成。

在气化炉内，一旦气化发生，就在其中形成一个燃烧室。它的行为和增长很重要，因为它们决定了产生气体的质量。多年来已经制定了各种测试程序，但是在商业上没有大规模的地下燃气生产取得成功。这主要是由于适当控制燃烧过程的困难性，其产品气体通常趋向于低中热值，显著低于天然气。此外，煤的质量和煤层的地质构造对燃气的可行性和商业成功具有重要影响。产生的环境后果诸如水污染和沉降，以及这种方法的低能量回收效率通常非常严重，因此阻碍了其广泛应用。

14.10　其他固体燃料

泥煤。与煤炭相比，泥煤是较软的有机材料。泥煤中水的浓度非常高，由部分腐烂的木本植物、芦苇和苔藓植物组成，它们在厌氧水饱和的条件下积累并受到细菌作用。泥煤用于园艺，并通过其烟熏燃烧干燥以产生热能。它可能在高温下被压缩形成煤球，偶尔用作家用。只有少数几个国家，如芬兰和爱尔兰，使用泥煤作为能源。与其他传统矿物燃料相比，泥煤甚至在干燥(20～22MJ/kg)时也具有低热值。通常情况下，泥煤会释放大量的温室气体甲烷，这种气体对全球变暖的贡献比二氧化碳更大。

木材。木材作为燃料在发展中国家和发达国家都占有重要地位。生产木材、纸浆和纸张的剩余物通常用于生产沼气、工艺蒸汽和热量。各种类型的木材大致包含 3 种类型的材料，木材中质量分数最大的材料为纤维素。类似于其他固体，木材的燃烧发生在连续的初始吸热阶段，这些阶段始于预热，然后在燃烧表面附近干燥、挥发、热解，然后放热氧化(图 14.2)。存在的水分越多，驱动出水和开始燃烧所需的能量就越多。

木炭和焦炭。木炭和焦炭是由天然固体燃料和原材料制造或加工而成的燃料。当含碳材料在空气不足的蒸馏器的封闭环境中燃烧时，挥发物被除去，就会留下焦炭或木炭残余物。术语焦炭用于煤和石油产品的残余物，而木炭来自各种木本、农业和动物产品，如木材、椰子壳和骨头。木炭具有高度的多孔性，单位质量的木炭接触表面积非常大。因此，它被广泛用作空气净化装置，防毒面具等各种气体和蒸汽的吸收器。

生物质。生物质是可持续能源的重要来源。它包括工业、农业、畜牧业和林业残留物。有些是专门为转化为能源而种植的。大多数生物燃料具有产生能量的潜力，有时甚至大于生产所需的能量。生物质可以被直接燃烧，或通过气化、液化、发酵或细菌消化转化为固体(如木炭)、液体(如甲醇，也成为木醇)或者气体燃料(如沼气)。生物材料的细菌降解主要产生与二氧化碳有关的甲烷。可以粗略地认为，原则上，生物燃料的燃烧不会净释放二氧化碳进入大气。通过燃烧生物质释放的二氧化碳可以看作与植物通过光合作用吸收的二氧化碳相似或更少。然而，有些人认为，如果把在生产过程中释放的总排放量计入在内，燃烧生物燃料比化石燃料产生更多的二氧化碳。这些可能包括土地的准备、施肥、作物收获、运输和加工有关的排放。

城市垃圾。使用未经加工的城市垃圾作为燃料正变得相对广泛。其往往不吸引人的主要原因是它的异质性，这很大程度上取决于它的来源。垃圾通常含有低热值物质以及其他含有高灰分和水分的物质，这使得它难以有效且无故障地燃烧，但其具有低水平有害排放物。有机废物通过厌氧消化和细菌作用分解成更简单的分子。这些生化过程在没有氧气的情况下主要产生甲烷、水分和二氧化碳，以及极少量的其他气体，包括硫化氢和氨。这些被描述为生物沼气的产品气体是可燃的并且可以作为潜在的能源来利用。在没有空气的大型容器中进行大量垃圾的厌氧过程，这些大型容器被称为沼气池。生活垃圾通常在焚烧前进行处理。表14.2中列出了一些常见固体燃料的典型组成和性质。

补充天然气。天然气通常与不太具有吸引力的固体燃料(如城市垃圾或褐煤)同时燃烧。这种方法仅需要较少的安装时间和小到中等的资本支出。此外，它还提供灵活性以满足环境效率和供应要求。通常在散装燃料燃烧的地方注入气体。这增加了释放的能量，而减少了 NO_x 和 SO_x 的排放。这通常被描述为“双燃料再燃烧”程序，而术语“共燃”通常是指当补充气体被注入主燃烧区域时的燃烧。

表14.2　某些固体燃料的典型组成和性质(Tillman，1991)

性质		煤	褐煤	木材	城市垃圾
近似分析(质量分数,%)	水分	3.0	33.27	50.0	25.2
	挥发物	33.0	30.58	36.5	—
	固定碳	55.8	28.9	13.1	50.4
	灰分	10.3	7.25	0.4	24.4
元素分析(质量分数,%)	水分	3.0	33.27	50.0	25.2
	碳	75.5	44.16	26.15	25.6
	氢	4.4	3.28	3.15	3.4
	氧	2.5	10.52	20.25	20.3
	氮	1.2	0.77	0.05	0.5
	氯	—	—	—	0.45
	硫	3.1	0.75	—	0.15
	灰分/无机物	10.3	7.25	0.40	24.4
高热值(MJ/kg)		30.79	17.73	10.52	10.34
挥发性测试	挥发物/固定碳	0.59	1.06	2.79	—
	H/C比	0.70	0.89	1.45	1.59
	O/C比	0.02	0.18	0.58	0.59

14.11　煤层甲烷

从煤层中排出的甲烷，有时被称为“瓦斯”，是一种重要的能源。它也被认为是与地下煤矿相关的温室气体排放和火灾、爆炸危险的重要来源。煤层气的生产受几个重要因素制约，这些因素因地层而异，井与井之间也不尽相同。大部分甲烷储存在煤的分子结构中，并被煤层结构中的上覆岩石或水保持。通常，地层压力越高，煤的含气量越高。通过降低压力使气体通过解吸释放。煤中的裂缝提供了甲烷运输到井筒并最终被引导到地面的途径。一般来说，煤炭年代越久远，含气量越高。煤层气通常被归类为“无硫气”，因为它通常几乎不含任何硫化氢。否则，它会被描述为“酸性气体”。

近年来，由于钻探取得了进展，其中包括对定向井和水平井的更好的控制，煤层气开采量大幅提高。煤层的“裂缝增产”是指通过迫使流体在高压下进入煤层中的裂缝，使裂缝扩大并为气体的运移和释放创造新的通道，它提高了气体的生产效率。

14.12　固体燃料作为推进剂

快速燃烧的固体推进剂相对容易处理和储存。固体推进剂的高密度特性使使用它们的火箭比使用液体推进剂的火箭更紧凑，并且通常比使用液体推进剂的火箭更轻。然而，固体推进剂倾向于产生较低的特定冲量。固体推进剂的一个普遍缺点是，一旦被点燃，通常不能被扼制或关闭。在固体推进剂中产生的推动力与用于燃烧的暴露的燃料表面积直接相关。

有两类固体推进剂。固体推进剂可以是均质类型的，由具有氧化和还原性质的单一化合物(如硝化纤维素)构成，是单一相；或者包含两种化合物，如硝酸甘油或硝化纤维素。

推进剂还可以细分为单组分推进剂、双组分推进剂和三元推进剂。固体燃料混合在一个固体颗粒中被称为单组分推进剂。许多液体推进剂由单独的燃料和氧化剂组成，被称为双组分推进剂，因为它们在引入燃烧室之前不混合。

14.13　煤作为压缩点火式发动机燃料的缺陷

柴油发动机的早期发展见证了各种各样的燃料，包括对使用煤粉的尝试。但是这种尝试很快就被放弃了。这是因为在压缩点火式发动机中使用煤作为燃料有一些缺点，具体如下：

(1) 煤的组成和质量有很大的变化。

(2) 需要将煤细致地粉碎，然后通过高压空气喷射注入气缸。

(3) 会产生灰烬、侵蚀、磨损和沉积等严重问题。

(4) 煤的自燃特性很差，会产生很长的点火延迟并需要非常高的发动机压缩比。高速和小型发动机不能使用。

(5) 在控制燃料喷射速率和点火方面存在困难，能量释放快，点火时压力升高剧烈。

(6) 燃料的进料、粉碎、供应、储存和运输存在许多严重问题。冷启动会很困难。

(7) 过量的一氧化碳、二氧化碳和颗粒物的排放，以及不得不处理燃料中由硫、氮和其他元素引起的问题。

(8) 需要费力进行粉碎和为高压载气提供压缩空气。

(9) 固体燃料点火和随后的燃烧是非常缓慢且难以控制的过程。

(10) 伴随沉积物的煤膨胀和结块的问题导致形成热点和过度的热传递，特别是当辐射传热增加时。

(11) 安全隐患可能会增加，爆炸的可能性也会增加。

（12）摩擦损失增加，润滑油变质。

（13）煤炭运行需要更多的过量空气，导致低功率输出和扭矩。使用煤炭作为交通设备的燃料是最不可能的。

14.14 问　　题

（1）列举阻碍更广泛地使用煤炭作为燃料的一些主要因素。

（2）简单解释为什么含有更高比例挥发物的煤比无烟煤等级的煤更容易、更快地燃烧。

（3）与煤层地下气化有关的主要问题是什么？

（4）区分褐煤和泥煤的主要特征。您如何看待它们作为产生相对大规模蒸汽燃料的潜力？

（5）流化床被认为是一种具有吸引力的手段，能有效燃烧固体燃料（包括煤），但它并未被广泛使用。简要介绍一些流化床燃烧煤的优势和劣势。

（6）生产的焦炭干燥无灰基占95%。使用时，还含有2%的水分和10%的不燃灰。焦炭在含有蒸汽的空气流中气化以产生以下组成的气体：CO 25.1%，CO_2 5.2%，H_2 12.3%，CH_4 0.4%，其余的是氮。所用焦炭的总热值为27.90MJ/kg。

① 确定生产每千克焦炭产生的气体。

② 产生的气体相对于焦炭的热值是多少？

③ 计算标准温度和压力下的总热值：CO 12.70MJ/m^3，H_2 12.76MJ/m^3，CH_4 39.70MJ/m^3。（答案：35.73MJ/m^3）

（7）某种煤的质量组成如下：碳0.78，氢0.058，氧0.060，其余为不燃灰分。煤的低热值为1.8MJ/kg。煤与30%的过量空气燃烧。估算排放气体的理想干体积分析。如果只有16.1MJ/kg的燃煤可以用于取暖，那么有效的燃烧效率是多少？

14.15 小　　结

固体燃料的燃烧主要是物理控制的，并通过许多复杂的连续阶段进行。大量煤资源作为燃料的探索还有许多严重限制。其中最重要的问题与环境和安全相关，需要高效处理和解决。煤的组成和质量的变化也影响其作为能源的开发潜力。煤可能会在工业规模上被生产为气体和液体燃料。然而，这些还远远不能和由天然气或石油资源生产的燃料进行对比。

参 考 文 献

Anderson, L. L. and Tillman, D. A., Editors, Fuels From Waste, 1977, Academic Press, New York.

Annamalai, K. and Puri, I. K., Combustion Science and Engineering, 2007, CRC Press, Boca Raton, Florida.

Arbon, I. M., "Worldwide Use of Biomass in Power Generation and Combined Heat and Power Schemes," 2002, Proc. Inst. Mech. Eng. London, J. Energy Power, Vol. 216, pp 41-57.

Bartok, W. and Sarofim, A. F., Editors, Fossil Fuel Combustion, 1991, John Wiley and Sons Inc., New York.

Berkowitz, N., An Introduction to Coal Technology, 1979, Academic Press, New York.

Borman, G. L. and Ragland, K., Combustion Engineering, Int. Edition, 1998, McGraw Hill Inc., New York.

Bradley, H. B., Editor, Petroleum Engineering Handbook, 1987, Society of Petroleum Engineers, Richardson, Texas.

Brunner, C. R., Handbook of Incineration Systems, 1991, McGraw Hill Inc., New York.

Evans, R., Fueling Our Future, 2008, Cambridge University Press, Cambridge, UK.

Field, M. A., Gill, D. W., Morgan, B. B. and Hawksley, P. G. W., Combustion of Pulverized Coal, 1967, British Coal Utilization Research Association, Leatherhead, Surrey, UK.

Foxwell, G. E., The Efficient Use of Fuel, 1958, British Ministry of Technology, HMSO, London, UK.

Fryling, G. R., Combustion Engineering, 1967, Combustion Engineering Inc., Norwalk, CT.

Ganic, E. N. and Hicks, T. G., Editors, Essential Information and Data, 1991, McGraw Hill Inc., New York.

HMSO, Elements of Combustion and Extinction, 1986, HMSO Publication, London, UK.

Kazantsev, E. I., Industrial Furnaces, 1977, Mir Publishing, Moscow.

Lawn, C. J., Principles of Combustion Engineering for Boilers, 1987, Academic Press, New York.

Lowery, H. H., Chemistry of Coal Utilization, 1973, John Wiley and Sons, New York.

McGeer, P. and Durbin, E., Editors, Methane-Fuel for the Future, 1986, Plenum Press, New York.

Meyers, R. A., Handbook of Synfuels Technology, 1984, McGraw Hill Co., New York.

Pelofsky, A. H., Editor, Synthetic Fuels Processing, 1977, Marcel Dekker Inc., New York.

Probstein, R. F. and Hicks, R. E., Synthetic Fuels, 2006, Dover Publication Inc., Minneola, New York.

Reed, R. D., Furnace Operations, 3rd Edition, 1981, Gulf Publishing Co., Houston, TX.

Robinson, R. F. and Hicks, R. E., Synthetic Fuels, 1976, McGraw Hill Inc., New York.

Rose, J. W. and Cooper, J. R., Editors, Technical Data on Fuels, 7th Edition, 1977, British National Committee of World Energy Conference, London, UK.

Sarkar, S., Fuels and Combustion, 3rd Edition, 2009, CRC Press, Boca Raton, FL.

Shell Co., The Petroleum Handbook, 6th edition, 1983, Elsevier Publishing Co. Inc., New York.

Simone, D. D., The Direct Use of Coal, 1979, Grand River Books, Detroit, Michigan.

Smoot, L. D. and Smith, P. J., Coal Combustion and Gasification, 1985, Plenum Press, New York.

Stafford, D., Hawkes, D. L. and Horton, R., Methane Production from Waste Organic Matter, 1981, CRC Press, Roca, Raton, FL.

Sutton, G. P. and Ross, D. M., Rocket Propulsion Elements, 4th Edition, 1975, Wiley Interscience Publishing Co., New York.

Tillman, D. A., The Combustion of Solid Fuels and Wastes, 1991, Academic Press, New York.

Turns, S. R., An Introduction to Combustion, 1996, McGraw Hill Book Co., New York.

U. S. Department of Energy, National Petroleum Council, Hard Truths about Energy, 2007, Washington, DC.

U. S. Office of Technology Assessment, The Direct Use of Coal, 1980 Grand River Books, Detroit, MI.

Weston, K. C., Energy Conversion, 1992, West Publishing Co., St. Paul, MN.

第 15 章　天然气和其他气体燃料

15.1　气体燃料的使用优势

在常规条件下呈气体的燃料被称为气体燃料。具有代表性的气体燃料包括天然气、丙烷和氢气。早前已经验证，与常规的液体和固体燃料相比较，天然的气体燃料在利用上具有更明显的优势，下面列举了一些气体燃料的优点。

（1）高燃烧效率，由于气相不需要像液相燃料先雾化，因此需要较少的时间来混合燃烧所需要的空气。

（2）实现清洁燃烧，和干净的气体燃烧后不会生成固体物质比如灰或者颗粒物等。这样就不需要购置除尘设备和煤烟过滤器等昂贵设备。

（3）更便捷地通过管道从生产厂分配输送给每个用户，从而节省了储存设备和储存场所。

（4）通过燃烧设备的较为干净的有效工作表面，能够高效地控制和提高热转换效率来实现设备高效率、长周期运行。

（5）释放出的硫化物含量低，从而减少了腐蚀的风险。

（6）容易控制具有较大调节比的燃烧设备的进料，并且能够更好地控制多余的燃烧空气。

（7）在输出相同的热量时，气体燃料燃烧需要的空间比液态燃料小很多，并且辅助设备规模也小很多。

（8）在更宽的燃烧范围内，随着燃烧稳定性的极限的提升，燃烧效率更高。

（9）与较好的低温控制设备相比，所需要的燃烧设备更简单，费用更低。

（10）在炉子内，能够随时更好地控制气体为还原和氧化反应创造条件。

（11）通过自动化的远程控制，可以便捷地、无污染地把天然气从总管道送到各个反应炉。

（12）不需要过滤设备。

（13）管道铺设在很多地方，使得管道气体的供应更稳定，可靠。

（14）和玻璃加热装置或特殊的金属熔炉一样，在与燃烧产物接触下，不会对燃烧产品质量产生不利的影响。

（15）燃烧速率和火焰长度都可以随时通过适当调节天然气的供应速度来改变。

（16）更简单、更容易点燃燃烧器，并且所用设备都很常见。

（17）在国内应用中，没有燃料箱且有不间断的天然气供应具有明显的优势。

气体燃料燃烧器的设计和控制都是依据燃料的性质来决定的。燃料和空气都是通过简单的文丘里混合器引入到燃烧器内混合的。图 15.1 展示了气体燃料燃烧过程的主要几个阶段。当燃料和足够的空气混合后，在合适预燃反应条件下，点燃后温度快速升高，并释放出大量热量。在燃烧装置最终的产物生成前会进行一些相对缓慢的后火焰反应。

使用气体燃料的主要缺点之一就是在使用时增加了泄漏造成的火灾、爆炸和有毒气体释放的风险。但是，在安全使用方面有很多经验，且在使用中必须严格遵守安全准则，可以一定程度上减少风险发生。

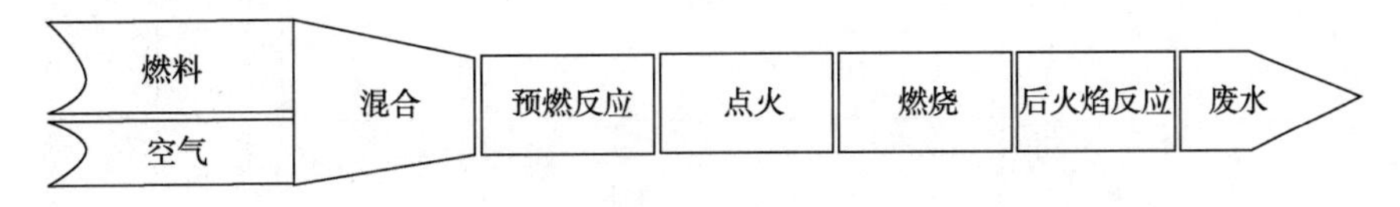

图 15.1　气体燃料燃烧过程中混合和反应顺序示意图

15.2　天　然　气

天然气是在开采石油过程中产生的相关挥发组分。它通常在高压条件(350bar 以上)下，储藏在油井中石油上层的多孔岩石中。非伴生气田生产过程中的干气中也会含有天然气。俄罗斯拥有目前已知最大的常规天然气储量。

在古时候，人们已经发现了天然气，例如在波斯、伊拉克和中国。从地壳中溢出天然气引发的火焰，被古时候的人们称为永恒之火。从 19 世纪开始，天然气开始在工业上大范围应用。最初被用于街道照明，偶尔也会用来为家庭供暖。20 世纪 20 年代左右，特别是在北美，开始铺设长距离中高压输气管道，使得数百万的住户和商业用户可以随时方便地使用天然气。经过第二次世界大战，世界各地(如俄罗斯、加拿大、美国)开始铺设直径超过 1m，内部压力超过 100bar 长距离的运输管道，使得天然气的实用性增加，并满足了日益严格的减排的需要，从而提高了天然气的使用率。近年来随着世界各地发现新的天然气矿藏，天然气以气体和液体形态在全球各地运输，使得天然气产业取得了迅速的进展。

天然气成为需求量越来越大的优质燃料，它是化学和石化工业的主要原料，被用于生产各种重要的经济产品。最重要的是它能够间接为普通化石燃料升级提供氢气，特别是那些正在日益减少的化石燃料，使得它们更加安全环保。图 15.2 显示了北美地区天然气的消耗量迅速增长，并已经超过天然气的生产速度。图 15.3 是 2005 年世界上天然气储量最大的几个国家天然气储量对比图。俄罗斯、伊朗和卡塔尔在全球天然气储备中占有重大份额。

最初把石油当作主要生产品时，天然气被认为是一种有害物质，并被直接燃烧浪费掉。当大量的天然气不能够用泵打回油井来提高采收率，或者是通过长距离运输管道输送到消费市场时，还是会被燃烧浪费掉。近期，通过庞大的资本投入和先进技术的支持，使得可以将天然气液化后通过特殊设计的船舶运输出口。这就使得天然气资源能够被广泛利用，并日益成为石油资源的主要补充能源。天然气将很有可能成为那些合理有效利用其资源的国家的主要财富来源。不断增加的石油资源需求量和减少在开采时对环境造成破坏的要求，对未来天然气资源开发有重要、良好而又深远的影响。

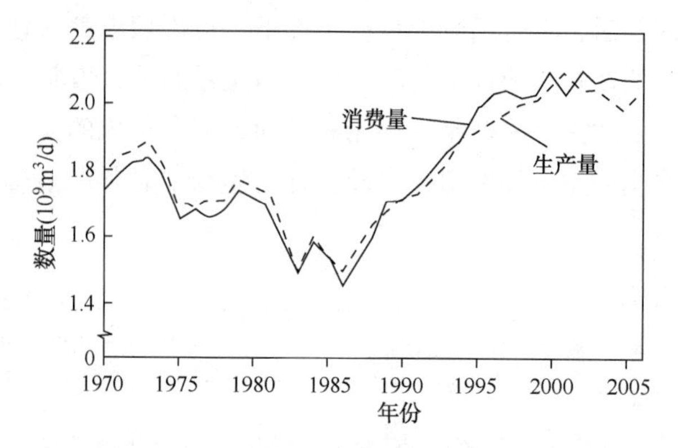

图 15.2　1970—2006 年北美天然气生产和消费情况
（国际能源署，世界主要能源统计，2011）

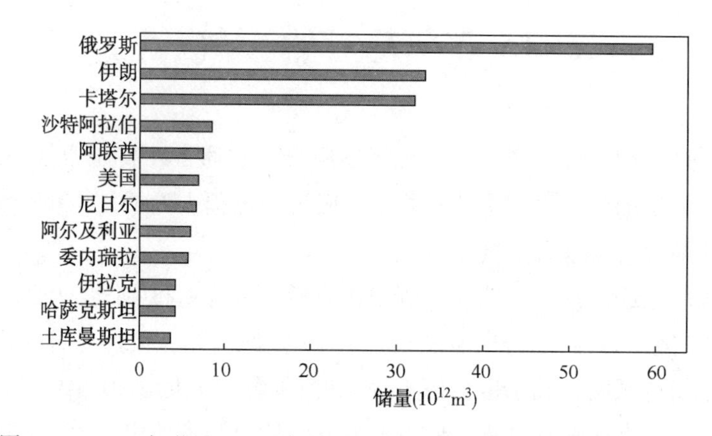

图 15.3　2005 年世界上天然气储量最大的几个国家的天然气储量对比图
（国际能源署，世界主要能源统计，2011）

近几十年来，全球不同行业对天然气的需求逐渐增长（图 15.4），运输行业对天然气需求量的增长明显。

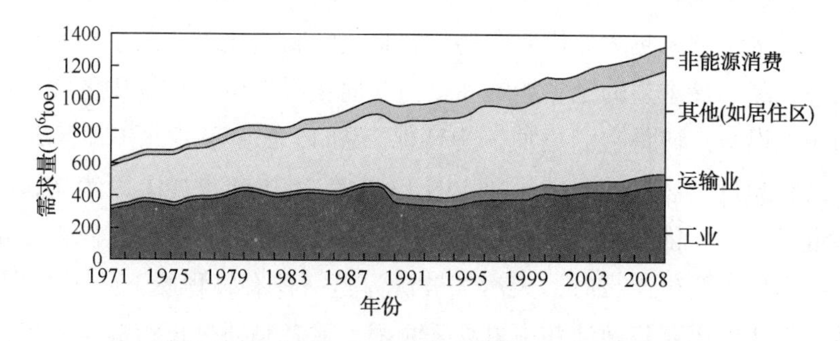

图 15.4　1971—2008 年全球各行业的天然气消费变化趋势
（国际能源署，世界主要能源统计，2011）

近些年在北美，由于缺乏开发新产品和新气田的动机，天然气的价格受到了严格的控制。

然而，在解除控制和对燃烧装置的环保要求越来越严格后，受市场的影响，天然气的价格越来越高。今天，天然气生产国用一些大型的液化装置将天然气液化，并通过特制的长途海洋运输船将之运输出去。比如中东、北非、印度尼西亚、日本、澳大利亚、欧洲、北美洲。

与石油或煤炭相比，天然气储层的形成过程并没有对环境造成长期影响。然而，与其相关的基建、运营、维护和排放相关的设施会对环境造成一定影响。由于油和气经常一起开发，所以环境对于其中之一的影响也会作用到另一个身上。

低渗致密地层中有时也会发现天然气。开采这样条件下的天然气需要注入大量的水来压裂储层从而提高气体的流动性(图 15.5)。这种方法对当地的水质造成污染，急需制订和实施可接受的补救措施来解决这一问题。

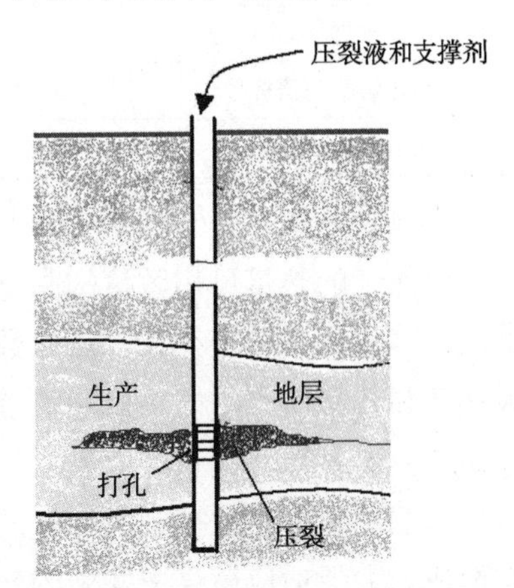

图 15.5　压裂形成示意图

天然气的组成变化很大，主要依据天然气的来源和是否需要通过管道运输处理来决定。通常情况下，输送给消费者的天然气的主要成分为 CH_4(体积分数为 90%)，还有不同体积的乙烯、乙烷、丙烷、丁烷和非燃料稀释气体如氮气和二氧化碳。甲烷是一种比空气轻得多的气体，无味、无毒、无色。硫醇(乙基硫醇)等多被添加在天然气管道中，能够确保人们很容易发现低浓度的泄漏事故。

表 15.1 中列出了主要烃类气体燃料的性质。经过管道运输来的天然气，由于来源不同和在运输、分配、利用前经过适当的加工处理，往往成分变化很大。在处理天然气时，必须除去几乎所有的硫化氢气体。将其中水的含量以及多数的惰性气体和具有较高经济价值的碳氢化合物降到可接受的水平。经过处理后的天然气主要以释放的热量值为衡量标准，而对其特定的化学成分的要求相对很少。例如，对天然气在燃烧器和熔炉中的应用来说，最主要且最有意义的指标就是密度和热量值的沃泊指数。这是燃料通过燃烧器的一个特定的恒压头燃烧作用时释放热量速率的体现。因此，当指定的燃烧器使用不同组分的天然气时，需要保持沃泊指数在相同的范围内。然而，天然气作为化学工业的原料和发动机燃料，各个组分的详细性质都具有重要的意义，因为他们严重影响燃气发动机的抗爆阻力和排放物的性质。特别是对于高功率的发动机，发动机的工作条件、设计和控制都需要进行优化，从而应对天然气组分变化的影响。

表 15.1　主要烃类气体燃料的性质

	甲烷	乙烷	丙烷	丙烯	正丁烷	异丁烷	丁烯
含有的能量 LHV(MJ/kg)	50.01	47.48	46.35	45.78	45.74	45.59	45.32
液体密度(kg/L)	0.466	0.572	0.501	0.519	0.601	0.549	0.607
液体能量密度(MJ/L)	23.30	27.16	23.22	23.76	27.49	25.03	27.51
气体能量密度(MJ/m^3)	32.6	58.4	84.4	79.4	111.4	110.4	113.0
气体密度(25℃)	0.55	1.05	1.55	1.47	2.07	2.06	1.93

续表

	甲烷	乙烷	丙烷	丙烯	正丁烷	异丁烷	丁烯
沸点(℃)	-164	-89	-42	-47	-0.5	-12	-6.3~3.7
辛烷值标号	>127	—	109	—	—	—	—
马达法辛烷值标号	122	101	96	84	89	97	77
沃泊指数(MJ/m^3)	50.66	65.11	74.54	71.97	85.46	84.71	81.27

数据来源：Combustion Handbook，Vol. 1，3rd Edition，1986，North American Manufacturing Co.，Cleveland，OH。

天然气的热量可用数值的高低来描述。对发动机和燃烧器的应用来说，在现实状态下，水汽以蒸汽状态稳定存在，热量数值较低。一般用单位体积或者摩尔发热量，来描述干燥的天然气和几乎所有的气体燃料在指定温度和压力下的发热量，而不用气体质量发热量(MJ/m^3或 MJ/kmol)。

人们非常严格地控制天然气的含水量，从而减少对管道和储存设备的腐蚀和固体水合物的形成。为了适应燃烧中发生的变化和其他气体的性质(如调峰应用)等，当燃烧热量需要增加或者减少时，调整天然气混有少量的丙烷或者空气的量，使得成分发生季节性的改变。当很小比例的丙烷或者更高燃烧值的烷烃混在甲烷中时，会对发动机的性能产生很大的影响，所以对这些气体也需要适当的控制。图 15.6 为在现场和工厂对天然气进行加工的示意图。其中一些处理方法可以在气井附近直接处理，另一些则需要运输到气体处理厂通过适当的方法处理。

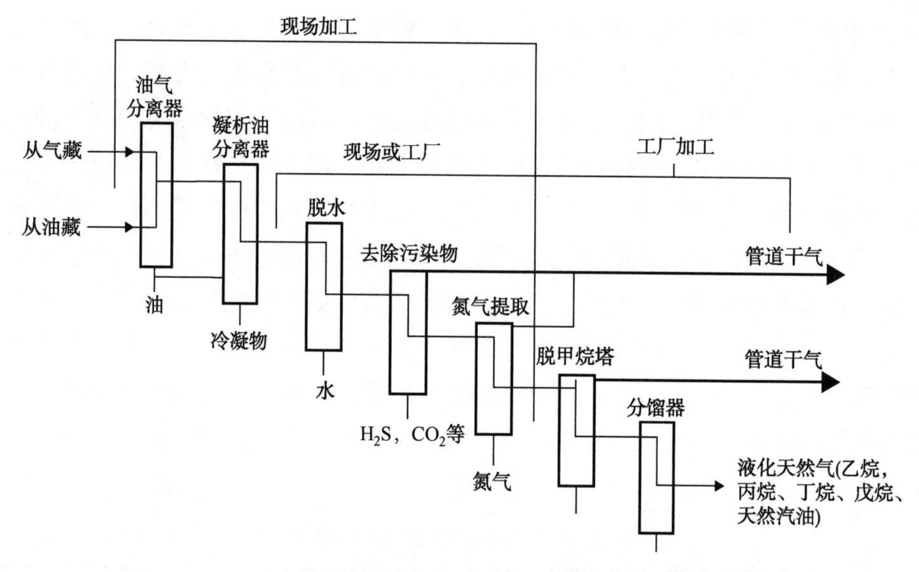

图 15.6　在现场和工厂对天然气加工的示意图

(National Petroleum Council，Hard Truths about Energy，2007)

天然气中最常见的含硫化合物就是硫化氢，有些天然气可能含有少量的硫醇和羰基硫(COS)，以及其他的含硫化合物。

天然气主要是在气体处理厂发生化学反应脱除硫，比如克劳斯法就是使硫与胺发生化学反应。经过处理的天然气中硫含量极低，质量分数在 8×10^{-6}~30×10^{-6}。残余的硫主要是添加的硫醇来给天然气增加气味的。

无论是在加油过程中还是在和空气混合燃烧之前，高压气体膨胀都会导致温度降低。不仅降低设备部件和有效燃烧温度，还会改变气体密度，除非考虑混合气体在燃烧装置中和燃烧过程中质量的变化。因此，例如，在发动机工作过程中，通常会结合一些补偿措施，尤其是在移动应用中，如向压力调节器提供一些热量，或者具有位于油箱或者靠近燃料源的第一级调节器、靠近进气管的第二级调节器。这样就可以通过管道系统中流动的燃料来吸收热量。

甲烷是造成温室效应的重要组成部分。甲烷主要来自于自然界的天然排放和工业排放，特别是石油天然气行业。我们需要尽可能地使用压缩空气从而减少和消除使用仪器设备时释放甲烷的可能性。而在气井附近操作时，考虑到便捷性、安全性和及时性，启动装置可以使用压缩天然气。但需要对设备容易泄漏的地方进行监测和处理，比如使用适当的有效密封件等。

通常处理天然气燃烧装置(包括发动机)的废气所使用的催化剂都是特制的。一般都是将铂、钯和铑的贵金属混合物和氧化铝等惰性材料形成涂层，附着于陶瓷片上。任何催化剂的性能都受很多因素影响，包括温度、停留时间、气体流速、当量比、成分、热循环以及失活程度和使用过程中的中毒情况等。天然气中主要的低分子量气体，如甲烷和乙烷，通常在有汽油和柴油存在的环境下很难进行相关的催化氧化反应。此外，废气中少量的硫化物对催化剂也会起到严重的限制作用。由于稀薄混合物在天然气发动机中燃烧生成的废气的温度较低，因此致使催化剂特别是甲烷催化剂的活性大大降低。

页岩气是指储存在低渗透页岩中的天然气，它的主要成分是甲烷。页岩气作为一种潜在的能源很难从储层中开采出来，由于在压裂技术和水平定向钻井技术方面取得了显著进展，近年来页岩气开采受到了广泛的关注。当钻井完井后，高压流体沿井筒注入井中会破坏富含天然气的岩石层，形成裂缝。所使用的流体通常是加有沙子的水，还添加了少量添加剂增加注入水的黏度。在高压作用下，砂子能有效防止裂缝闭合。然而，安全环保还是主要问题，要有效减少开采页岩气带来的负面环境后果，尤其是对当地水资源的污染。

15.3　天然气的运输

每一口井产出的天然气的组分差别很大，而且也取决于它是否经过加工过程。天然气在使用前需要进行处理，除去水和沙子等杂质，分离轻烃、蒸汽和气体(图 15.7)。然后将处理过的气体通过长距离大口径管道输送到当地用户需要的地方。在现代，通过使用计算机控制系统、连续管道监测和管道的远程监控等手段来确保管道运输的正常运行。

近年来，越来越多的天然气经过昂贵的液化过程由特殊设计和建造的大型液化天然气运输船在大陆和海洋上运输。液化天然气(LNG)仅限于相对较短距离的管道运输。但天然气储层通常位于远离使用天然气的地方，这就需要在陆地和海上建造和维护一个大规模的液化系统和海上运输管道系统。其次是在运输终端建立储存装置和气化装置使天然气进入燃气管网。

图 15.7　天然气处理设备

（来源：The Petroleum Resources Communication Foundation，Our Petroleum Challenge：The New Era，1985，阿尔伯塔）

工业大规模应用的天然气通常是在高压环境下输送的，而住宅用户购买来自当地分销公司的天然气的输送压力比大气压力还要低。这些分销公司通常向天然气中添加气味剂，以确保在非常低的浓度下容易检测到任何泄漏，并确保天然气质量和性能符合规范。

对天然气管道完整性的持续监控是安全工作的首要指标。定期使用特殊的液体检查管道内部，确保管道内壁保持清洁，无缺陷和没有腐蚀，同时也清除任何累积的残渣。管道广泛采用阴极保护措施，减少腐蚀的可能性。

当天然气沿着管线移动时，压力随着管道梯度逐渐增加。所以需要在长距离管线沿线设置气体压缩机站，使得管线内保持适当的压力分布和气体流量。这些压缩机的工作方式都是往复式或旋转式，是由燃气大容量火花点火发动机、燃气柴油机或燃气轮机驱动的。这些发动机需要的动力占被运输的天然气的相当小的一部分。因此，最重要的事就是确保不间断的供气。相比之下，通过管道运输天然气消耗的燃料并不会对天然气产生影响，用量也是微乎其微，所以管道运输天然气仍然是一种非常有效、经济、远距离控制的高效手段。

已经有各种工艺方案将天然气加工成合成气（以 H_2和 CO 为主要原料的气体混合物），不管是否存在催化剂，通过氧化或蒸汽重整从而生产用于运输应用的液体燃料，如汽油和柴油。在第二次世界大战期间，当德国和日本被剥夺了足够的天然石油资源后，他们开始以煤为主要能源原料。然而，与直接使用气态燃料或液态石油相比，利用煤炭资源没有竞争力，而且成本更高。

表 15.2 中列出了天然气中常见的主要烷烃及其相应沸点。表 15.3 中列出几种工业气体燃料混合物的组成。表 15.4 中列出了一系列燃料在空气中燃烧所达到的火焰温度的最高值，还列出了产生这种温度时所需气态燃料的相应浓度。

表 15.2　天然气中的烷烃及其在常温常压下的沸点（Bolz and Tuve，1970）

气态烷烃（常温常压下）		液态烷烃（常温常压下）	
名称	沸点	名称	沸点
甲烷（CH_4）	-161.5℃	异戊烷（C_5H_{12}）	27.9℃
乙烷（C_2H_4）	-88.5℃	正戊烷（C_5H_{10}）	36.1℃
丙烷（C_3H_8）	-44.2℃	正己烷（C_6H_{14}）	69.0℃
异丁烷（C_4H_{10}）	-12.1℃	正庚烷（C_7H_{16}）	98.4℃
正丁烷（C_4H_{10}）	-0.5℃		

表 15.3　几种工业气体燃料混合物的组成

工艺类型	气体名称								
	CH_4	C_2H_6	C_3H_8	C_4H_{10}	CO	H_2	CO_2	O_2	N_2
鼓风炉	—	—	—	—	22.70	2.30	19.30	0.08	55.00
天然气中的工业丁烷	—	—	6.00	70.70（正） 23.30（异）	—	—	—	—	—
炼厂中的工业丁烷	—	—	5.00	50.10（正） 16.50（异）	—	—	—	—	—
合成天然气	79.3	—	—	—	1.2	19.0	0.50	—	—
焦炉煤气	28.30	3.40	0.20	—	4.20	50.60	0.90	1.60	10.80
沼气	68.00	—	—	—	—	2.00	22.00	—	6.00
垃圾填埋气	53.4	0.17	—	—	0.005	0.005	34.3	0.05	6.2
天然气（1）	81.20	2.90	0.36	0.14	—	—	0.87	—	14.40
天然气（2）	86.70	8.50	1.70	0.71	—	—	1.80	—	0.60
液化天然气（1）	87.20	8.61	2.74	1.07	—	—	—	—	0.36
液化天然气（2）	70.00	15.00	10.00	3.50	—	—	—	—	0.90
发生炉煤气	5.80	—	—	—	14.00	24.40	14.00	—	0.60
天然气中的工业丙烷	—	2.20	97.30	0.50	—	—	—	—	—
炼厂中的工业丙烷	—	2.00	72.90	0.80	—	24.30	—	—	—

数据来源：A variety of sources listed in the Bibliography and notably that of "North American Combustion Handbook," 3rd Edition，1986，Vol. 1，North American Manufacturing Co.，Cleveland，OH。

表 15.4　几种气体燃料的最高火焰温度（Tiratsoo，1972）

气体	最高火焰温度时气体的体积分数（%）	最高火焰温度（℃）
甲烷	10.0	1880
乙烷	5.8	1895
丙烷	4.15	1925
丁烷	3.25	1895
氢气	31.6	2045
一氧化碳	34.0	1950
乙炔	9.0	2325

15.4　气体燃料的燃烧

燃烧是在大气中处理废气的一种有效方式。它已经被认为是处理废气和紧急处理气体燃料的最佳方案。安全性和废气排放是燃烧过程主要考虑的因素。世界各地大量的气体燃烧是造成空气污染和温室效应的主要原因。特别是在湍流侧风和低温环境下，不仅排放二氧化碳，还排放甲烷和其他不完全燃烧的烃类气体。燃烧还会生成苯乙烯、二甲苯和其他对人体健康有害的有机化合物的混合物，虽然浓度很小，但也会生成多种部分氧化的产物。

在石油开采中，试井的时候会释放出大量气体并燃烧，这些气体能够提供有关储层的流量和储量的信息。有很多的控制参数影响燃烧，包括：火炬气的组成及供给速率，温度和压力，气体中是否含水，是否使用引燃火焰或其他点火源，是否使用气体喷射器，采用何种稳定燃烧方式，位置、风速和强度。

经常在火炬管的底部安装分离罐，用来除去燃料气中未被汽化的液体。火炬通常要实时监控，如果意外熄火，会自动再点火。此外，火炬要安装安全装置，以便出现火焰闪回的情况时，火炬能被立即熄灭。火炬能够产生大量的热量辐射到附近的环境中，并且美国政策规定要在一定距离以外才可以建造建筑。在海上钻井平台，很难找到建造火炬的位置，所以海上火炬经常采用顶端注水的方式。

15.5　液化天然气

在气田，天然气被大型液化装置转换成低温流体，从而能够实现天然气在陆地和海洋之间长距离输送。液体燃料通过专门的油轮运输到各地，并通过天然气管网分配给用户。目前，由于经济和技术原因，天然气不能在气田以外进行液化。因此，关于液化天然气的燃烧和运输的最主要问题就是没有普遍适用性。在储存液化天然气的地方，比如在液化天然气卸载的码头，液化天然气可能会被直接当作燃料使用。表 15.5 中列出了以甲烷为代表的液化天然气的主要性质。液化天然气的热值和组成随着次要组分的浓度变化而变化。由于较高碳数烃类性质的影响，增加了液化天然气汽化后天然气所拥有的热值。

液化天然气通常都是由专门设计和制造的适合于长距离低温安全运输的油轮运输。油轮使用的是涡轮或双燃料压缩点火式柴油发动机，这两种发动机可以在航行期间使用液化天然气的沸点馏分或常规的液体化石燃料及时补充。如今制造了容量越来越大的油轮来运输液化天然气。

天然气生产 LNG 过程是资本密集型的，产品包含一些液相高级烃，特别是乙烷和丙烷，在经济上具有很强的吸引力。另外，从天然气被发现到被开采输送出去，往往要经历一个长达几年的准备时间。尽管存在这些局限性，但无论是民用还是工业使用，比如发电站发电或为发动机提供能量，都将导致液化天然气的使用量持续增加。当然，在大气压下，LNG 是

111K 的低温液体，可以作为冷却液，偶尔可用于扩展生产。采用 LNG 沸腾喷射发动机时，可以提高发动机的功率和效率。

表 15.5　LNG(纯液态甲烷)的性质(Zabetakis，1967)

性质	数值
相对密度	0.415
密度	340.5kg/m^3
沸点	-161.5℃(-258.7℉)
临界温度	-82.1℃(-115.8℉)
临界压力	45.8atm(673.1psi)
热值	23.60kJ/L(632.925Btu/ft^3)

生产、经营和运输 LNG 都需要很高的成本，天然气液化过程需要消耗的能量属于其中一部分，这部分能量占液化气体能量相当大的一部分。此外，可行的 LNG 项目需要将大量的气体进行加工从而实现经济可行性，这又提高了初始成本。

15.6　液化天然气的安全性

液化天然气的运输和储存都是在极低的温度(在大气压下为 111K)下，以液体状态进行的，所以存在一定的安全隐患，发生泄漏可能会引发火灾和爆炸。LNG 储罐破裂导致原料泄漏引发的危险远远超过压缩天然气(CNG)或汽油泄漏。储存 LNG 的储罐通常都是双壁的，储存压力只是比大气压力稍高，储罐的成本远远高于 CNG 和汽油的储罐。当外界的热量转移到 LNG 储罐时，会使罐内气体燃料越来越多，导致罐内压力逐渐增加。现代设计的储罐不会随意地通过绝热安全阀排放残余的气体，一般常规的排放周期是 3 周，或者压力达到一个设定的数值后会排放。LNG 运输到码头时会被储存在专门的地下室储罐中。当使用天然气时，先汽化，然后通过管道增加天然气输送量。

天然气的液化和运输技术的进步，使得天然气资源能够更好地被开发利用，大大降低了燃烧污染物的排放。尽管如此，确保液化天然气的安全运行仍然是业界和公众最关心的问题。可用于减轻相关危害的一些方法如下：

(1) 在储罐和消防处准备好各种消防设施和泡沫灭火器等，包括在各种防爆装置比如能够散发加臭气味的泵、电气设备和各种配件附近；

(2) 在关键位置设置探测器和报警系统，防止钢与低温液体或冷蒸汽接触造成低温脆化，起到一定的保护作用；

(3) 防止储罐意外破裂，避免 LNG 罐在运输过程中特别是在油轮中晃动而产生共振；

(4) 以最小的含水量通过管线，防止形成水合物和冰堵塞管路；

(5) 防止各个部件意外停止工作，如在管线中形成气阻；

(6) 因为从气源到 LNG 接收分配装置还有一段距离，所以要对相关的技术人员和工作人员进行适当的培训。

天然气在液化的过程中，组成和性质都有所变化，包括热值。在这个过程中脱除了所有的酸性组分(如 H_2S 和 CO_2)以及水蒸气，保留了较大分子的烃类。液化过程通常是在气源附近液化气厂进行，然后再运输到附近的港口。运载 LNG 的油轮通常以海水作为输送管道气的热介质，当油轮到达港口后，LNG 很快会被汽化。

LNG 储罐壁的材质通常都是铝合金的。通过真空和绝缘技术将储罐的热量损失降至最小。在陆地上，在储罐附近要建造堤坝以防发生事故造成泄漏，从而保护环境。

15.7 甲烷水合物

长期以来，人们已经知道甲烷或二氧化碳等气体可以在低温高压下与水结合形成不同的分子结构，并称其为水合物。随着温度升高或者压力的降低，水合物吸热分解，释放气体。通常甲烷水合物的甲烷物质的量含量小于 16%。据报道，在海底和北极地区，有储量巨大的甲烷水合物。然而，这些资源暂时还不能被有效利用。有的甲烷水合物不稳定会释放出甲烷气体，甲烷是造成温室效应的主要来源，加剧了全球变暖的问题。由于水合物会阻碍流体流动，造成安全危害，所以进行工业操作时要试图防止不必要的水合物形成，如在管道中添加适当的抑制剂。

15.8 燃气发动机和火花点火发动机的性能比较

在非移动的应用中，大量的燃气发动机用来发电，比如天然气管道压缩机或具有巨大电容的发电机。在这些应用中，工业燃气涡轮发动机借鉴了用于航空的大容量多气缸涡轮增压往复式火花点火发动机。每种发动机都有其优缺点。非航空涡轮机的性能和可靠性不断提高，不断借鉴航空类型发动机的最新技术。燃气发动机有以下主要特点：

(1) 逐渐增加的燃烧温度和压力，有助于提高效率和增加发动机功率。

(2) 高稳定性和利用率，提高了发动机热效率。

(3) 能够随时使用管道输送天然气，且可以忽略气体成分的变化和质量的变化，排放量不大。

(4) 能够远程控制，只需较少的维护保养费，并且保养周期很长。

(5) 设备单位质量和体积的功率很高。

(6) 由于在紧急情况下能够有效地提供动力支持，可以简单快速地启动和停止，并且能够很快达到满负载运行状态。

(7) 具有很好的稳定性和连续运行性，并且能以很高的速度驱动天然气压缩机。

(8) 速度随着负载量的变化而变化，并具有很高的减速比。

(9) 通过再加热，中间冷却和热交换可以改善发动机性能；热电联产具有优势和吸引力，并且能够实现。

(10) 都是工厂组装出来的，或者需要很少的辅助设备，易于组装和拆卸。

(11) 可靠性高，停工时间短，无须监控，运行成本低。

(12) 只需简单的基础设施和较少的可动部件，所以没有旋转振动。

与天然气燃气发动机相比，大容量涡轮增压火花点火发动机具有以下重要特点：

(1) 具有很高的效率和更长的使用寿命；

(2) 需要气体质量要求更高；

(3) 相关的技术发展迅速；

(4) 更高的维护成本和监控成本；

(5) 自动化和监控方面技术进步显著，但是与远程控制相比还是距离太短；

(6) 体积大、重量大、容积大，需要更坚实的基础设施；

(7) 启动和停止都比燃气发动机所需时间更多；

(8) CO 和碳氢化合物的排放量较高；

(9) 能够使用变速往复式气体压缩机驱动。

15.9　丙烷和液化石油气

液化石油气(LPG)通常被简单地认为是丙烷，其实其主要由丙烷、一些丁烷和其他气体组成。在温度较低的时候，LPG 的主要成分是丙烷；但在温度较高的时候，LPG 主要成分包含一些丁烷。

丙烷和丁烷通常存在于天然气中，它们在进入高压输送管道之前被除去。因此，生产天然气时为 LPG 生产提供了大量的原料。原油精炼过程中也会产生丙烷和丁烷。这些气体与其他燃料组分，如丙烯、丁烯和这些燃料的异构体，混合在一起。当作为燃料应用时，如果这些组分在 LPG 中占有很高浓度，波动性强时，通常会出现问题，特别是在内燃机中，增加了爆缸的几率并且改变了排放废气的性质。在此基础上，丙烷和工业丙烷的有效辛烷值存在很大的差异，工业丙烷比纯丙烷更容易燃爆，产生更多的烟气。

LPG 在常温中压下以液体状态存在。与 CNG 相比，LPG 更容易携带并用于各种应用，尤其是在车载方面。LPG 的成分往往比 CNG 更复杂，在大气中反应会产生更多有害化合物，如在产生烟气过程中。

在很长时间之前，LPG 已作为车辆燃料来使用，大部分使用 LPG 的车辆用户都是与商业和公共交通有关的，如出租车、卡车和货车。生产丙烷不同于天然气，它主要是在把天然气制成管道气和把石油炼制成液体燃料时分离出来。

LPG 的体积能量远远小于汽油的体积能量(0.73)。LPG 的密度比空气大，比甲烷更易燃。当燃料泄漏时，燃料气会集中在事故现场，例如，甲烷或者氢气泄漏后，由于密度小和高浮力性，会很快分散。汽油泄漏往往比甲烷或者丙烷泄漏造成更大的火灾或者爆炸。这是因为它比空气重，可燃气需要很久才能完全散开。

在北美，移动汽车一般安装一个9.0kg的LPG储罐。而在美国，固定设备上一般用45kg的钢瓶(图15.8)。通常油罐车的储罐大小约为190kg。当需要更大的负荷的时候，可以安装上千升的储罐。图15.9显示了典型的丙烷储存装置。通常用体积为30m^{3}的铁路罐车将丙烷从产地输送到各地分销商的储罐处。

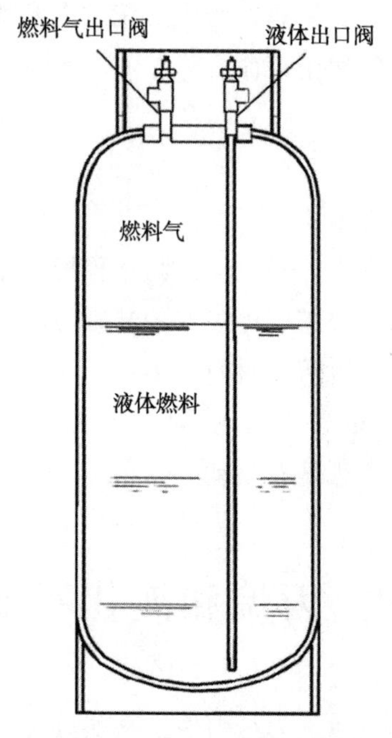

图15.8　液化石油气的典型圆柱形容器

(来源：Matheson Gas Products Inc.，Guide to Safe Handling of Compressed Gases，2nd Edition，1983，Matheson Gas Products Inc.，New York)

图15.9　大容量储存液化石油气设备(Tiratsoo，1972)

15.10　液化石油气的安全性

由于LPG比空气重，任何意外性的释放都会使它流向浓度更低的地方，并比天然气这种比较轻的气体释放和存在的时间更长。丙烷钢瓶配备减压阀，用来释放累积的过大的压力，如在钢瓶受热过多时。钢瓶要保持直立状态，以至于只有气体能够排出。当钢瓶倒置或平放时，液态的燃料就会覆盖出口，液体丙烷也会泄漏出来。当压力通过控制设备降低时，这种液体会排出并迅速蒸发成气体。在极端条件下，液态燃料会聚集并达到一个临界点，造成严重的火灾或爆炸危害。

丙烷气瓶不能在没有盖住阀门组件的合适盖帽的条件下运输，防止发生事故，造成损害。由于 LPG 的产品基本都没有气味，所以通常要加入浓度非常低的硫醇作为标准添加剂，从而能很容易地检测到泄漏。丙烷是无毒的，但丁烷和更高级的碳氢化合物在蒸发后被长时间吸入会有麻醉作用。

15.11　一些常见的非天然气混合物

在常温常压下，通常被认为是可开发能源的大多数气体燃料都是以各种气体混合物形态存在的。这些气体包括天然气和液化石油气以及各种各样的其他种类繁多的燃料混合物，主要为工业和自然过程的产物。这些燃料可基于它们相对于天然气的热值(约为 1000Btu/ft^3，即 37.0MJ/m^3)分类如下：高热值气体的热值大于 500Btu/ft^3(18.6MJ/m^3)；中等热值气体的热值为 300 ~500Btu/ft^3(11.2 ~18.6MJ/m^3)；低热值气体的热值为 100 ~300Btu/ft^3(3.7 ~11.2MJ/m^3)。

在使用高热值气体和热值稍低一点甚至中等热值的气体时通常会遇到一些问题。而低热值品种的燃料混合物有巨大的潜在能源资源，但目前大部分都被浪费了。这都是由燃料的来源和混合物组成的差异造成的燃烧和开采的困难和对环境的危害，还有有毒物质的扩散，这些都是不可克服的技术、经济和环境问题。

如果利用低热值燃料资源，需要考虑的一些主要因素包括以下几点。

(1) 主要组分随时间变化规律。

(2) 需要确保充足和持续的燃料供应。

(3) 它有什么燃烧和其他特性？气体是否有毒？使用前是否需要预处理？其产品是否环保？

(4) 是否需要使用辅助燃料来混合燃料混合物以提高其性能，或者如果需要更换新的燃料，能否确定可以不间断运行？通常在燃料中通入天然气用于提高其燃烧性能。

(5) 操作压力和温度是多少？燃料是否清洁和无腐蚀？

(6) 燃烧产物是否需要处理？这会导致操作出现问题吗？

各种来源和生产过程中产出的非天然气燃料混合物，由于具有潜在的廉价和环保特性，还有低风险的火灾和毒性危害特性，使得其重要性逐渐增加。这些气体中大部分含有甲烷，还有高浓度的二氧化碳、氮气和水蒸气(表 15.6)。这些气体充当了稀释剂，降低了可用的有效能量和燃料燃烧时的燃烧温度。一些最常见的低/中等热值燃料如下：填埋气，污水气，沼气，煤矿瓦斯、煤层甲烷、瓦斯湿气，高炉气，焦炉煤气，煤气炉气体，裂解气、木煤气。

稀释剂气体(如二氧化碳和氮气)与甲烷的存在主要影响其热力学性质和传输性质，并因此影响其火焰的热流模式。随着稀释剂的增加，燃烧时达到的峰值温度明显降低。反应动力学也可能受到影响，但由于涉及的温度较低，反应动力学影响程度较小。

表 15.6 几种煤制气组成

组成(体积分数,%)	煤气	焦炉气	水煤气	煤气炉气体	高炉气
CO_2	4.0	2.0	5.0	4.0	11.0
O_2	0.4	0.4	—	—	—
C_nH_m	2.0	2.6	8.0	—	—
CO	18.0	7.4	33.5	29.0	27.0
H_2	49.4	54.0	39.5	12.0	2.0
CH_4	20.0	28.0	9.0	2.6	—
N_2	6.2	5.6	5.0	52.4	60.0

数据来源：Foxwell, G. E., The Efficient Use of Fuel, 1958, British Ministry of Technology, H. M. S. O., London, UK。

甲烷中通入二氧化碳后，随着加入的二氧化碳浓度的增加，甲烷的燃烧速度显著降低(图 15.10)。这主要是由反应速率和火焰温度的降低以及混合物的扩散性和输送性质的变化导致的。因此，稀释剂与甲烷并存将显著影响燃料—空气混合物的火焰湍流均质燃烧。根据能源是否充足，如点火源(如电火花或引燃火焰)能否点燃传播火焰，而建立的可燃范围显著变窄。

近年来，人们对低热值燃料混合物的开发给予越来越多的关注。这是由以下优势造成的：这部分气体通常被视作生产过程中产生的废气，可免费替代日益昂贵的常规燃料；经过加工，可以在各种设备中表现出高功率、高热量的性质；这样处理排放的废气很环保；通过避免甲烷不受控制地释放到大气中，温室气体的排放量减少，甲烷造成温室气体的危害比二氧化碳多 21 倍；气体的组成可以在很大范围内变化，但它们主要由甲烷和二氧化碳组成，焦炉煤气中含有大量的氢气和一氧化碳，而发生炉煤气中含有大量的氮气；它们的热值随气体的具体组成而变化，比纯天然气低得多。

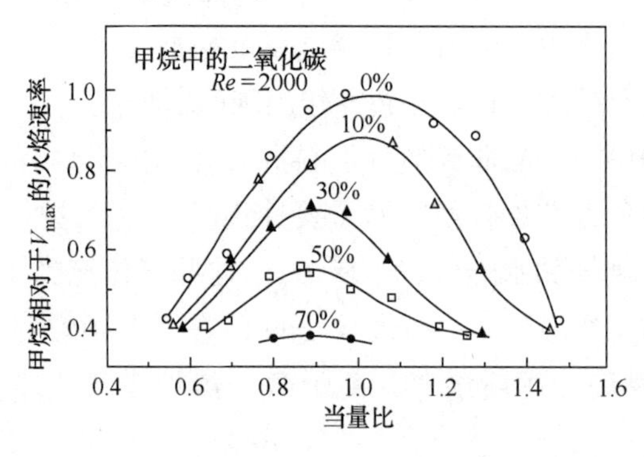

图 15.10 在常温常压下，流动雷诺数为 2000 时，甲烷火焰传播速率的相对值随二氧化碳在甲烷、二氧化碳和空气的流动混合物中浓度的增加而降低(Karim, 2010)

15.12　填 埋 气 体

垃圾填埋气是一个值得注意的低热值气体燃料，它是一种沼气，废物在厌氧缺氧环境下腐烂产生。典型的垃圾填埋气主要由甲烷和二氧化碳以及少量的氮和氧组成。氨、氢和一氧化碳这样的有毒成分也包含其中，但通常浓度非常低。根据废物成分的不同，也可能在气体中发现低分子量的中间体，如有机酸和醇。

垃圾填埋气由于气味和对环境的威胁而造成环境污染问题。它们污染土壤和地表水并释放出大量的温室气体。利用填埋气当发动机的燃料具有环境和经济效益。导致温室效应的最主要的气体是甲烷，把它转化为相对污染较少的产品，同时有益于生产。通过生物质生产的垃圾填埋气主要受到物质种类、温度、湿度、物质的 pH 值、大气和气候条件以及地下水位变化等因素的影响。

收集填埋场生产的气体成本往往并不低，需要将一系列管道铺设在垃圾填埋场，以收集气体并将其带到收集点，在收集点进行加工处理。通过真空产生的压力差将气体压缩并收集气体。垃圾填埋场在 35~45℃的温度范围时，甲烷产量最大。当温度低于 10℃时，产量显著降低。因此，在冬季或气候寒冷的国家，垃圾填埋气产量严重受限。

一些卤化物(含氯、氟或溴的化学物质)是由多种生物质生产的，它们可能在燃烧后与碳氢化合物结合生成含剧毒的化合物。未处理的填埋气通常不能直接使用，必须在燃烧之前进行适当的精制以防止出现这种现象。这种精制工艺增加了生产气体的成本。收集的富甲烷气体通常用于垃圾填埋场的现场供热和电力生产。一些大型垃圾填埋场会生产足够的电力通过国家电网输送到别处使用。垃圾填埋场产生的气体量取决于许多因素，如年限、大小、体积、废物类型、土壤和含水量。

为了在往复式发动机、燃气轮机或发电和发电的联合循环系统中使用填埋气体，需要利用洗涤器和脱水器处理气体，来减少湿气并去除各种污染物。污水气和天然沼气也被认为像生物沼气一样是垃圾填埋气的典型气体。

15.13　生 物 沼 气

生物沼气是低和中等热值燃料混合物最常见的例子之一，是动植物源活体作为生物质经过热解、气化或厌氧消化后形成的气体产物。通过这种方式产出的气体含有以下成分：甲烷、氢气、一氧化碳、二氧化碳、氮气、水和一些简单的碳氢化合物，其中最主要是烯烃。由于燃料混合物中存在一些稀释剂，因此氢气可补偿低燃烧速度。沼气燃料的主要来源是处理的动物垃圾，木材废料和木片以及从城市垃圾和垃圾填埋场产出的垃圾填埋气。

通过生物质生产可燃气是一项传统的技术。然而，由于生物质的可变性和分散性，在单一地点积累大量生物质在经济上并不具吸引力。因此，大型沼气发电项目往往很少。

原则上，所有有机材料和废物被认为是可再生能源的物质，都可用于沼气生产。由于沼气的适用性宽和成本低，沼气在发展中国家得到广泛应用，特别是生活家用方面。与从石油中生产天然气相比，沼气生产只需几天到几周相对较短的时间。

大多数通过生物质产生的气体在被用于加热和动力设备之前，必须彻底清除其中的焦油状物质、碱金属和灰尘。但是，当燃气在加热炉中用于加热时，对气体的清洁程度的要求往往不那么严格。

典型生物沼气的体积组成是50%~80%的甲烷和15%~45%的二氧化碳、水、微量的硫化氢和氮气。每种气体的相对量根据最大温度、压力、加热速率以及生物质床的大小和孔隙率变化而发生变化。产自于动物和废物的气体含有30%~40%的二氧化碳，而产自于填埋场的二氧化碳含量根据垃圾填埋场的使用年限和当地条件而变化，范围为40%~55%。为了在发动机等特别是双燃料压缩点火型的装置中高效率地应用，需要用水除掉气中的CO_2。

通常，生物沼气的产量和组成取决于许多条件，包括温度、可用养分、保留时间、pH值、固体含量和是否搅拌。适当提高平均温度能够增加气体的产生速率。但是，提高温度需要外部输入额外的热量。这部分热量通常是通过燃烧一些产品气来提供的。由于沼气量、流动条件和反应动力学的变化，需要对燃烧器进行改造以便能够完全燃烧这些燃料。到目前为止，往往主要依赖经验来改造。

理论上，流化床有利于生物质气化。由于流化床内混合物堆积紧密并且高度混合，它们的尺寸和结构趋于紧凑，具有高传热效率和反应速率。但是，使用流化床需要消耗能量来压缩供应的空气。

生物沼气用于发动机发电时，要保持长期稳定运行需要很多关键因素。必须提供足够的热量，并且不能含有灰尘和焦油，以便以稳定的效率持续产生足够的动力，并且使废气排放达到标准的同时还要将发动机磨损和维护费用降到最低。使用沼气的发动机运行时可产生的最大功率取决于气体的热值、组成和发动机特性。与天然气运行相比，需要用更大的发动机和供应管线来弥补气体的能量含量低的缺点。燃烧器需要进行适当的改造，以便有效燃烧生物沼气，包括增加燃料管道和喷射器的尺寸，以便处理较大的气体体积流量并适当减少空气供应。

使用纯氧或含氧空气对部分生物质进行氧化相对不经济，也不普遍。迄今为止，生物沼气尚未在燃料电池方面得到应用。

15.14 硫 化 氢

硫化氢天然存在于原油、天然气藏、火山气体和矿物温泉中。它也是从有机废物、焦炉、造纸厂和炼油厂的生产过程中产生的。该气体无色、可燃、有毒，具有强烈的臭鸡蛋气味。体积低至百万分之几时也能通过气味检测出来。当硫化氢浓度大于100mg/L时，人的嗅觉在几分钟内就被破坏。天然气比空气重，所以就会聚集在下水道和隧道的低处。它可以与铁发生氧化或者腐蚀反应形成硫化铁。如果发生在封闭的储罐或管道等位置，容易产生易燃的材料，并暴露在空气中导致自燃。

在高浓度(体积分数在 4.3%～46%)的情况下，硫化氢与空气混合，在有点火源时会发生着火乃至爆炸，其燃烧产物中含有有毒气体二氧化硫。通常主要的制备方法有化学方法克劳斯法——从天然气中提取硫化氢用于生产硫。

15.15　实　　例

(1) 炼油厂生产的 LPG 是由正丙烷和正丁烷组成的混合物。经分析表明，在完全燃烧后，70%的热能来自丙烷，其余都是由丁烷提供的。LPG 混合气在空气中燃烧只需要空气量为完全燃烧的 90%。如果假设生成物中只有 CO_2、CO、H_2、H_2O 和 N_2，并且与水的平衡转换反应为 $CO+H_2O \rightleftharpoons CO_2+H_2$，$K_p$ 值为 0.30，计算出干燥的产物 H_2和 CO 的体积。在操作条件下，丙烷的低热值(LHV)为 46.34MJ/kg，丁烷为 45.73MJ/kg。

答：1mol 燃料混合物含有 yC_3H_8和$(1-y)C_4H_{10}$，单位质量热值已给，为了算出 y，要把质量热值转成摩尔热值。丙烷的相对分子质量为 44，丁烷的相对分子质量为 58。

转换后丙烷的热值为 2.039MJ/mol，丁烷为 2.653MJ/mol。

$$Q_{丙}=2.039y$$

$$Q_{丁}=2.653(1-y)$$

$$\frac{Q_{丙}}{Q_{丁}}=\frac{7}{3}=\frac{2.039y}{2.653(1-y)}$$

$$y=0.72$$

$$1-y=0.28$$

混合物燃烧的化学计量方程为：

$$0.72C_3H_8+0.28C_4H_{10}+B(O_2+3.76N_2)\longrightarrow aCO_2+bH_2O+fN_2$$

碳平衡为：

$$(0.72\times3)+(0.28\times4)=a$$

$$a=3.28$$

氢平衡为：

$$(0.72\times4)+(0.28\times5)=b$$

$$b=4.28$$

氧平衡为：

$$2B=2a+b$$

$$B=5.42$$

然而只有 0.9 的空气反应生成 CO_2、CO、H_2和 N_2。所以方程为：

$$0.72C_3H_8+0.28C_4H_{10}+4.88(O_2+3.76N_2)\longrightarrow a'CO+b'H_2+d'H_2O+e'CO_2+f'N_2$$

碳平衡为：

$$(0.72\times3)+(0.28\times4)=a'+e'$$

氢平衡为：

$$(0.72\times4)+(0.28\times5)=b'+d'$$

氧平衡为：

$$4.88\times2=a'+d'+2e'$$

氮平衡为：

$$4.88\times3.76=f'$$

$$e'=3.28-a'$$

$$d'=4.28-b'$$

$$b'=1.08-a'$$

$$d'=3.20+a'$$

$$K_p=0.30=\frac{p_{H_2}\times p_{CO_2}}{p_{H_2O}\times p_{CO}}=\frac{b'\times e'}{a'\times d'}$$

$$\frac{(1.08-a')\times(3.28-a')}{(3.20+a')\times a'}=0.30$$

$$0.70a'^2-5.32a'+3.542=0$$

$$a'=0.738;\ b'=0.342;\ d'=3.938;\ e'=2.542;\ f'=18.349$$

生成物不含水为：

$$0.738+0.342+2.542+18.349=21.971$$

$$\varphi_{CO}=\frac{0.738\times100\%}{21.971}=3.36\%$$

$$\varphi_{H_2}=\frac{0.342\times100\%}{21.971}=1.56\%$$

（2）证明在大气压下达到平衡时，需要将体积占10%的蒸汽在温度为2830K下分解。取2830K相应的平衡常数 K_p 为 $41.25atm^{-1/2}$。

答：考虑进料混合物中有1mol蒸汽，则：

$$H_2O \longrightarrow aH_2O+bO_2+dH_2$$

由于只有10%的蒸汽分解：

$$\frac{a}{1.0}=0.90$$

$$a=0.90$$

建立温度平衡的方法是评估产品在平衡状态下的组成，并验证它们是否与给定的2830K下的 K_p 值相对应。K_p 只与温度有关，并且是恒定的。

氢气平衡：

$$a+d=1.0$$

$$d=0.10;\ a=0.90$$

氧气平衡：

$$\frac{1}{2}a+b=\frac{1}{2}$$

$$b=0.05$$

$$\Sigma n = a+b+d = 1.05$$（注：物质的量并不守恒）

H_2O 的平衡反应式：

$$H_2+\frac{1}{2}O_2 \longrightarrow H_2O$$

$$K_p = \frac{p_{H_2O}}{p_{H_2}p_{O_2}^{\frac{1}{2}}} = \frac{a}{d\times b^{\frac{1}{2}}}\left(\frac{p}{\Sigma n}\right)^{1-1.5} = a/(d\times b^{1/2})\times(1/1.05)^{-0.5}$$

$$K_p = \frac{0.90\times(1.05)^{\frac{1}{2}}}{0.10\times(0.05)^{\frac{1}{2}}} = 41.24$$

如上所述，由于 K_p 只是温度的函数，因此假定的 2830K 温度必须准确。

相同温度下，压力升高会降低平衡常数方程中 d 的值，表明分解出蒸汽越少。

(3) 理论上，氢气可以通过蒸汽在高温下分解而直接生成，但实际上很少这样做。简要概述一些可能的主要因素。

答：主要原因如下：需要非常高的温度；需要吸收大量的能量；特别是在高压下，它的相对产量很低；随后的冷却将会降低最终产品的相对产量；把氢从氧和未转化的蒸汽中分离出来很困难；不一定保证平衡条件，特别是在没有催化剂的情况下。

(4) 垃圾填埋气体越来越多地用于发电或产热，你认为使用这种气体燃料的优点是什么？

答：优点如下：收集和使用更容易；利用了当地的可再生能源；减少了向生态环境不受控制的排放和气味；属于废物再利用；可以长时间稳定地提供气体；在操作上，它比天然气、丙烷或汽油更安全；可以成为当地居民和政府的潜在收入来源。

(5) 稳定地向燃烧炉中充入天然气，其具有下列组成：88.0% CH_4，7.0% C_2H_6 和 5.0%CO_2。温度为 298K，在大气压下以 1.250m^3/h 的速率供应。

① 按理论完全燃烧，需要提供的最小空气量是多少？

② 在测试中，供应的空气量为 15.0kg/h，燃料与空气的质量比是多少？

③ 当温度为 900K 时，炉膛出口废气的体积流量是多少？

④ 已知 298K 时的燃料 LHV 约为 37.81MJ/m^3，则计算此工况下炉子的最大供热率。以 kJ/kmol 为单位的 Cp 的常量平均值对于 N_2 为 2.99，对于 O_2 为 3.31，对于 H_2O 为 3.53，对于 CO_2 为 4.15。

答：最少空气量与完全燃烧相关，这与化学计量混合物相对应。因此，需要找到每摩尔燃料气体对应的空气的化学计量。化学计量反应方程为：

$$0.88CH_4+0.07C_2H_6+0.05CO_2+n(O_2+3.76N_2) \longrightarrow aCO_2+bH_2O+dN_2$$

碳元素守恒为：

$$0.88+0.14+0.05 = 1.07 = a$$

氢元素守恒为：

$$(0.88\times2)+(0.03\times3) = 1.76+0.21 = 1.97 = b$$

氮元素和氧元素守恒为：

$$(0.05\times2)+2n=29+b=2.14+1.97=4.11$$

$$n=2.005$$

$$d=2.005\times3.76=7.539$$

$$\frac{空气体积}{燃料体积}=\frac{2.005+7.539}{1.0}=9.544$$

① 温度为25℃时，燃料量为1250m³/h，当为理想方程时，空气需求为：

$$1.250\times9.544=11.93\text{m}^3/\text{h}$$

② 供应的空气质量为15.0kg/h。要算出燃料的密度，需要找到有效的分子量：

$$M_{燃料}=(0.88\times16)+(0.07\times30)+(0.05\times44)=4.08+2.20+2.10=18.38\text{kg/kmol}$$

$$M_{空气}=(0.21\times32)+(0.79\times28)=28.90\text{kg/kmol}$$

$$\frac{m_{燃料}}{m_{空气}}=\frac{\rho_{燃料}\times v_{燃料}}{\rho_{空气}\times v_{空气}}=\frac{18.38\times1.0}{9.544\times28.9}=0.0666$$

③ 当供应的空气量为15kg/h时，燃料供应量=15.0×0.0666=0.999kg/h，为了找到产品在627℃的密度，需要找到产品的有效分子量$M_{产}$：

$$M_{产}=\frac{aM_{CO_2}+bM_{H_2O}+dM_{N_2}}{a+b+d}=\frac{(1.07\times44)+(1.97\times18)+(7.539\times28)}{1.07+1.97+7.31}=\frac{293.63}{10.579}=27.76\text{kg/kmol}$$

$$V_{产}=\frac{mRT}{Mp}=\frac{15.999\times8.316\times900}{27.26\times101.1}=42.68\text{m}^3/\text{h}$$

④ 在298K时，LHV所提供的最大热量将为：

$$Q_{max}=(\text{LHV})_{燃料}\times m_{燃料}=(\text{LHV}\cdot\text{vol}\cdot\text{basis})\times\frac{m_{燃料}}{\rho_{燃料}}=\text{LHV}_{\text{vol}\cdot\text{basis}}\times\frac{m_{燃料}}{\rho_{燃料}}$$

15.16 问　　题

（1）对于发动机应用，甲烷与汽油相比，下列哪一个特征你认为是有优势的？①适用于寒冷天气；②优越的废气排放特性；③可应用于大型发动机；④更能适应稀混合气操作；⑤更低的爆震阻力；⑥相对更高的生产效率。简要概述您选择的原因。

（2）大部分工业消耗的氢气都是通过甲烷蒸汽重整而产生的。假设在一个反应器中，产品根据以下总体吸热反应离开平衡状态：

$$CH_4+H_2O \rightleftharpoons CO+3H_2$$

通过检查平衡常数方程，理想状态下，随着甲烷不断供应，氢气收率随以下变化增加还是减少？①升高温度；②反应器压力增加；③进料中存在一些空气；④增加蒸汽的相对供应量。（答案：①增加；②减少；③增加；④减少）

（3）有人提出，所有天然气的燃烧设备都可使用LNG。简要讨论这种说法的基础以及如此使用的相关限制。

(4) 在工业玻璃制造炉中，向干净的熔融玻璃均匀传热是非常重要的，按照其在世纪生产中的适用性和有效性顺序排列以下燃料：①氢气；②丙烷；③甲醇；④天然气；⑤粉煤。简要地说明您排名的理由。

(5) 天然气的体积组成如下：CH_4，88.7%；C_2H_6，4.3%；H_2S，1.5%；N_2，5.5%。在温度为 310K 和压力为 103.5kPa 时，如果用二氧化碳稀释气体，可燃组分占所得燃料混合物体积的 85%，气体密度是多少？假设气体为理想气体。(答案：0.8107)

(6) 来自炼厂加工过的液化石油气仅由正丙烷和正丁烷混合而成，燃烧释放的能量中 70%来自丙烷，其余部分来自丁烷。在这些条件下，丙烷的 LHV 为 530MJ/kg，丁烷的 LHV 为 688MJ/kg。燃料中丁烷的体积分数是多少？(答案：73.2%)

15.17　一些气体燃料混合物术语

甘蔗渣：由甘蔗中加工提取果汁，生产糖后产生的气体燃料混合物。

高炉煤气：炼钢过程中高炉生产出的低热值气体燃料混合物，属于副产品。

费托工艺：一种由气态燃料混合物生产高碳氢燃料的工艺，包括汽油和柴油等，主要由氢气和一氧化碳的混合物组成，这些混合物可能是由煤加工、石油或天然气加工过程中产生的。

气化：将固体或液体燃料转化为气体燃料的过程，如煤气化。

填埋气：垃圾填埋材料的腐烂过程中相对较慢产生和释放的气体。气体的主要成分是甲烷和二氧化碳。

燃烧气：燃料(如煤)与空气或蒸汽燃烧产生的燃气混合物。产品气中主要含有氢气、一氧化碳和氮气，几乎不含氧。

炼厂气：由原油分馏产生的不凝结气体。通常情况下，它直接燃烧或与供应的燃料气体混合使用。

酸性气体：含有大量硫化合物(如硫化氢)和其他腐蚀性化合物的天然气。

甜味气体：除去了硫化物的天然气燃料。

合成气：由化石燃料(如煤、天然气或石油)通过重整或部分氧化制成的气体混合物。合成气主要由氢气和一氧化碳气体组成，可作为各种燃料(如醇类和合成柴油)的化学合成原料。

水煤气：一种主要由一氧化碳和氢气组成的气体燃料混合物，主要是通过蒸汽和热碳/煤反应制成，主要用作燃烧热源。

15.18　小　　结

大多数作为可开采能源资源的气体燃料都是气体的组成和性质差异很大的混合气体。这些燃料包括天然气和液体石油气以及其他大部分主要是天然和工业过程中产生的燃料混合物。与普通的液体或固体燃料相比，这种燃料气体的性质在其使用方面具有明显的优势，但是增加了火灾和中毒的风险。天然气越来越多地被认为是优质燃料，其成分和质量在很大程度上取决于来源以及是否经过管道分配和处理。天然气日益成为石化工业生产的主要原料。

参 考 文 献

Allinson, J. P., Editor, Criteria of Petroleum Products, 1973, John Wiley and Sons, New York.

Anderson, L. L. and Tillman, D. A., Editors, Fuels from Waste, 1977, Academic Press, New York.

Bartok, W. and Sarofim, A. F., Editors, Fossil Fuel Combustion, 1991, John Wiley and Sons, New York.

Baukal, C. E., Editor, The John Zink Combustion Handbook, 2001, CRC Press, Boca Raton, FL.

Becker, T. and Perkavec, M., "Low Btu Gas Applications in Gas Turbines," Proceedings of 22nd CIMAC World Congress, pp. 233-244, 1998, Copenhagen.

Bolz, R. E. and Tuve, G. L., Editors, Handbook of Tables for Applied Engineering Science, 1970, Chemical Rubber Co., CRC, Cleveland, OH.

Bradley, H. B., Editor, Petroleum Engineering Handbook, 1987, Society of Petroleum Engineers, Richardson, TX.

British Petroleum, Gas Making and Natural Gas, 1972, BP Trading Ltd., London, UK.

Brzustowski, T., "Flaring in the Energy Industry," Prog Energy Combustion Sci, 1976, Vol. 2, pp. 129-141.

Chomiak, J., Longwell, P. and Sarofim, A., "Combustion of Low Calorific Value Gases: Problems and Prospects," Prog Energy Combustion Sci, 1989, Vol. 15, pp. 109-129.

Clark, G. H., Industrial and Marine Fuels: Reference Book, 1988, Butterworths, London, UK.

Compressed Gas Association Inc., Handbook of Compressed Gases, 1966, Van Nostrand Reinhold Co., New York.

Cornforth, J. R., Editor, Combustion Engineering and Gas Utilization, 3rd Edition, 1992, British Gas, E & FN Spon, London, UK.

Coward, H. and Jones, G., Limits of Flammability of Gases and Vapors, U. S. Bureau of Mines Bulletin 503, 1952, United States Department of the Interior, Washington, DC.

Cox, R. W., Hoggarth, M. L. and Reay, D., Burning Natural Gas in Industrial Burners, pp. 498-512, 1967, Industrial Gas Committee, London, UK.

Hanna, M. A., The Combustion of Diffusion Jet Flames Involving Gaseous Fuels in Atmospheres Containing Some Auxiliary Gaseous Fuels, 1983, Ph. D. Thesis, Mechanical Eng., University of Calgary, Calgary, AB, Canada.

Harris, R. J., Gas Explosions in Buildings and Heating Plant, 1983, E & FN Spon, New York.

Institute of Petroleum, Liquefied Petroleum Gas Safety Code, Part 9, 1967, Institute of Petroleum Model Code of Safe Practice, Elsevier Publishing Co., London, UK.

Jessen, P. F. and Melvin, A., "Combustion Fundamentals Relevant to the Burning of Natural Gas," In: Progress in Energy and Combustion Science, N. Chigier, Editor, pp. 91-108, 1979, Pergamon Press Ltd., Oxford, UK.

Karim, G. A., "Methane and Diesel Engines," In: Methane Fuel for the Future, P. McGeer and E. Durbin, Editors, pp. 113-129, 1982, Plenum Press, New York.

Karim, G. A., "Combustion in Gas-Fueled Compression Ignition Engines of the Dual Fuel Type," In: Handbook of Combustion, M. Lackner et al., Editors, Vol. 3, pp. 213-233, 2010, Wiley-VCH Verlag, Calgary, AB, Canada.

Karim, G. A., "The Combustion of Low Heating Value Gaseous Fuel Mixtures," In: Handbook of Combustion, M. Lackner et al., Editors, Vol. 3, pp. 141-163, 2010, Wiley-VCH Verlag, Calgary, AB, Canada.

Karim, G. A., Boon, S. and Wierzba, I.," The Lean Flammability Limit of Some Gaseous Mixtures Involving Methane," Proceedings of the International Gas Research Conference, London, pp. 980-990, 1983.

Karim, G. A. and Klat, S. R.," Knock and Autoignition Characteristics of Some Gaseous Fuels and Their Mixtures," J Inst Fuel, 1966, Vol. 39, pp. 109-119.

Karim, G. A. and Metwalli, M. M.," Kinetic Investigation of the Reforming of Natural Gas for Hydrogen Production," Int J Hydrogen Energy, 1979, Vol. 5, pp. 293-304.

Karim, G. A. and Wierzba, I., Comparative Studies of Methane and Propane as Fuels for Spark Ignition and Compression Ignition Engines, Vol. 92, pp. 3676-3688, 1984, Transaction of the SAE, Warrendale, PA.

Karim, G. A and Wierzba, I. " Methane-Carbon Dioxide-Nitrogen Mixtures as a Fuel," J Energy Resour Technol ASME Trans, 1996.

Katz, D. L., Editor, Handbook of Natural Gas Engineering, 1959, McGraw Hill Co., New York.

Lom, W. L., Liquefied Natural Gas, 1974, John Wiley and Sons, New York.

McGeer, P. and Durbin, E., Editors, Methane-Fuel for the Future, 1986, Plenum Press, New York.

Pritchard, R., Guy, J. J. and Conner, N. E., Handbook of Industrial Gas Utilization, 1977, Van Nostrand Reinhold Co., New York.

Probstein, R. F. and Hicks, R. E., Synthetic Fuels, 2006, Dover Publication Inc., Minneola, NY.

Rhine, J. M. and Tucker, R. J., Modelling of Gas Fired Furnaces and Boilers, 1991, British Gas, McGraw Hill Co., New York.

Rose, J. W. and Cooper, J. R., Editors, Technical Data on Fuels, 7th Edition, 1977, British National Committee of World Energy Conference, London, UK.

Shell Co., The Petroleum Handbook, 6th Edition, 1983, Elsevier Publishing Co., Inc., New York.

Smoot, L. D. and Smith, P. J., Coal Combustion and Gasification, 1985, Plenum Press, New York.

Sorenson, H. A., Energy Conversion Systems, 1983, John Wiley and Sons, New York.

Stafford, D., Hawkes, D. L. and Horton, R., Methane Production from Waste Organic Matter, 1981, CRC Press, Boca Raton, FL.

Tillman, D. A., Sarkanen, K. V. and Anderson, L. L., Fuels and Energy from Renewable Resources, 1977, Academic Press, New York.

Tiratsoo, E., Natural Gas, 2nd Edition, 1972, Scientific Press Ltd., Beaconsfield, UK.

Turns, S. R., An Introduction to Combustion, 1996, McGraw Hill Co., New York.

U. S. Department of Energy, Hard Truths about Energy, 2007, National Petroleum Council, Washington, DC.

Weston, K. C., Energy Conversion, 1992, West Publishing Co., St. Paul, MN.

Wierzba, I., Karim, G. A. and Shrestha, O. M.," An Approach for Predicting the Flammability Limits of Fuels/Diluent Mixtures in Air," J Inst Energy, 1996, Vol. 69, pp. 122-130.

Williams, A. F. and Lom, W. L., Liquefied Petroleum Gases, 1974, John Wiley and Sons, New York.

Zabetakis, M., Flammability Characteristics of Combustible Gases and Vapors, U. S.

Bureau of Mines Bulletin 627, 1965, United States Department of the Interior, Washington, DC.

Zabetakis, M., Safety with Cryogenic Fluids, 1967, Plenum Press, New York.

Zhou, G., Analytical Studies of Methane Combustion and the Production of Hydrogen and/or Synthesis Gas by the Uncatalized Partial Oxidation of Methane, 2003, Ph. D. Thesis, University of Calgary, Calgary, AB, Canada.

第 16 章　替代燃料

16.1　简　　介

“替代燃料”是指除常规液体燃料(如汽油和柴油)之外的，可以用于发动机和发电的燃料。表 16.1 中列出了甲醇和乙醇与典型汽油主要性质的对比情况。具体替代燃料如下：天然气和管道气，甲烷，液化天然气(LNG)，压缩天然气(CNG)，沼气，垃圾填埋气，煤层气等；液化石油气(LPG)，丙烷，丁烷等；工业处理的混合燃料气，如煤气、焦炉煤气、高炉煤气和合成气；液态和气态的氢气；一些液体燃料，包括醇类、醚类和生物燃料。

使用替代燃料的优点包括：

(1) 通常，与传统液体燃料相比，使用替代燃料提高了环境效益；

(2) 大多数情况下，在与本地应用相关的成本上具有优势，降低了运营和维护的费用；

(3) 燃料种类和可用资源的多样化减少了对仅有的几种燃料及其来源的依赖；

(4) 可能有一些操作和性能方面的优势；

(5) 与其他燃料和能源(如热电联产应用和补充常规燃料)相比较，替代燃料更具有吸引力；

(6) 替代燃料提高了运行的安全性和在低温环境下的操作性。

表 16.1　甲醇和乙醇与典型汽油性质对比

性质	甲醇	乙醇	汽油
氧含量(质量分数,%)	50.0	34.8	0
沸点(℃)	65	78	35~210
低热值(MJ/kg)	19.9	26.8	≤42.7
汽化热(MJ/kg)	1.17	0.93	≤0.18
化学计量空燃比	6.45∶1	9.0∶1	≤14.6∶1
比热量[MJ/(kg·空燃比)]	3.08	3.00	≤2.92
研究法辛烷值(RON)	109	109	90~100
马达法辛烷值(MON)	89	90	80~90

使用替代能源也有一些潜在的限制和缺点，包括以下内容：

（1）通常情况下替代燃料的可移植性比常规液体燃料差得多，带来了成本的增加、操作范围的限制，气态燃料的重量和体积在车辆应用中会有所增加。

（2）购买设备和改造基础设施增加了成本，并且增加了复杂性。

（3）为了实现替代燃料的转换，可能对燃烧装置的性能产生不利影响；到目前为止，只在一小部分和特殊的设备上完成。

（4）使用替代能源可能会破坏设备的安全运行。

（5）替代燃料是燃料混合物，如果不适当优化，它们的组分可能会发生充分的变化从而对性能产生不利的影响。

（6）有些燃料有特殊的问题，如醇类，其中存在一些毒性、环境、冷启动和材料相容性等问题。

（7）经常需要两个或者更多的随时可用的燃料系统，这增加了控制的成本和复杂性。

16.2　应　　用

替代燃料的任何应用都应最大限度地利用可用能量，无论是燃料的直接能量，还是由于燃料状态（如CNG中的压缩功，LNG中的冷却作用或液态氢的应用）而产生的间接能量。此外，还应考虑生产替代燃料的总能量成本，例如，压缩天然气或液化甲烷、氢气所消耗的能量。通常，这种消耗是相当大的。在任何情况下，替代燃料在运输过程中，随着燃料储罐重量的增加，消耗的能量也逐渐增加。

原则上，消耗燃料装置的设计相关预期性能应考虑不同燃料及其混合物在空气中燃烧存在的本质的差别。例如，甲烷或氢气等气体燃料将取代一部分空气，与液体燃料相比，装置损失了一部分可释放的能量，除非采取特殊的补救措施来补偿这种损失。另外，当使用液体燃料时，由于燃料的蒸发过程吸热，因此提高了容积效率和输出功率，而使用气体燃料时就没有这种现象。

要谨慎比较不同燃料的特性，因为根据不同的比较方法，可以得出不同的结论。例如，一种燃料的空气/燃料化学计量质量比与另一种燃料的不同，以体积进行计算的话，差别更大。类似地，基于质量的热值产生的不同的燃料等级，与对某一特定反应根据单位体积燃料—空气混合物释放的能量得出的结果不同。

到目前为止，还没有有效和强有力的理论基础上来支持向替代燃料应用的转换。因此，替代燃料在应用中的优点不能真实准确地得到认识。当然，多年来从大量研究、开发和使用的数据分析中得出，与传统的燃料相比，替代燃料具有一定的优势。使用替代燃料的优点和成本运算的讨论只能建立在假设和没有限制的基础上。相关成本随时间、地点、燃料供应情况、基础设施、税收优惠以及是否允许对设备设计进行变更而变化很大。

16.3 醇 燃 料

在普通液体燃料中，甲醇和乙醇（CH_3OH 和 C_2H_5OH）是最常见的被用作燃料或补充剂的醇类。它们作为燃料具有一些吸引力，但也存在很多的使用限制。这些限制很严重，导致在实际应用中已经停止使用纯甲醇或者乙醇为运输燃料。目前，人们越来越多地把乙醇以相对较小的比例作为汽油添加剂添加到汽油中，这项技术得到一些政府和企业的大力支持。然而，越来越多的人反对将醇类燃料作为传统汽油的替代品甚至是补充品来增加使用。

醇类的一些主要特点如下：它们是从各种化石和非化石资源中生产出的可再生燃料；常温常压下是液体，并且易于运输，不容易凝固；经常被用作添加剂，以较小比例添加在其他常规燃料中，尤其是汽油；有相对较高的辛烷值；它们可能产生较少的氮氧化物、一氧化碳和未燃烧的碳氢化合物；在蒸发时，吸热冷却，增加了发动机的容积效率，从而具有相对较高的输出功率；与传统的液体燃料相比，它们是完全已知的纯单组分燃料，可以更好地预测和控制性能。

使用醇类燃料的缺点如下：生产过程中需要消耗能量和增大运营资本；与传统液体燃料相比，它们具有相对较低的热值，特别是甲醇，产生更少的能量和更低的效率；甲醇有毒，在水中溶解度大，对水资源有污染；在乙醇的生产过程中，使用了许多人类和动物所需的农业和饲料产品；挥发出的物质很危险；装满燃料的燃料箱中存在易燃气体，这与汽油的情况不同，这些燃料箱内的易燃混合气体很容易引发和传播火灾；产生有毒的醛类，并被当作废气排放出去；低温条件下，单组分燃料将具有单一的温度波动特性，使用困难；产生难以检测的意外非发光火焰，造成安全隐患；与相对常用的材料（包括塑料和橡胶）相容性差；当使用乙醇汽油时，发动机需要进行改装，增加了成本；醇类具有较低的十六烷值，降低了含有乙醇的柴油燃料的有效值；需要高度专业化的基础设施进行馏程分布；无论是天然气、煤炭，还是生物燃料，其生产过程中都会消耗大量能源，同时还会造成温室气体排放。

表 16.2 中列出了醇类燃料与 CNG 和 LNG 的某些性质的对比情况。

表 16.2 醇类与 CNG 和 LNG 性质的比较

燃料	热值（MJ/kg）	密度（kg/m^3）	燃料质量百分比（%）
甲醇	20.0	706	25
乙醇	26.7	794	25
CNG（170bar）	46.7	133	700
LNG	46.7	440	75

数据来源：Milton，B. E.，Thermodynamics，Combustion and Engines，Chapman & Hall，London，UK，1995。

16.4　氢气燃料

氢可被视为一种能源。无法在自然条件下获得氢气，需要耗费大量能量来获取，而这部分能量很多都可在燃烧时被回收。石油工业广泛使用氢气用于制造各种化学品和提高汽油与其他化石燃料的质量。目前氢气直接作为燃料的用途非常有限。将氢气作为燃料的可行性主要考虑制造氢气相关的有效性和经济性方案。氢气不能直接获取，必须通过消耗能量和资金成本进行生产。

大部分氢气是由化石燃料、天然气、石油和煤炭通过蒸汽重整或部分氧化而制成的。采用催化和非催化方法。大部分工业所需的氢气是以天然气作为燃料在大容量装置中生产出来的。目前，如果以热能来衡量，氢气能量是甲烷的 2~10 倍。

高纯度的氢是通过电解水产生的，消耗的电能主要通过化石燃料燃烧或水力发电和核能发电产生。使用风能、太阳能或潮汐能产生的电能生产氢的前景非常有限。通过太阳能和水的细菌作用、金属的氧化或使用低温热量的特殊化学反应来实现长周期生产氢气也非常有限。氢气可以以压缩气体、液化和金属氢化物的形式存储和运输，或者有时吸附在特殊材料中，如某些稀有金属的合金。

氢气作为能量具有很大的吸引力，例如，作为燃料，氢气具有以下优点：氢气是一种可再生能源，可以消耗能量用水来制取；氢气是一种清洁能源，与碳氢化合物、一氧化碳、硫氧化物或颗粒物未完全燃烧的其他燃料相比，其排放量要少得多。然而，它在空气中的燃烧会产生氮的氧化物。氢气具有一些很有优势的燃烧特性，如清洁燃烧且燃烧速率高（图 16.1），广泛的易燃混合物范围，点火能量低但自燃温度高，火焰温度高，高浮力性和扩散性，单位质量的热值高，在极低的温度下依然是气体，催化敏感、反应迅速，产生的废气通过热电联产方式生成冷凝水和能量。

然而，目前氢气作为燃料也存在一些弊端。需要消耗大量的能量来生产氢气；存在潜在的安全和材料兼容性方面的问题（图 16.2）；缺乏分配氢气的基础设施；便携性，存储，处理和运输等问题；单位体积（以液态计）热值很低；作为低温液体，温度太低；液化困难；火焰光度低。

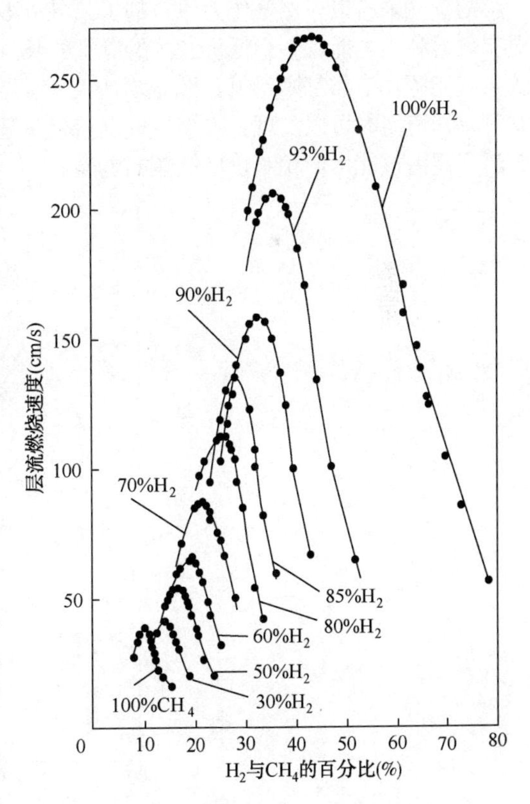

图 16.1　甲烷与氢气混合后燃烧速度
（Sholte and Vaagas，1959）

图 16.2　1937 年充满氢气的格拉夫齐柏林燃烧画面，高度漂浮的氢气火焰非常明显

（来源：Lyons，P. R.，Fire in America，National Fire Protection Association，Boston，MA，1976）

通过电解水产生的氢气纯度非常高，可以用于需要非常高纯度氢气的应用中，如燃料电池。但是，电解生产的氢气不环保，效率低，消耗很大一部分化石燃料产生的电力。这些过程中产生和排放大量的温室气体。而通过太阳能和风能等绿色能源生产的电能还具有一定的局限性，并且自身也会有一部分损失，所以，通过电解产生的氢气只占所有氢气量的百分之几。实际上，超过一半的氢气来自以天然气作为原料的工艺(图 16.3)。通过在尽可能更高的温度下进行处理，可以更有效地利用电能。生产低价经济的氢气的长远目标是在未来通过可再生能源生产既清洁又安全的氢气能源，依靠氢燃料电池满足电力和交通需求。这样的愿景在很大程度上仍然是一个概念，并且不知道何时可以实现，因为氢气燃料电池还没有达到要求的水平和程度。另外，目前还尚未广泛实现由核能生产相对价格低廉的电能。

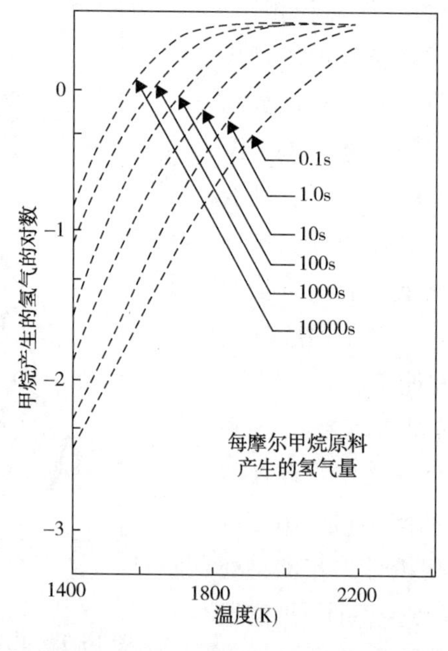

图 16.3　在未催化的甲烷蒸汽重整过程中，不同停留时间下氢气的相对摩尔产量随温度的变化

（来源：Karim，G. and Metwalli，M. M. Int J Hydrogen Energy，5，293-304）

目前输送工业氢气的管道比天然气的要小很多，例如 0.2m，并且不能承受与天然气管道一样的高压。随着温度的升高和钢强度的增强，钢脆化的几率就会增加，因此必须使用不易发生氢脆的低强度的钢。表 16.3 中列出了氢气、甲烷和异辛烷的性质对比情况。

有一些热化学循环可以使用太阳能将水分解成氢和氧，如涉及硫和碘的循环反应。然而，目前还没有能够成功实现这种设想的设备。

表 16.3　氢气、甲烷和异辛烷的性质比较

性质		氢气	甲烷	异辛烷
1atm，300K 下的密度（kg/m^3）		0.082	0.717	5.110
空气中的化学计量组成（体积分数，%）		29.53	9.48	1.65
燃料/空气化学计量质量比		0.0290	0.0580	0.0664
燃烧后与燃烧前物质的量比		0.850	1.000	1.058
热值	较高热值（质量计）（MJ/kg）	141.70	52.68	48.29
	较低热值（质量计）（MJ/kg）	119.70	46.72	44.79
	较高热值（体积计）（MJ/m^3）	12.10	37.71	233.29
	较低热值（体积计）（MJ/m^3）	10.22	33.95	216.38
每千克化学计量混合物的燃烧能量（MJ）		3.37	2.56	2.79
300K 时的运动黏度（mm^2/s）		110.00	17.20	1.18
300K 时的导热系数［mW/（m·K）］		182.0	34.0	11.2
常温常压下的空气扩散系数（cm^2/s）		0.610	0.189	0.050

16.5　液　态　氢

液态 H_2 怎么样？在哪里适合利用氢气作为燃料？对这方面的经验进行总结得出的结论是，在不久的将来液态 H_2 广泛应用的前景非常渺茫。主要的阻碍因素有以下几点：

（1）它是一种沸点极低的低温流体，在大气压下，其沸点仅为 20K；它具有非常低的密度（70g/L），仅为汽油的 10%左右，相当于具有相同能量的汽油的体积的几倍。

（2）液化需要使用很多机械，消耗很多电力；另外，低温通常被认为是一种干扰，能量通常都被浪费了。

（3）储存和运输需要昂贵、相对较大且较重的燃料箱。

（4）应用过程中会存在很多的安全环保问题。

（5）其他问题，如结冰、腐蚀、材料兼容性和储存时间限制等。

16.6 压缩天然气

机动车很难携带足够量的天然气，这也成为限制使用这种常用燃料应用的主要因素。近年来，研发了能够承载高压、小且轻便的气瓶。这使压缩天然气(CNG)成为机动车的首选燃料(图 16.4)。使用 CNG 的机动车的行驶距离可以与常规液体燃料相当。

许多 CNG 储罐里面的材质是铝或钢，玻璃纤维或碳纤维缠绕在外以增加强度，同时使重量最小化。压力通常为 200bar 和 240bar，如果以能量为基础进行计算，相当于约 27%和 33%的等量汽油。燃料储罐的重量、体积和成本仍然是 CNG 广泛应用的一个严重限制，特别是在运输方面。使用 CNG 的车辆，其储罐的重量增加了消耗，这也成为成本中重要的一部分。然而，这种限制对于大型公交车影响不大。因为公共汽车的上端通常有很多空间来放置储罐，并且能够承受额外的重量。

最近研发出来的复合材料气缸的重量仅为相应等效全钢气缸重量的 20%左右。此外，到目前为止，CNG 燃料箱不能像汽油应用那样形成不规则形状以适应车辆中的可用空间，所以 CNG 燃料箱体积大，浪费更多运输过程中的能量。普通材质的燃料箱质量为 1.0kg/L 水当量，使用复合材料制成燃料箱质量低至约 0.45kg/L 水当量。只要使用压缩天然气，就需要压缩功，而这部分能量在燃料进入发动机之前要降到常压下时被浪费掉了。

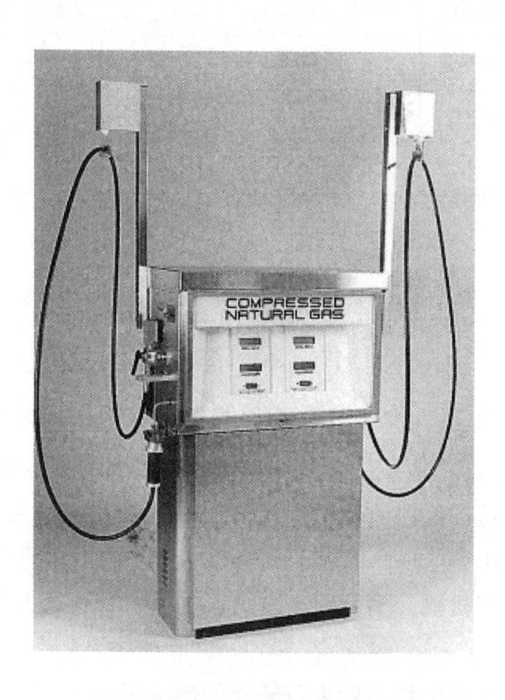

图 16.4 CNG 汽车加气装置

(来源：Ellen Pollock，Editor，NGV Resource Guide，RP Publishing Inc.，Denver，CO，1993)

由于压缩系统可能产生油滴和油蒸气，因此使用 CNG 时存在一些操作和材料兼容性问题。

此外，特别是在高压气体快速膨胀的情况下，气体中存在的任何水蒸气都可能导致冻结。当气体中存在极低浓度硫化氢时会导致腐蚀问题。需要采用有效的天然气干燥器来确保在天然气压缩过程和储存过程之前充分去除气体中的任何水蒸气。天然气还有可能形成水合物，造成气体流动不均匀。通常将加味剂硫醇添加到CNG中，以进行泄漏检测，确保安全性。

由于CNG燃料系统的封闭加压，避免了任何燃料泄漏，所以不会有蒸发的燃料。但是，车辆上的燃油系统面临许多苛刻的要求。燃油必须在高压下安全储存，然后安全准确地进入发动机。燃油的压力和温度的变化(对汽油燃料发动机的影响可忽略不计)对CNG车辆影响很大，需要通过控制系统来调节。随着地点和时间的改变，燃料的组成也会发生变化，从而使得这个问题更加复杂。

当把CNG作为交通燃料时，无论是用于火花点火发动机还是压燃式发动机，都会比液体燃料价格更高，但是更清洁、更高效，尤其是对天然气自给自足并对排放有严格要求的国家。然而，CNG在交通运输业尤其是汽车领域的应用仍然将落后于传统液体燃料。实行优惠的税收制度可以有效鼓励人们使用CNG作为汽车燃料。

大部分大型海上运输油轮都有自己的现场气体压缩设施，由燃气管网系统提供的压力通常高于为美国消费者提供的压力。如果天然气供应设施的供气压力不高，压缩成本会显著增加，造成运行面临巨大的经济损失。

16.7　问　　题

(1) 氢被认为是未来的燃料，它具有一些独特的吸引人的性质，可作为各种发热和发电设备的潜在应用的燃料，但它并没有被广泛使用。简单列举一些阻碍其更广泛应用的主要原因。

(2) 与几十年前的热潮相比，近年来乙醇和甲醇作为发动机主要燃料或汽油添加剂的应用进展相对比较缓慢。就交通运输业而言，简要概述其原因。

(3) 运输部门越来越多地提倡使用代替燃料代替传统液体燃料。简要概述这一趋势的基础原因。

16.8　小　　结

有许多天然存在或制造出来的非化石来源的燃料可能作为燃料应用于发动机。它们被称为替代燃料，因为它们不是常规的液体燃料(如汽油或柴油)。这些替代燃料具有比传统燃料成本更低、更清洁等优点。但是，它们也具有一定的限制，比如它们的成分性质和应用领域。替代燃料的例子有CNG、醇类和氢气。

参 考 文 献

Australian Minerals and Energy Council, Report of the Working Group on Alternative Fuels, 1987, Australian

Government Publishing Service, Canberra, Australia.

Bockris, J. , Energy: The Solar Hydrogen Alternative, 1976, The Architectural Press, London, UK.

Bosch, Automotive Handbook, 6th Edition, 2004, Robert Bosch GmbH, Germany, Distributed by Society of Automotive Engineers, SAE, Warrendale, PA.

Bowman, C. T. and Birkeland, J. , Editors, Alternative Hydrocarbon Fuels-Combustion and Chemical Kinetics, Vol. 62, 1978, Progress in Astronautics and Aeronautics, American Institute of Aeronautics and Astronautics, New York.

Brady, G. S. and Clauser, H. R. , Materials Handbook, 12th Edition, 1986, McGraw Hill Book Co. , New York.

Evans, R. , Fueling Our Future, 2008, Cambridge University Press, Cambridge, UK.

Evans, R. L. , Editor, Automotive Engine Alternatives, 1986, Plenum Press, New York.

Hammond, A. I. , Metz, W. D. and Manch, T. H. , Energy and the Future, 1973, American Association for the Advancement of Science, Washington, DC.

Hodge, B. K. , Alternative Energy Systems and Applications, 2010, John Wiley and Sons Inc. , New York.

Hord, J. , "Is hydrogen a safe fuel?" Int J Hydrogen Energy, 1978, Vol. 3, pp. 157-176.

Hottel, H. C. and Howard, J. B. , New Energy Technology: Some Facts and Assessment, 1971, MIT Press, Cambridge, MA.

Knowles, D. , Alternative Automotive Fuels, 1984, Reston Publishing Co. , Reston, VA.

Kukkonen, C. A. and Shelef, M. , "Hydrogen as an alternative automotive fuel: 1993 update," SAE Tech. Paper No. 940766, 1994, Society of Automotive Engineers, SAE, Warrendale, PA.

Lee, S. , Alternative Fuels, 1996, Taylor and Francis, Bristol, PA.

Maxwell, T. T. and Jones, J. C. , Alternative Fuels, 1994, Society of Automotive Engineers, SAE, Warrendale, PA.

McGeer, P. and Durbin, E. , Editors, Methane-Fuel for the Future, 1986, Plenum Press, New York.

Meyers, R. A. , Handbook of Synfuels Technology, 1984, McGraw Hill Book Co. , New York.

Owen, K. and Coley, T. , Alternative Fuels Reference Book, 2nd Edition, 1996, Society of Automotive Engineers, SAE. , Warendale, PA.

Probstein, R. F. and Hicks, R. E. , Synthetic Fuels, 2006, Dover Publication Inc. , Minneola, New York.

Reynolds, W. C. , Energy from Nature to Man, 1974, McGraw Hill Book Co. , New York.

Riley, R. Q. , Alternative Cars in the 21st Century, 1994, Society of Automotive Engineers, SAE, Warrendale, PA.

Robinson, R. F. and Hicks, R. E. , Synthetic Fuels, 1976, McGraw Hill Book Co. , New York.

Rose, J. W. and Cooper, J. R. , Editors, Technical Data on Fuels, 7th Edition, 1977, British National Committee of World Energy Conference, London, UK.

Sholte, T. G. and Vaagas, P. B. , "Burning velocities of mixtures of hydrogen, carbon monoxide and methane in air," Combustion Flame, 1959, Vol. 3, pp. 511-524.

Tillman, D. A. , Sarkanen, K. V. and Anderson, L. L. , Fuels and Energy from Renewable Resources, 1977, Academic Press, New York.

Zabetakis, M. , Flammability Characteristics of Combustible Gases and Vapors, U. S.

Bureau of Mines Bulletin 627, 1965, United States Department of the Interior, Washington, DC.

Zabetakis, M. , Safety with Cryogenic Fluids, 1967, Plenum Press, New York.